"十二五"国家重点图书出版规划项目
航空航天精品系列

工程模糊数学及应用

ENGINEERING FUZZY MATHEMATICS WITH APPLICATIONS

李士勇 编著

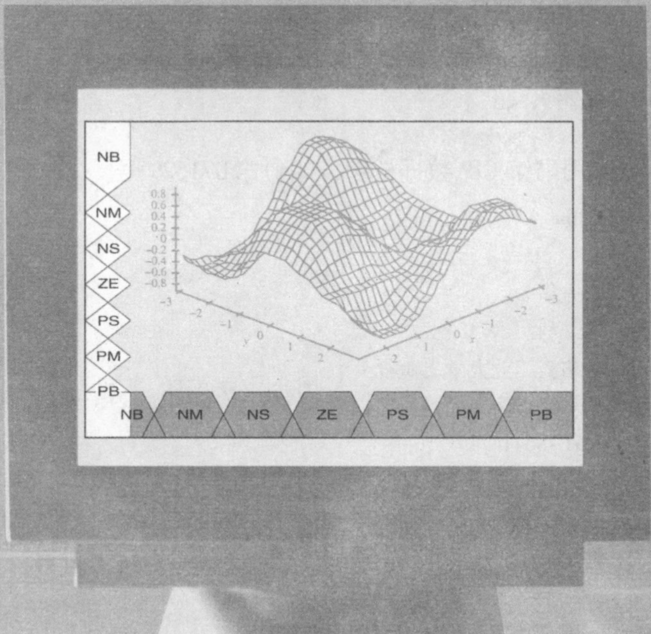

哈爾濱工業大學出版社

内容简介

本书从工程应用的角度介绍模糊数学的最基本内容:模糊集合、模糊关系及模糊逻辑推理;阐述了模糊数学在模糊决策、模糊综合评价、模糊聚类分析、模糊模式识别、模糊故障诊断、模糊自动控制、模糊系统辨识中应用的基本原理与方法;用几何与代数两种观点分别论证了模糊系统具有万能逼近的优良特性。

全书取材广泛而新颖,注重反映国内外的最新成果。为了便于教学与自学,各章除例题外,还配有思考题与习题。在编写上具有起点低、由浅入深、启发思维及理论联系实际的特点。本书可作为高等院校师生教学用书,也可作为广大科技人员自学参考。

图书在版编目(CIP)数据

工程模糊数学及应用./李士勇编著.—哈尔滨:
哈尔滨工业大学出版社,2004.8(2015.2 重印)
ISBN 978-7-5603-2057-1

Ⅰ.①工… Ⅱ.①李… Ⅲ.①工程数学-模糊数学
Ⅳ.①TP273 ②O159

中国版本图书馆 CIP 数据核字(2004)第 071629 号

责任编辑 张秀华
封面设计 卞秉利
出版发行 哈尔滨工业大学出版社
社 址 哈尔滨市南岗区复华四道街 10 号 邮编 150006
传 真 0451-86414749
网 址 http://hitpress.hit.edu.cn
印 刷 哈尔滨工业大学印刷厂
开 本 787mm×960mm 1/16 印张 13.75 字数 246 千字
版 次 2004 年 8 月第 1 版 2015 年 2 月第 3 次印刷
书 号 ISBN 978-7-5603-2057-1
定 价 30.00 元

前　言

数学作为一门基础学科、工具学科，无论是在自然科学，还是在人文社会科学方面都得到了越来越广泛的应用，它对于推动科学技术的发展，推动人类社会的进步发挥了重要作用。从近在身边的家庭生活理财，远到科学前沿的基因图谱排序，卫星轨道的精确计算等都离不开数学。

数学的产生可追溯到人类远古时代生产生活的实践活动。例如，在狩猎中学会用石子计数，逐步发展并形成了以算术、代数、线性代数、微分代数等为代表的着重研究“数”量关系的数学分支；在农业劳动中从丈量土地学会计算面积，逐步发展并创立了以平面几何、立体几何、解析几何、微分几何等为代表的重点研究“形”体关系的数学分支。

随着生产的发展和科学技术的进步，人类制造各种计算工具，从简单的算盘，手摇计算机，直到现代电子计算机的应用，极大地提高了人们对各种复杂问题求解的速度和精度。

众所周知，人的大脑两半球的功能是不同的，1981 年美国著名神经生理学家、诺贝尔奖获得者斯佩里(R.W.Sperry)通过对裂脑人的精细实验证明，人脑的左半球主要同抽象思维、逻辑分析有关，右半球具有形象思维功能。而数学研究的两大分支是关于“数”与“形”的科学，实际上就是在一定程度上模拟大脑两半球的“抽象思维”与“形象思维”的功能。我们知道，数学的一个最大特点就是高度抽象，须指出传统的精确化数学，在对人脑抽象思维功能的模拟，在进行科学计算方面获得了极大的成功，然而在模拟大脑模糊逻辑思维与形象思维功能方面还存在不少困难。

我们知道康托(G.Cantor)创立的经典集合论已成为现代数学的基础，每个数学分支、每门学科都可看做研究某类对象的集合。集合论的核心思想是对事物按属性分类，康拓经典集合论研究对具有某种属性分明的事物进行分类，具有某种属性记为“1”，不具有这种属性记为“0”。现代计算机的“0,1”二进制计算原则就是以康拓经典集合论为基础的。只取两个值$\{0,1\}$的康拓集合论是一种二值逻辑，它善于对具有分明属性的事物描述，而对于属性不分明，处于中介、模棱两可的事物属性不能加以描述。

客观世界存在的大量事物、现象都具有模糊性的特点，因此应用二值逻辑计算机对许多复杂问题的描述求解遇到了极大的困难。美国加利福尼亚大学扎德(L. Zaden)教授在1965年发表了开创性论文《模糊集合》,提出将康拓集合的值域{0,1}推广到[0,1]闭区间,这样可以对客观事物中的大量模糊性、模糊现象、模糊概念用模糊集合加以定量刻画,为计算机更好地模拟人脑模糊逻辑思维,提高计算机的智能性提供有力的数学工具。

早在1921年,著名理论物理学家、诺贝尔奖获得者爱因斯坦(A. Einstein)在普鲁士研究院演讲中指出:"就数学定律而言,现实的并不确定,确定的必不现实。"爱因斯坦的名言,在创立模糊集合论后得到进一步验证。模糊集合论又称模糊数学,今天已经在众多领域包括自然科学、工业技术、社会经济、管理科学等得到了广泛应用,已经成为对复杂性问题描述、处理、求解的重要工具。当今,作为一名理工科大学生、研究生,一名科技工作者有必要学习和掌握模糊数学,因为掌握了它,就如同吸收了营养,丰富了你大脑的功能。

本书主要从工程应用角度介绍模糊数学最基本的内容及其应用。全书共12章,由三部分内容组成:第一部分(第1~4章)阐述模糊数学的最基本内容,包括模糊集合、模糊关系、模糊逻辑推理及模糊性度量;第二部分(第5~11章)介绍模糊数学在模糊决策、模糊评价、模糊聚类分析、模糊模式识别、模糊故障诊断、模糊逻辑控制及模糊系统辨识中的应用原理及方法;第三部分(第12章)论述模糊系统逼近理论。本书各章都配有一定量的思考题与习题,便于教学与自学使用。

参加本书编写和提供素材的有李研、杨旭东、袁丽英、成进。本书在编写过程中部分内容参考和引用了国内外一些学者的文献、著作,在此向他们致谢。

由于编写时间紧迫,加上作者水平有限,难免有不足之处,望广大读者给予指正。

作　者

2004年8月

目　录

第 1 章　模糊集合及其运算

康托创立的经典集合论是经典数学的基础,它以逻辑真值为{0,1}的数理逻辑为基础,善于描述属性分明的事物;扎德创立的模糊集合是模糊数学的基础,它以逻辑真值为[0,1]的模糊逻辑为基础,善于描述属性不分明的事物,它是对经典集合的开拓。本章重点介绍模糊集合及其运算、模糊集合与经典集合的联系,表征模糊子集的隶属函数。

1.1　模糊数学的创立及发展

模糊数学又称 Fuzzy 数学。“模糊”二字译自英文“Fuzzy”一词,该词除有模糊意思外,还有“不分明”等含意。有人主张音义兼顾译为“乏晰”等。在此将 Fuzzy 译为模糊,或直接采用原文。

众所周知,数学已成为各门科学的基础,其应用范围广至社会的各个领域。随着科学研究的不断深入,研究的对象越来越复杂,变量越来越多,要求对系统的控制精度越来越高,而复杂的系统是难以精确化的,这样,复杂性与精确性就形成了十分尖锐的矛盾。科技工作者在实践中总结出了**“不兼容原理”,当一个系统复杂性增大时,我们使它精确化的能力将减小,在达到一定阈值(即限度)之上时,复杂性和精确性将相互排斥。具体一点说,一个系统的复杂性与分析它能达到的精度之间服从一个粗略的反比关系。这一原理指出,高精度与高复杂性是不兼容的。**

解决精确性与复杂性的矛盾,我们还得从电子计算机入手。现代电子计算机的计算速度及存贮能力几乎达到了无与伦比的程度,它不仅可以解决复杂的数学问题,还可以参与控制航天飞机等。既然计算机有如此威力,那么为什么在判断和推理方面有时不如人脑呢? 美国加利福尼亚大学扎德(L. A. Zadeh,1912—)教授仔细地研究了这个问题,以致使他在科研工作中经常回旋于“人脑思维”、“大系统”与“计算机”的矛盾之中。他发现德国人 Cantor 创立的古典集合论中的集合概念必须进行推广,这样有利于用数学模型来描述某些现象中的模糊性。1965 年,Zadeh 教授发表了《模糊集合论》论文,提出用“隶属函数”这个概念来描述现象差异的中间过渡,从而突破了古典集合论中属于或不属于的绝对关系。Zadeh 教授这一开创性的工作,标志着数学的一个新的分支——模糊数学的诞生。

控制论的创始人维纳在谈到人胜过任何最完善的机器时说："人具有运用模糊概念的能力"。人脑的重要特点之一，就是能对模糊事物进行识别和判断。如何使计算机能够模拟人脑思维的模糊性特点，使部分自然语言作为算法语言直接进入计算机程序，让计算机完成更复杂的任务，这正是模糊数学产生的直接背景。

模糊数学产生后，客观事物的确定性和不确定性在量的方面的表现，可做如下划分：

$$\text{量}\begin{cases}\text{确定性——经典数学}\\ \text{不确定性}\begin{cases}\text{随机性——统计数学}\\ \text{模糊性——Fuzzy 数学}\end{cases}\end{cases}$$

这里须指出，随机性和模糊性尽管都是对事物不确定性的描述，但二者是有区别的。**概率论研究和处理随机现象，所研究的事件本身有着明确的含意，只是由于条件不充分，使得在条件与事件之间不能出现决定性的因果关系，这种在事件的出现与否上表现出的不确定性称为随机性。在〔0,1〕上取值的概率分布函数就描述了这种随机性。**

模糊数学是研究和处理模糊现象的，所研究的事物的概念本身是模糊的，即一个对象是否符合这个概念难以确定，这种由于概念外延的模糊而造成的不确定性称为模糊性(fuzziness)。在〔0,1〕上取值的隶属函数就描述了这种模糊性。

下面举个例子说明随机性与模糊性之间的差异，如"明天的气温是 30℃的概率为 0.9"，其中 0.9 是描述出现"30℃"的随机性。而"明天高温的可能性是 0.9"，这里的 0.9 是描述明天的气温属于"高温"这个模糊概念的程度，即描述"高温"的模糊性。

虽然随机性与模糊性两者是有区别的，但是在某些事物内部，随机性与模糊性是共存的。例如，"七月下旬的最高温度大约是 33℃"，这里所说的"大约"是对高温的一种不确定性的描述，即描述了"高温"的模糊性；同时，又是对出现 33℃的一种不确定性——随机性的描述。

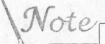

模糊数学从 1965 年诞生至今已经近 40 年了，刚诞生的几年间进展相当缓慢，进入 70 年代后，模糊集合的概念被越来越多的人所接受，这方面的研究工作迅速发展起来。英国学者 Gaines 和 Kohout 搜集了一千多篇文献(至 1976 年 6 月)，仅就其中的 763 篇文献进行了分类，其中有自动控制方面 46 篇，模式识别 55 篇，自动机 65 篇，学习系统和人工智能 22 篇，系统理论 11 篇，详见表 1-1。至 1976 年 6 月各年度发表文献的情况见表 1-2。目前，世界上已有三

十多个国家先后开展模糊数学及其应用方面的研究工作,无论是投入的人数,还是发表论文的数量都在以指数形式递增。

1976～1983 年间,我国在国内杂志上发表的有关模糊数学及其应用方面的文章就多达 547 篇。1989～1992 年间,国际上共发表模糊系统方面的论文及著作达 4811 种。

表 1-1　模糊集合论文统计表

领　域	篇　数	领　域	篇　数	领　域	篇　数
自动机	65	形式逻辑	32	生 物 学	10
模式识别	55	拓扑学	29	格　论	10
社会科学	49	心理学	27	推　论	8
语言学	49	模糊度理论	24	对 策 论	7
自动控制	46	集合论	23	反论分析	7
概率论	45	学习机、人工智能	22	公差容限	4
判　定	45	信息检索	18	半　环	3
多值逻辑	38	分类理论	15	测　度	1
开关逻辑	36	医学科学	13	真　值	1
形式语言	32	系统理论	11	模态逻辑	1

模糊数学在理论上还处于不断发展和完善之中,它的应用也日益广泛。它在聚类分析、图像识别、自动控制、故障诊断、系统评价、机器人、人工智能等多方面得到了应用。

1984 年成立了国际模糊系统协会(IFSA),1985 年举行了第一届 IFSA 大会。我国在 1983 年成立了自己的模糊数学与模糊系统学会。在模糊数学方面,我国与国际水平差距不大,中国与美、法、日被公认为模糊数学四强。从 1984 年召开的第一届模糊信息处理国际会议可以看出,模糊数学将成为信息革命中不可缺少的重要工具,美、日、法、英等国已经将模糊集合理论用于第五代计算机,并把对它和信息革命的要求密切结合起来。

表 1-2　论文总数统计表

年　份	1965	1966	1967	1968	1969	1970	1971
论　文(篇)	2	6	10	22	44	69	111
年　份	1972	1973	1974	1975	1976	1980	1984
论　文(篇)	169	257	395	620	约 890	1500	约 4000～8000

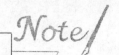

20 世纪 90 年代,模糊数学研究的一个显著特点是从理论研究走向了应用,国际学术会议增多,IEEE 创办了《模糊系统》汇刊,并定期举办国际会议(FUZZ-IEEE)。由于 Zadeh 教授创立了模糊集合论以及所取得的成就,他被授予 1992 年度 IEEE 杰出贡献勋章。这标志着模糊数学的发展已经进入了一个新的阶段。

21 世纪,模糊数学伴随着知识经济时代的发展,必将获得更加广泛的应用。

1.2　经典集合及其运算

1.2.1　集合的概念及定义

19 世纪末德国数学家乔·康托(George Contor, 1845 ~ 1918)创立的集合论已经成为现代数学的基础,每个数学分支都可看做研究某类对象的集合,因此集合的理论统一了许多似乎没有联系的概念。对于集合这样的最基本的概念,不能加以定义,只能给出一种描述。

集合　一般指具有某种属性的、确定的、彼此间可以区别的事物的全体。将组成集合的事物称为集合的元素或元。通常用大写字母 A、B、C、…、X、Y、Z 等表示集合,而用小写字母 a、b、c、…、x、y、z 表示集合内元素。元素与集合之间的关系是属于或不属于的关系,若元素 x 属于集合 X 时,用 $x \in X$ 表示,反之用 $x \overline{\in} X$ 表示,或用 $x \notin X$ 表示。现将常用的一些概念术语说明如下:

论域　被考虑对象的所有元素的全体称为论域,又称为全域、全集、空间,有时也称为话题,一般用大写字母 U 表示。

空集　不包含任何元素的集合,用 $\varnothing$ 表示。

包含　$\forall x \in A \Rightarrow x \in B$,则称 B 包含 A,记为 $A \subseteq B$。

子集　集合 A 的每一个元素都是集合 B 的元素,也就是说 A 是 B 的一部分,则称集合 A 是集合 B 的子集。若 $A \subseteq B$ 且 $A \neq B$,则称 A 是 B 的真子集,记为 $A \subset B$。

幂集　若 U 是论域,则以 U 的所有子集为元素构成的集合称为 U 的幂集,记为 $P(U)$。

交集　若 A、B 是两个集合,由属于 A 同时又属于 B 的所有元素组成集合 P,则称 P 为 A 与 B 的交集,记为 $P = A \cap B$,即

$$A \cap B = \{x \mid x \in A \text{ 且 } x \in B\}$$

并集　若 A、B 是两个集合,由属于 A 或属于 B 的所有元素组成集合 S,

则称 S 为 A 与 B 的并集，记为 $S=A\cup B$，即

$$A\cup B=\{x\mid x\in A \text{ 或 } x\in B\}$$

差集　若 A、B 是两个集合，由属于 A 但不属于 B 的所有元素组成集合 Q，则称 Q 为 A 与 B 的差集，记为 $Q=A-B$，即

$$A-B=\{x\mid x\in A \text{ 且} x\notin B\}$$

补集　若 A 为集合，U 为论域，由论域 U 中不属于 A 的所有元素组成的集合称为 A 在 U 中的补集，记为 $A^c=U-A$，即

$$A^c=\{x\mid x\notin A \text{ 且 } x\in U\}$$

对称差　若 A、B 是两个集合，由仅属于 A 与仅属于 B 的所有元素组成的集合，称为 A 与 B 的对称差，即

$$A\ominus B\triangleq(A-B)\cup(B-A)=$$
$$\{u\mid u\in A \text{ 与 } u\in B \text{ 二者有且仅有一成立}\}$$

有关集合及它们之间关系可用一种文氏图来表示，如图 1-1 所示。这种图示法简单明了，直观易懂。

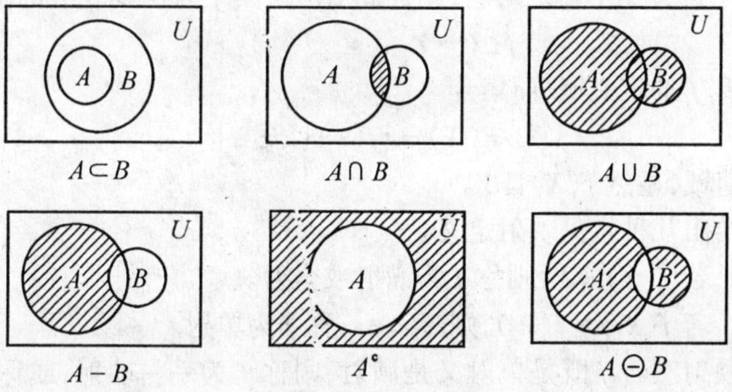

图 1-1　集合运算的图解表示

1.2.2　集合的直积

设有两个集合 A 和 B，A 和 B 的直积 $A\times B$ 定义为

$$A\times B=\{(x,y)\mid x\in A, y\in B\} \tag{1-1}$$

上述定义表明，在集合 A 中取一元素 x，又在集合 B 中取一元素 y，就构成了 (x,y)“序偶”，所有的 (x,y) 又构成一个集合，该集合即为 $A\times B$。直积又称为笛卡儿积、叉积。

“序偶”的顺序是不能改变的。一般说来

$$(x,y)\neq(y,x)$$

故一般
$$A \times B \neq B \times A$$

两个集合的直积可以推广到多个集合上去,设 $A_1, A_2, \cdots, A_n$ 是 n 个集合,则

$$A_1 \times A_2 \times \cdots \times A_n \triangleq \{(x_1, x_2, \cdots, x_n) \mid x_1 \in A_1, x_2 \in A_2, \cdots, x_n \in A_n\} \tag{1-2}$$

设 R 是实数集,即
$$R = \{x \mid -\infty < x < +\infty\}$$

则 $R \times R = \{(x, y) \mid -\infty < x < +\infty, -\infty < y < +\infty\}$,用 R^2 表示。$R^2 = R \times R$ 即为整个平面,就是通常所说的二维欧氏空间。$R \times R \times R = R^3$,即为三维欧氏空间,进而 $\underbrace{R \times R \times \cdots \times R}_{n个} = R^n$,即为 n 维欧氏空间。

1.2.3 映射与关系

设有集合 X 和 Y,若有一对应法则存在,使得对于集合 X 中任意元素 x,有 Y 中惟一的元素 y 与之对应,则称此对应法则 f 为从 X 到 Y 的映射,记为

$$f: X \to Y \tag{1-3}$$

称 X 为映射 f 的定义域,而集合

$$F(X) = \{f(x) \mid x \in X\} \tag{1-4}$$

称为 f 的值域,显然 $f(X) \subseteq Y$。

下面给出几种常见映射定义。

满射 若 $f(X) = Y$,则称 f 为满射或全射。

单射 若 $f(x_1) = f(x_2)$,则 $x_1 = x_2$,称 f 为单射。

一一映射 若 f 既是单射又是满射,则称 f 为一一映射,或称双射、满单射。

逆映射 若 f 为双射,由 $y = f(x)$ 确定 Y 到 X 的映射,称为 f 的逆映射,记为 f^{-1}。

关系 对于给定集合 X、Y 的直积 $X \times Y$ 的一个子集 R,称为 X 到 Y 的二元关系,简称为关系。对于 $X \times Y$ 的元素 (x, y),若有 $(x, y) \in R$,则称 x 与 y 相关,记为 xRy;否则 $(x, y) \overline{\in} R$,记为 $x\overline{R}y$。

设 $f: X \to Y$,显然有 $\{(x, y) \mid y = f(x)\} \subset X \times Y$ 仍以 f 表示集合,可见映射 f 是关系的特例。

1.2.4 集合的运算性质

设 A、B、$C \subset U$,其并、交、补运算具有以下性质:

(1)幂等律　$A\cup A=A$　　$A\cap A=A$

(2)交换律　$A\cup B=B\cup A$　　$A\cap B=B\cap A$

(3)结合律　$(A\cup B)\cup C=A\cup(B\cup C)$　　$(A\cap B)\cap C=A\cap(B\cap C)$

(4)分配律　$A\cap(B\cup C)=(A\cap B)\cup(A\cap C)$

$A\cup(B\cap C)=(A\cup B)\cap(A\cup C)$

(5)吸收律　$A\cap(A\cup B)=A$　　$A\cup(A\cap B)=A$

(6)同一律　$A\cup U=U$　　$A\cap U=A$

(两极律)$A\cup\varnothing=A$　　$A\cap\varnothing=\varnothing$

(7)复原律　$(A^c)^c=A$　(或 $\overline{\overline{A}}=A$)

(8)互补律　$A\cup A^c=U$　　$A\cap A^c=\varnothing$

(9)对偶律　$(A\cup B)^c=A^c\cap B^c$　　$(A\cap B)^c=A^c\cup B^c$

或记为　$\overline{A\cup B}=\overline{A}\cap\overline{B}$　　$\overline{A\cap B}=\overline{A}\cup\overline{B}$

对偶律也称德·摩根律(De·Morgan)。

上述的集合运算性质都可以用文氏图验证。这些集合运算的最基本性质都是成对出现的,这并不是偶然的,对集合论中成立的任何一定理,若将其中的$\cup$与$\cap$互换,A_i 与 A_i^c 互换,$\subseteq$与$\supseteq$互换,则该定理仍然成立,这一原则称为对偶原则。

1.2.5　集合的表示及特征函数

通常描述一个集合有五种方法:

(1)通过描述集合中元素的性质来描述一个集合,如 $A=\{x\mid x$ 为正整数,$x<5\}$。

(2)通过列举集合中的元素来描述一个集合,如上述集合 A 用列举法时可写为$A=\{1,2,3,4\}$。

(3)通过特征函数来描述一个集合,下面给出特征函数的定义。

设 A 是论域U中的一个子集,$A\subseteq U$,$x\in U$,函数$\chi_A(x)$定义为集合 A 的特征函数,可表示为

$$\chi_A(x)=\begin{cases}1 & x\in A\\ 0 & x\notin A\end{cases} \tag{1-5}$$

例如,设 U 为自然数集,$A=\{1,2,3,4\}$,则 A 的特征函数为

$$\chi_A(x)=\begin{cases}1 & x=1,2,3,4\\ 0 & x\text{ 为其他自然数}\end{cases}$$

特征函数的图形如图 1-2 所示。A 的特征函数在 x 处的值$\chi_A(x)$叫做 x

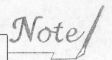

对于 A 的隶属度。当隶属度为 1 时,表示 x 绝对隶属于 A;当隶属度为 0 时,表示 x 绝对不属于 A。

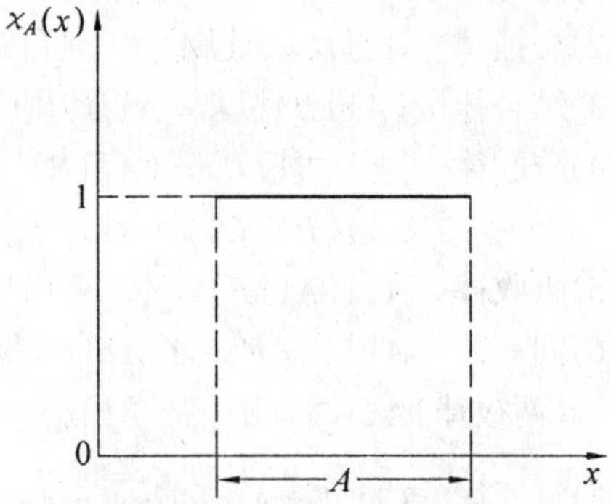

图 1-2 集合 A 的特征函数图

通过特征函数来表征经典集合中一个元素 x 与一个集合 A 的关系已经足够,因为经典集合中一个元素 x 和一个集合 A 的关系只能有 $x \in A$ 和 $x \notin A$ 两种情况,它们刚好分别与特征函数的取值 1 和 0 相对应,所以,特征函数的值实际上是一个只取两个数的集合 $\{0,1\}$。

根据集合的特征函数,可以确定集合的一些性质,它们之间有如下对应关系

$$\chi_A(x) \equiv 0 \Longleftrightarrow A = \varnothing$$

$$\chi_A(x) \equiv 1 \Longleftrightarrow A = U$$

$$\chi_A(x) \leqslant \chi_B(x) \Longleftrightarrow A \subseteq B$$

$$\chi_A(x) = \chi_B(x) \Longleftrightarrow A = B$$

其中符号 $\Longleftrightarrow$ 表示对应。

此外,特征函数有下面三条运算性质:

① $\chi_{\bar{A}}(x) = 1 - \chi_A(x)$ (1-6)

其中 $\chi_{\bar{A}}(x)$ 是 A 的补集 $\overline{A}$ 的特征函数。

② $\chi_{A \cup B}(x) = \max(\chi_A(x), \chi_B(x))$ (1-7)

即 $A \cup B$ 的特征函数,等于对 A、B 两集合特征函数取最大值。

③ $\chi_{A \cap B}(x) = \min(\chi_A(x), \chi_B(x))$ (1-8)

即 $A \cap B$ 的特征函数,等于对 A、B 两集合的特征函数取最小值。

(4)通过一个递推公式来描述一个集合,给出集合中的一个元素和一个规则,集合中的其他元素都可以借助这个规则找到。

(5)通过集合的并、交、补等运算来描述一个集合。

须指出,在上述五种描述集合的方法中,前三种是常用的,尤其是用特征函数方法描述集合具有重要的意义。对于给定的集合,并非都能用这五种方法来描述,例如 0 ~ 1 的所有实数,既不能用列举法也不能用递推公式法来描述。

1.3　模糊集合及其运算

在康托创立的经典集合论中，一事物要么属于某集合，要么不属于某集合，二者必居其一，没有模棱两可的情况。这就表明，经典集合所表达概念的内涵和外延都必须是明确的。

我们知道，一个概念所包含的那些区别于其他概念的全体本质属性称为概念的内涵，而符合某概念的对象的全体就是概念的外延。比如“人”这个概念的外延就是世界上所有人的全体，而内涵就是区别于其他动物的那些本质属性的全体，如“能制造和使用工具”，“具有抽象、概括、推理和思维的能力”等。

人们要表达一个概念，通常有两种方法，一种是指出概念的内涵即内涵法；另一种是指出概念的外延，即外延法。实际上，概念的形成总是要联系到集合论，从集合论的角度看，内涵就是集合的定义，而外延则是组成该集合的所有元素。由此不难看出，内涵和外延是描述概念的两个方面。

在人们的思维中，有许多没有明确外延的概念，即模糊概念。表现在语言上有许多模糊概念的词，如以人的年龄为论域，那么“年青”、“中年”、“老年”都没有明确的外延。或者以人的身高为论域，那么“高个子”、“中等身材”、“矮个子”也没有明确的外延。再如以某炉温为论域，那么“高温”、“中温”、“低温”等也没有明确的外延。所以诸如此类的概念都是模糊概念。

模糊概念不能用经典集合加以描述，这是因为不能绝对地区别“属于”或“不属于”，就是说论域上的元素符合概念的程度不是绝对的 0 或 1，而是介于 0 和 1 之间的一个实数。

1.3.1　模糊子集的定义及表示

这里给出 Zadeh 在 1965 年对模糊子集的定义：

设给定论域 U，U 到〔0,1〕闭区间的任一映射 $\mu_{\underset{\sim}{A}}$

$$\mu_{\underset{\sim}{A}}: U \to [0,1]$$
$$u \to \mu_{\underset{\sim}{A}}(u) \tag{1-9}$$

都确定 U 的一个**模糊子集** $\underset{\sim}{A}$，$\mu_{\underset{\sim}{A}}$ 称为模糊子集的**隶属函数**，$\mu_{\underset{\sim}{A}}(u)$ 称为 u 对于 $\underset{\sim}{A}$ 的**隶属度**。隶属度也可记为 $\underset{\sim}{A}(u)$。在不混淆的情况下，模糊子集也称模糊集合。

上述定义表明，论域 U 上的模糊子集 $\underset{\sim}{A}$ 由隶属函数 $\mu_{\underset{\sim}{A}}(u)$ 来表征，

$\mu_{\underset{\sim}{A}}(u)$取值范围为闭区间[0,1]，$\mu_{\underset{\sim}{A}}(u)$的大小反映了 u 对于模糊子集的从属程度。$\mu_{\underset{\sim}{A}}(u)$的值接近于1，表示 u 从属于$\underset{\sim}{A}$的程度很高；$\mu_{\underset{\sim}{A}}(u)$的值接近于0，表示 u 从属$\underset{\sim}{A}$的程度很低。可见，模糊子集完全由隶属函数来描述。

当 $\mu_{\underset{\sim}{A}}(u)$的值域等于{0,1}时，$\mu_{\underset{\sim}{A}}(u)$蜕化成一个经典子集的特征函数，模糊子集 $\underset{\sim}{A}$便蜕化成一个经典子集。由此不难看出，经典集合是模糊集合的特殊形态，模糊集合是经典集合概念的推广。

模糊集合的表达方式有以下几种：

1. 当 U 为有限集$\{u_1,u_2,\cdots,u_n\}$时，通常有如下三种方式：

(1) Zadeh 表示法

$$\underset{\sim}{A}=\frac{\underset{\sim}{A}(u_1)}{u_1}+\frac{\underset{\sim}{A}(u_2)}{u_2}+\cdots+\frac{\underset{\sim}{A}(u_n)}{u_n} \tag{1-10}$$

其中$\dfrac{\underset{\sim}{A}(u_i)}{u_i}$并不表示“分数”，而是表示论域中的元素 u_i 与其隶属度 $\underset{\sim}{A}(u_i)$之间的对应关系。“+”也不表示“求和”，而是表示模糊集合在论域 U 上的整体。

例 1 在由整数 1,2,…,10 组成的论域中，即 $U=\{1,2,3,4,5,6,7,8,9,10\}$，讨论“几个”这一模糊概念。根据经验，可以定量地给出它们的隶属函数，模糊子集“几个”可表示为

$$\underset{\sim}{A}=0/1+0/2+0.3/3+0.7/4+1/5+1/6+0.7/7+0.3/8+0/9+0/10$$

由上式可知，五个、六个的隶属程度为1，说明用“几个”表示五个、六个的可能性最大；而四个、七个对于“几个”这个模糊概念的隶属度为0.7；通常不采用“几个”来表示一个、二个或九个、十个，因此它们的隶属函数为零。

在论域 U 中，$\mu_{\underset{\sim}{A}}(u)>0$ 的元素集称为 $\underset{\sim}{A}$的台，又称为模糊集合 $\underset{\sim}{A}$的支集。实际上若某元素的隶属函数值为零，即它不属于这个集合，则用台来表示一个模糊集合，可使表达式简单明了。以下采用台的方式给出模糊集合，例如模糊集合“几个”可表示为

$$\underset{\sim}{A}=0.3/3+0.7/4+1/5+1/6+0.7/7+0.3/8$$

若对于模糊集合 $\underset{\sim}{A}$有一个有限的台$\{u_1,u_2,\cdots,u_n\}$，则可表示为如下一般形式

$$\underset{\sim}{A}=\mu_1/u_1+\mu_2/u_2+\cdots+\mu_n/u_n=\sum_{i=1}^{n}\mu_i/u_i \tag{1-11}$$

(2) 序偶表示法

将论域中的元素 u_i 与其隶属度 $\underset{\sim}{A}(u_i)$构成序偶来表示 $\underset{\sim}{A}$，则

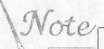

$$\underset{\sim}{A}=\{(u_1,\underset{\sim}{A}(u_1)),(u_2,\underset{\sim}{A}(u_2)),\cdots,(u_n,\underset{\sim}{A}(u_n))\} \tag{1-12}$$

采用序偶表示法,例 1 中的 $\underset{\sim}{A}$ 可写为

$$\underset{\sim}{A}=\{(3,0.3),(4,0.7),(5,1),(6,1),(7,0.7),(8,0.3)\}$$

此种方法隶属度为 0 的项可不写入。

(3) 向量表示法

$$\underset{\sim}{\boldsymbol{A}}=(\underset{\sim}{A}(u_1),\underset{\sim}{A}(u_2),\cdots,\underset{\sim}{A}(u_n)) \tag{1-13}$$

采用向量表示法,上述例 1 中的 $\underset{\sim}{A}$ 可表示为

$$\underset{\sim}{\boldsymbol{A}}=(0,0,0.3,0.7,1,1,0.7,0.3,0,0)$$

在向量表示法中,隶属度为 0 的项不能省略。有时也将上述三种方法结合起来表示为

$$\underset{\sim}{\boldsymbol{A}}=\left(\frac{\underset{\sim}{A}(u_1)}{u_1},\frac{\underset{\sim}{A}(u_2)}{u_2},\cdots,\frac{\underset{\sim}{A}(u_n)}{u_n}\right) \tag{1-14}$$

则上述例 1 可表示为 $\underset{\sim}{A}=\left(\frac{0.3}{3},\frac{0.7}{4},\frac{1}{5},\frac{1}{6},\frac{0.7}{7},\frac{0.3}{8}\right)$,在此也舍弃了隶属度为 0 的项。

2. 当 U 是有限连续域时,Zadeh 给出如下记法

$$\underset{\sim}{A}=\int_U \frac{\mu_{\underset{\sim}{A}}(u)}{u} \tag{1-15}$$

同样,$\frac{\mu_{\underset{\sim}{A}}(u)}{u}$ 并不表示“分数”,而表示论域上的元素 u 与隶属度 $\mu_{\underset{\sim}{A}}(u)$ 之间的对应关系;“$\int$”既不表示“积分”,也不是“求和”记号,而是表示论域 U 上的元素 u 与隶属度 $\mu_{\underset{\sim}{A}}(u)$ 对应关系的一个总括。

例 2　以年龄做论域,取 $U=[0,200]$,Zadeh 给出了“年老”$\underset{\sim}{O}$ 与“年青”$\underset{\sim}{Y}$ 两个模糊集合的隶属函数为(如图 1-3)

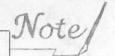

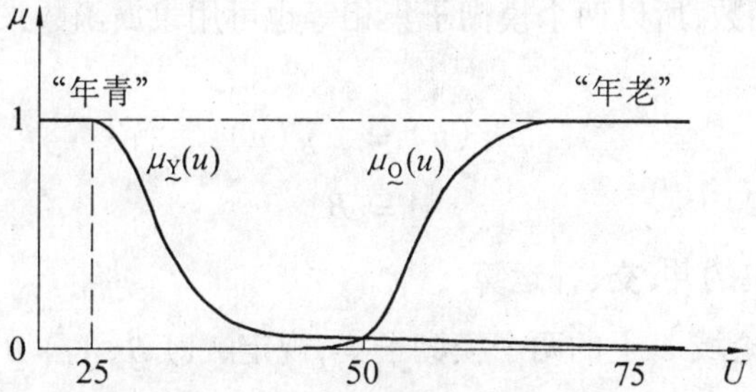

图 1-3　“年青”与“年老”的隶属函数曲线

$$\mu_{\underset{\sim}{O}}(u)=\begin{cases}0 & 0\leqslant u\leqslant 50\\ \left[1+\left(\dfrac{u-50}{5}\right)^{-2}\right]^{-1} & 50<u\leqslant 200\end{cases}$$

$$\mu_{\underset{\sim}{Y}}(u)=\begin{cases}1 & 0\leqslant u\leqslant 25\\ \left[1+\left(\dfrac{u-25}{5}\right)^{2}\right]^{-1} & 25<u\leqslant 200\end{cases}$$

采用 Zadeh 表示法,“年老”$\underset{\sim}{O}$与“年青”$\underset{\sim}{Y}$两个模糊集合可写为

$$\underset{\sim}{O}=\int_{0\leqslant u\leqslant 50}\frac{0}{u}+\int_{50<u\leqslant 200}\frac{\left[1+\left(\frac{u-50}{5}\right)^{-2}\right]^{-1}}{u}=\int_{50<u\leqslant 200}\frac{\left[1+\left(\frac{u-50}{5}\right)^{-2}\right]^{-1}}{u}$$

$$\underset{\sim}{Y}=\int_{0\leqslant u\leqslant 25}\frac{1}{u}+\int_{25<u\leqslant 200}\frac{\left[1+\left(\frac{u-25}{5}\right)^{2}\right]^{-1}}{u}$$

在给定论域 U 上可以有多个模糊子集,由所有这些子集组成的模糊集合的全体为 $\mathscr{F}(U)$,即

$$\mathscr{F}(U)=\{\underset{\sim}{A}\mid \underset{\sim}{A}: U\rightarrow[0,1]\} \tag{1-16}$$

称 $\mathscr{F}(U)$ 为 U 上的模糊幂集。

1.3.2 模糊子集的运算

前面已对经典集合的基本运算加以论述,而对于模糊集合的基本运算则需另做定义,下面给出定义及其运算性质。

1. 模糊子集的包含和相等关系

设 $\underset{\sim}{A}$、$\underset{\sim}{B}$ 为论域 U 上的两个模糊子集,对于 U 中每一个元素 u,都有 $\mu_{\underset{\sim}{A}}(u)\geqslant\mu_{\underset{\sim}{B}}(u)$,则称 $\underset{\sim}{A}$ 包含 $\underset{\sim}{B}$,记作 $\underset{\sim}{A}\supseteq\underset{\sim}{B}$。

如果 $\underset{\sim}{A}\supseteq\underset{\sim}{B}$,且 $\underset{\sim}{B}\subseteq\underset{\sim}{A}$,则说 $\underset{\sim}{A}$ 与 $\underset{\sim}{B}$ 相等,记作 $\underset{\sim}{A}=\underset{\sim}{B}$。由于模糊集合的特征是它的隶属函数,所以两个模糊子集相等也可用隶属函数来定义。若对所有元素 u,都有

$$\mu_{\underset{\sim}{A}}(u)=\mu_{\underset{\sim}{B}}(u)$$

则

$$\underset{\sim}{A}=\underset{\sim}{B}$$

2. 模糊子集的并、交、补运算

设 $\underset{\sim}{A}$、$\underset{\sim}{B}$ 是论域 U 上的两个模糊子集,规定 $\underset{\sim}{A}\cup\underset{\sim}{B}$、$\underset{\sim}{A}\cap\underset{\sim}{B}$、$\underset{\sim}{A}^c$ 的隶属函数分别为 $\mu_{\underset{\sim}{A}\cup\underset{\sim}{B}}$、$\mu_{\underset{\sim}{A}\cap\underset{\sim}{B}}$、$\mu_{\underset{\sim}{A}^c}$,并且对于 U 的每一个元素 u,都有

$$\mu_{\underset{\sim}{A}\cup\underset{\sim}{B}}(u)\triangleq\mu_{\underset{\sim}{A}}(u)\vee\mu_{\underset{\sim}{B}}(u) \tag{1-17}$$

$$\mu_{\underset{\sim}{A}\cap\underset{\sim}{B}}(u) \triangleq \mu_{\underset{\sim}{A}}(u) \wedge \mu_{\underset{\sim}{B}}(u) \tag{1-18}$$

$$\mu_{\underset{\sim}{A}^c}(u) \triangleq 1 - \mu_{\underset{\sim}{A}}(u) \tag{1-19}$$

上述三式分别为 $\underset{\sim}{A}$ 与 $\underset{\sim}{B}$ 的并集、交集和 $\underset{\sim}{A}$ 的补集。式中“∨”表示取大运算，“∧”表示取小运算，称其为 Zadeh 算子。因此两个模糊子集的并、交可写成

$$\mu_{\underset{\sim}{A}}(u) \vee \mu_{\underset{\sim}{B}}(u) = \max[\mu_{\underset{\sim}{A}}(u), \mu_{\underset{\sim}{B}}(u)] \tag{1-20}$$

$$\mu_{\underset{\sim}{A}}(u) \wedge \mu_{\underset{\sim}{B}}(u) = \min[\mu_{\underset{\sim}{A}}(u), \mu_{\underset{\sim}{B}}(u)] \tag{1-21}$$

模糊子集 $\underset{\sim}{A}$、$\underset{\sim}{B}$ 并集的隶属函数取 $\mu_{\underset{\sim}{A}}(u)$ 及 $\mu_{\underset{\sim}{B}}(u)$ 中的最大值；而 $\underset{\sim}{A}$、$\underset{\sim}{B}$ 交集的隶属函数取 $\mu_{\underset{\sim}{A}}(u)$ 及 $\mu_{\underset{\sim}{B}}(u)$ 中的最小值。模糊集合的并、交运算可以推广到任意个模糊集合。

例 3　设论域 $U = \{x_1, x_2, x_3, x_4\}$，$\underset{\sim}{A}$ 及 $\underset{\sim}{B}$ 是论域上的两个模糊子集，已知

$$\underset{\sim}{A} = 0.3/x_1 + 0.5/x_2 + 0.7/x_3 + 0.4/x_4$$
$$\underset{\sim}{B} = 0.5/x_1 + 1/x_2 + 0.8/x_3$$

利用模糊子集运算可得

$$\underset{\sim}{A}^c = 0.7/x_1 + 0.5/x_2 + 0.3/x_3 + 0.6/x_4$$

$$\underset{\sim}{B}^c = 0.5/x_1 + 0.2/x_3 + 1/x_4$$

$$\underset{\sim}{A} \cup \underset{\sim}{B} = \frac{0.3 \vee 0.5}{x_1} + \frac{0.5 \vee 1}{x_2} + \frac{0.7 \vee 0.8}{x_3} + \frac{0.4 \vee 0}{x_4} = 0.5/x_1 + 1/x_2 + 0.8/x_3 + 0.4/x_4$$

$$\underset{\sim}{A} \cap \underset{\sim}{B} = \frac{0.3 \wedge 0.5}{x_1} + \frac{0.5 \wedge 1}{x_2} + \frac{0.7 \wedge 0.8}{x_3} + \frac{0.4 \wedge 0}{x_4} = 0.3/x_1 + 0.5/x_2 + 0.7/x_3$$

3. 模糊子集的代数运算

代数积　称 $\underset{\sim}{A}\cdot\underset{\sim}{B}$ 为模糊集合 $\underset{\sim}{A}$ 和 $\underset{\sim}{B}$ 的代数积，$\underset{\sim}{A}\cdot\underset{\sim}{B}$ 的隶属函数 $\mu_{\underset{\sim}{A}\cdot\underset{\sim}{B}}$ 为

$$\mu_{\underset{\sim}{A}\cdot\underset{\sim}{B}} = \mu_{\underset{\sim}{A}} \cdot \mu_{\underset{\sim}{B}} \tag{1-22}$$

代数和　称 $\underset{\sim}{A}+\underset{\sim}{B}$ 为模糊集合 $\underset{\sim}{A}$ 和 $\underset{\sim}{B}$ 的代数和，$\underset{\sim}{A}+\underset{\sim}{B}$ 的隶属函数 $\mu_{\underset{\sim}{A}+\underset{\sim}{B}}$ 为

$$\mu_{\underset{\sim}{A}+\underset{\sim}{B}} = \begin{cases} \mu_A + \mu_B & \mu_{\underset{\sim}{A}} + \mu_{\underset{\sim}{B}} \leqslant 1 \\ 1 & \mu_{\underset{\sim}{A}} + \mu_{\underset{\sim}{B}} > 1 \end{cases} \tag{1-23}$$

环和　称 $\underset{\sim}{A}\oplus\underset{\sim}{B}$ 为模糊集合 $\underset{\sim}{A}$ 和 $\underset{\sim}{B}$ 的环和，$\underset{\sim}{A}\oplus\underset{\sim}{B}$ 的隶属函数为

$$\mu_{\underset{\sim}{A}\oplus\underset{\sim}{B}} = \mu_{\underset{\sim}{A}} + \mu_{\underset{\sim}{B}} - \mu_{\underset{\sim}{A}\cdot\underset{\sim}{B}} \tag{1-24}$$

例 4　设论域 $U = \{x_1, x_2, x_3, x_4, x_5\}$，$\underset{\sim}{A}$ 及 $\underset{\sim}{B}$ 为论域 U 上的两个模糊子

集,已知

$$\underset{\sim}{A} = 0.2/x_1 + 0.4/x_2 + 0.9/x_3 + 0.5/x_5$$

$$\underset{\sim}{B} = 0.1/x_1 + 0.7/x_3 + 1/x_4 + 0.3/x_5$$

则

$$\underset{\sim}{A} \cdot \underset{\sim}{B} = 0.02/x_1 + 0.63/x_3 + 0.15/x_5$$

$$\underset{\sim}{A} + \underset{\sim}{B} = 0.3/x_1 + 0.4/x_2 + 1/x_3 + 1/x_4 + 0.8/x_5$$

$$\underset{\sim}{A} \oplus \underset{\sim}{B} = 0.28/x_1 + 0.4/x_2 + 0.97/x_3 + 1/x_4 + 0.65/x_5$$

4. 模糊子集运算的基本性质

(1) 幂等律　$\underset{\sim}{A} \cup \underset{\sim}{A} = \underset{\sim}{A}$　　$\underset{\sim}{A} \cap \underset{\sim}{A} = \underset{\sim}{A}$

(2) 交换律　$\underset{\sim}{A} \cup \underset{\sim}{B} = \underset{\sim}{B} \cup \underset{\sim}{A}$　　$\underset{\sim}{A} \cap \underset{\sim}{B} = \underset{\sim}{B} \cap \underset{\sim}{A}$

(3) 结合律　$(\underset{\sim}{A} \cup \underset{\sim}{B}) \cup \underset{\sim}{C} = \underset{\sim}{A} \cup (\underset{\sim}{B} \cup \underset{\sim}{C})$

$(\underset{\sim}{A} \cap \underset{\sim}{B}) \cap \underset{\sim}{C} = \underset{\sim}{A} \cap (\underset{\sim}{B} \cap \underset{\sim}{C})$

(4) 分配律　$(\underset{\sim}{A} \cup \underset{\sim}{B}) \cap \underset{\sim}{C} = (\underset{\sim}{A} \cap \underset{\sim}{C}) \cup (\underset{\sim}{B} \cap \underset{\sim}{C})$

$(\underset{\sim}{A} \cap \underset{\sim}{B}) \cup \underset{\sim}{C} = (\underset{\sim}{A} \cup \underset{\sim}{C}) \cap (\underset{\sim}{B} \cup \underset{\sim}{C})$

(5) 吸收律　$(\underset{\sim}{A} \cup \underset{\sim}{B}) \cap \underset{\sim}{A} = \underset{\sim}{A}$　　$(\underset{\sim}{A} \cap \underset{\sim}{B}) \cup \underset{\sim}{A} = \underset{\sim}{A}$

(6) 同一律　$\underset{\sim}{A} \cup U = U$　　$\underset{\sim}{A} \cap U = \underset{\sim}{A}$

$\underset{\sim}{A} \cup \varnothing = \underset{\sim}{A}$　　$\underset{\sim}{A} \cap \varnothing = \varnothing$

(7) 复原律　$(\underset{\sim}{A}^c)^c = \underset{\sim}{A}$

(8) 对偶律　$(\underset{\sim}{A} \cup \underset{\sim}{B})^c = \underset{\sim}{A}^c \cap \underset{\sim}{B}^c$

$(\underset{\sim}{A} \cap \underset{\sim}{B})^c = \underset{\sim}{A}^c \cup \underset{\sim}{B}^c$

上述性质模糊集合与经典集合是相同的,但须指出,模糊集合不再满足互补律,其原因是模糊子集 $\underset{\sim}{A}$ 没有明确的边界,$\underset{\sim}{A}^c$ 也无明确的边界。正是这一点,使模糊集合比经典集合能更客观地反映实际情况,因为在实际问题中,存在着许多模棱两可的情形。

1.4　模糊集合与经典集合的联系

模糊子集是通过隶属函数来定义的,如果约定:当 u 对于 $\underset{\sim}{A}$ 的隶属度达到或超过 λ 者就算做 $\underset{\sim}{A}$ 的成员,那么模糊子集 $\underset{\sim}{A}$ 就变成了经典子集 A_λ。例如,“高个子”是个模糊集合,而“身高 1.75m 以上的人”却是个经典集合,这样便引出了截集的概念。

1.4.1　截集

设 $\underset{\sim}{A} \in \mathscr{F}(U), 0 \leqslant \lambda \leqslant 1$

(1)　$\underset{\sim}{A}_\lambda \triangleq \{u \mid \mu_{\underset{\sim}{A}}(u) \geqslant \lambda\}$　　(1-25)

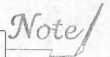

称 $\underset{\sim}{A}_\lambda$ 为 $\underset{\sim}{A}$ 的 λ 截集,它是一个经典集合,λ 称为水平。

(2)　$\underset{\sim}{A}_{\underset{\cdot}{\lambda}} \triangleq \{u \mid \mu_{\underset{\sim}{A}}(u) > \lambda\}$　　(1-26)

称 $\underset{\sim}{A}_{\underset{\cdot}{\lambda}}$ 为 $\underset{\sim}{A}$ 的 λ 强截集。

λ 截集与 λ 强截集具有如下性质($\lambda \in [0,1]$)

$$(\underset{\sim}{A} \cup \underset{\sim}{B})_\lambda = \underset{\sim}{A}_\lambda \cup \underset{\sim}{B}_\lambda \qquad (\underset{\sim}{A} \cap \underset{\sim}{B})_\lambda = \underset{\sim}{A}_\lambda \cap \underset{\sim}{B}_\lambda$$

$$(\underset{\sim}{A} \cup \underset{\sim}{B})_{\underset{\cdot}{\lambda}} = \underset{\sim}{A}_{\underset{\cdot}{\lambda}} \cup \underset{\sim}{B}_{\underset{\cdot}{\lambda}} \qquad (\underset{\sim}{A} \cap \underset{\sim}{B})_{\underset{\cdot}{\lambda}} = \underset{\sim}{A}_{\underset{\cdot}{\lambda}} \cap \underset{\sim}{B}_{\underset{\cdot}{\lambda}}$$

$$\lambda \leqslant \mu \Rightarrow \underset{\sim}{A}_\mu \subseteq \underset{\sim}{A}_\lambda \quad \underset{\sim}{A}_{\underset{\cdot}{\mu}} \subseteq \underset{\sim}{A}_{\underset{\cdot}{\lambda}}$$

1.4.2　分解定理

设 $\underset{\sim}{A}$ 为论域 U 上的一个模糊子集,A_λ 是 $\underset{\sim}{A}$ 的 λ 截集,$\lambda \in [0,1]$,则有如下分解式成立

$$\underset{\sim}{A} = \bigcup_{\lambda \in [0,1]} \lambda A_\lambda \tag{1-27}$$

其中 λA_λ 表示 X 的一个模糊子集,称为 λ 与 A_λ 的“乘积”,其隶属函数规定为

$$\mu_{\lambda A_\lambda}(x) = \begin{cases} \lambda & x \in A_\lambda \\ 0 & x \in A_\lambda \end{cases} \tag{1-28}$$

如图 1-4 所示。

有关分解定理的证明从略,这里由图 1-5 给出直观说明。图中画出了不同水平的 $\mu_{\lambda A_\lambda}(x)$ 的图形。当 λ 取遍[0,1]闭区间所有值时,$\bigcup \lambda A_\lambda$ 按模糊子集求并运算法则,也就是取各 $\lambda \in [0,1]$ 点隶属函数的最大值,再连成一条曲线,这自然与 $\mu_{\underset{\sim}{A}}(x)$ 曲线重合,分解定理就说明了这个道理。

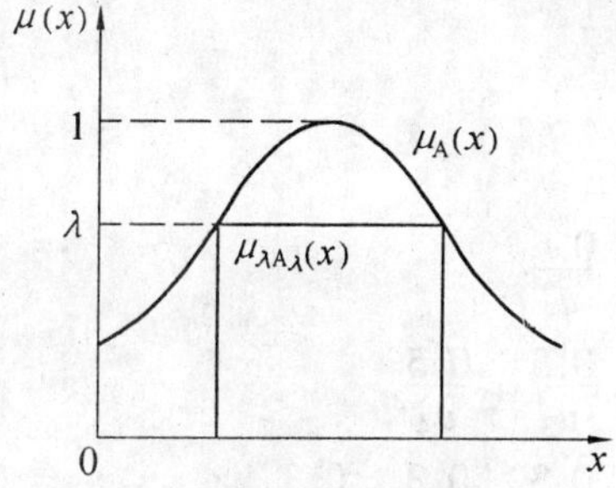

图 1-4　λA_λ 的隶属函数 $\mu_{\lambda A_\lambda}(x)$

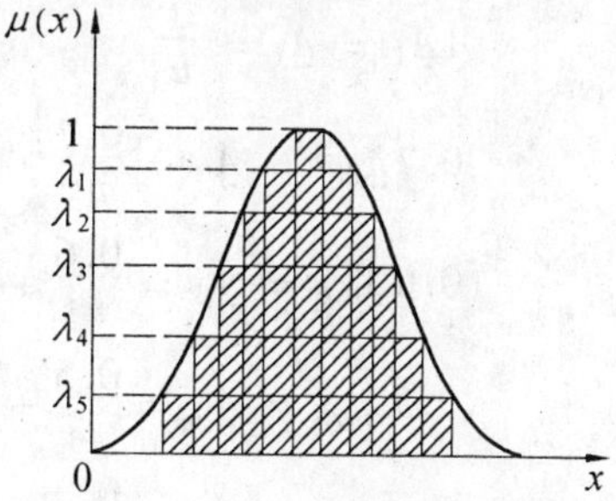

图 1-5　分解定理的图示

分解定理提供了用经典集合构造模糊集合的可能性,它沟通了模糊集合

与经典集合的联系。

例 5 如图 1-6 所示，设 $\underset{\sim}{A}=\frac{0.5}{u_1}+\frac{0.6}{u_2}+\frac{1}{u_3}+\frac{0.7}{u_4}+\frac{0.3}{u_5}$，$\lambda\in[0,1]$，取 λ 截集，于是有

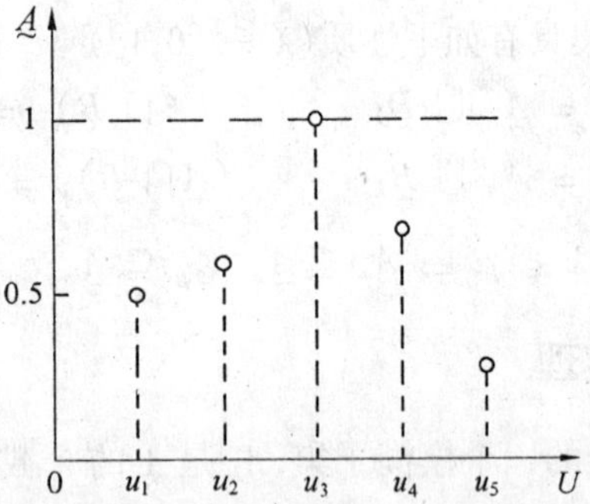

图 1-6

$$\underset{\sim}{A}_1=\{u_3\}$$
$$\underset{\sim}{A}_{0.7}=\{u_3,u_4\}$$
$$\underset{\sim}{A}_{0.6}=\{u_2,u_3,u_4\}$$
$$\underset{\sim}{A}_{0.5}=\{u_1,u_2,u_3,u_4\}$$
$$\underset{\sim}{A}_{0.3}=\{u_1,u_2,u_3,u_4,u_5\}$$

可将 λ 截集写成模糊集合的形式，如

$$\underset{\sim}{A}_{0.7}=\frac{1}{u_3}+\frac{1}{u_4}$$

u_3、u_4 关于 $\underset{\sim}{A}_{0.7}$ 的隶属函数都是 1，于是

$$1\underset{\sim}{A}_1=\underset{\sim}{A}_1=\frac{1}{u_3}$$
$$0.7\underset{\sim}{A}_{0.7}=\underset{\sim}{A}_2=\frac{0.7}{u_3}+\frac{0.7}{u_4}$$
$$0.6\underset{\sim}{A}_{0.6}=\underset{\sim}{A}_3=\frac{0.6}{u_2}+\frac{0.6}{u_3}+\frac{0.6}{u_4}$$
$$0.5\underset{\sim}{A}_{0.5}=\underset{\sim}{A}_4=\frac{0.5}{u_1}+\frac{0.5}{u_2}+\frac{0.5}{u_3}+\frac{0.5}{u_4}$$
$$0.3\underset{\sim}{A}_{0.3}=\underset{\sim}{A}_5=\frac{0.3}{u_1}+\frac{0.3}{u_2}+\frac{0.3}{u_3}+\frac{0.3}{u_4}+\frac{0.3}{u_5}$$

由分解定理，又可构成原来的模糊子集

$$\underset{\sim}{A}=\bigcup_{\lambda\in[0,1]}\lambda\underset{\sim}{A}_\lambda=\underset{\sim}{A}_1+\underset{\sim}{A}_2+\underset{\sim}{A}_3+\underset{\sim}{A}_4+\underset{\sim}{A}_5=$$

$$\frac{1}{u_3} \cup \left(\frac{0.7}{u_3} + \frac{0.7}{u_4}\right) \cup \left(\frac{0.6}{u_2} + \frac{0.6}{u_3} + \frac{0.6}{u_4}\right) \cup \left(\frac{0.5}{u_1} + \frac{0.5}{u_2} +\right.$$

$$\left.\frac{0.5}{u_3} + \frac{0.5}{u_4}\right) \cup \left(\frac{0.3}{u_1} + \frac{0.3}{u_2} + \frac{0.3}{u_3} + \frac{0.3}{u_4} + \frac{0.3}{u_5}\right) =$$

$$\frac{0.3 \vee 0.5}{u_1} + \frac{0.3 \vee 0.5 \vee 0.6}{u_2} + \frac{0.3 \vee 0.5 \vee 0.6 \vee 0.7 \vee 1}{u_3} +$$

$$\frac{0.3 \vee 0.5 \vee 0.6 \vee 0.7}{u_4} + \frac{0.3}{u_5} = \frac{0.5}{u_1} + \frac{0.6}{u_2} + \frac{1}{u_3} + \frac{0.7}{u_4} + \frac{0.3}{u_5}$$

1.4.3　扩张原则

设映射　$f: X \to Y$,那么可以扩张成为

$$\tilde{f}: \underset{\sim}{A} \to \tilde{f}\,(\underset{\sim}{A}) \tag{1-29}$$

这里,$\tilde{f}$ 叫做 f 的扩张。$\underset{\sim}{A}$ 通过映射 $\tilde{f}$ 映射成 $\tilde{f}\,(\underset{\sim}{A})$ 时,规定它的隶属函数的值保持不变。在不会误解的情况下,$\tilde{f}$ 可记作 f。

分解定理和扩张原则是模糊数学的理论支柱。分解定理是联系模糊数学和普通数学的纽带,而扩张原则是把普通的数学方法扩展到模糊数学中的有力工具。

1.5　隶 属 函 数

正确地确定隶属函数,是运用模糊集合理论解决实际问题的基础。隶属函数是对模糊概念的定量描述。我们遇到的模糊概念不胜枚举,然而准确地反映模糊概念的模糊集合的隶属函数,却无法找到统一的模式。

隶属函数的确定过程,本质上说应该是客观的,但每个人对于同一个模糊概念的认识理解又有差异,因此,隶属函数的确定又带有主观性。一般是根据经验或统计进行确定,也可由专家、权威给出。例如体操裁判的评分,尽管带有一定的主观性,但却是反映裁判员们大量丰富实际经验的综合结果。

对于同一个模糊概念,不同的人会建立不完全相同的隶属函数,尽管形式不完全相同,只要能反映同一模糊概念,在解决和处理实际模糊信息的问题中仍然殊途同归。事实上,也不可能存在对任何问题对任何人都适用的确定隶属函数的统一方法,因为模糊集合实质上是依赖于主观描述客观事物的概念外延的模糊性。可以设想,如果有对每个人都适用的确定隶属函数的方法,那么所谓的“模糊性”也就根本不存在了。

1.5.1　隶属函数的确定方法

这里仅介绍几种常用的方法,不同的方法结果会不同,但检验隶属函数建立是否合适的标准,要用实际使用效果来检验。

1. 模糊统计法

在有些情况下,隶属函数可以通过模糊统计试验的方法来确定。这里以张南纶等人进行的模糊统计工作为例,简单地介绍这种方法。

张南纶等人在武汉建材学院,选择129人做抽样试验,让他们独立认真思考了“青年人”的含义后,报出了他们认为最适宜的“青年人”的年龄界限。由于每个被试者对于“青年人”这一模糊概念理解上的差异,因此区间不完全相同,其结果如表1-3所示。

表1-3　青年人“年龄”界限统计表

18 ~ 25	17 ~ 30	17 ~ 28	18 ~ 25	16 ~ 35
15 ~ 30	18 ~ 35	17 ~ 30	18 ~ 25	18 ~ 25
18 ~ 30	18 ~ 30	15 ~ 25	18 ~ 30	15 ~ 28
18 ~ 25	18 ~ 25	16 ~ 28	18 ~ 30	16 ~ 30
15 ~ 28	16 ~ 30	19 ~ 28	15 ~ 30	15 ~ 26
16 ~ 35	15 ~ 25	15 ~ 25	18 ~ 28	16 ~ 30
15 ~ 28	18 ~ 30	15 ~ 25	15 ~ 25	18 ~ 30
16 ~ 25	18 ~ 28	16 ~ 28	18 ~ 30	18 ~ 35
16 ~ 30	18 ~ 35	17 ~ 25	15 ~ 30	18 ~ 25
18 ~ 28	18 ~ 30	18 ~ 25	16 ~ 35	17 ~ 29
15 ~ 30	15 ~ 35	15 ~ 30	20 ~ 30	20 ~ 30
18 ~ 28	18 ~ 35	16 ~ 30	15 ~ 30	18 ~ 35
15 ~ 25	18 ~ 35	15 ~ 30	15 ~ 25	15 ~ 30
14 ~ 25	18 ~ 30	18 ~ 35	18 ~ 35	16 ~ 25
18 ~ 35	20 ~ 30	18 ~ 30	16 ~ 30	20 ~ 35
16 ~ 28	18 ~ 30	18 ~ 30	16 ~ 30	18 ~ 35
16 ~ 28	18 ~ 35	18 ~ 35	17 ~ 27	16 ~ 28
17 ~ 25	15 ~ 36	18 ~ 30	17 ~ 30	18 ~ 35

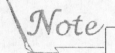

Note

续表 1-3

15 ~ 28	18 ~ 35	18 ~ 30	17 ~ 28	18 ~ 35
16 ~ 24	15 ~ 25	16 ~ 32	15 ~ 27	18 ~ 35
18 ~ 30	18 ~ 30	17 ~ 30	18 ~ 30	18 ~ 35
17 ~ 30	14 ~ 25	18 ~ 26	18 ~ 29	18 ~ 35
18 ~ 25	17 ~ 30	16 ~ 28	18 ~ 30	16 ~ 28
16 ~ 25	17 ~ 30	15 ~ 30	18 ~ 30	16 ~ 30
18 ~ 35	18 ~ 30	17 ~ 30	16 ~ 35	17 ~ 30
18 ~ 30	17 ~ 25	18 ~ 29	18 ~ 28	

现选取 $u_0 = 27$ 岁,对“青年人”的隶属频率为

$$\mu = \frac{\text{包含 27 岁的区间数(隶属次数)}}{\text{调查人数}(n)} \tag{1-30}$$

用 μ 作为 27 岁对“青年人”的隶属度的近似值,计算结果见表 1-4。

表 1-4 “青年人”的隶属度的近似值

n	10	20	30	40	50	60	70	80	90	100	110	120	129
隶属次数	6	14	23	31	39	47	53	62	68	76	85	95	101
隶属频率	0.60	0.70	0.77	0.78	0.78	0.78	0.76	0.78	0.76	0.76	0.75	0.79	0.78

从图 1-7 可见,27 岁对于青年年限的隶属频率大致稳定在 0.78 附近,于是可取

$$\mu_{\text{青年人}}(27) = 0.78$$

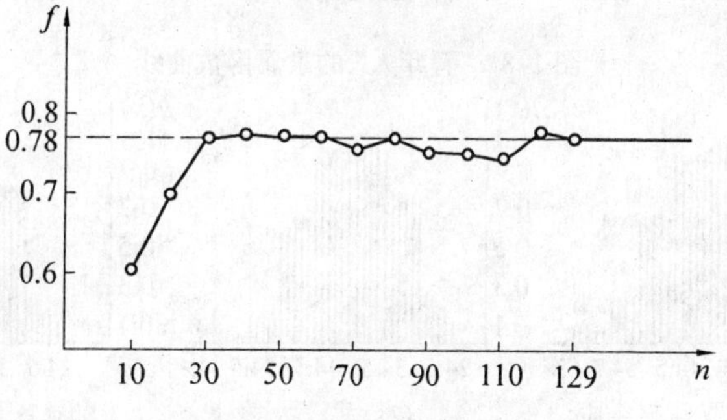

图 1-7 27 岁对“青年”隶属频率的稳定性

按这种方法计算出 15 ~ 36 岁对“青年人”的隶属频率,从中确定隶属度。表 1-5 给出的即为将 U 分组,每组以中值为代表计算隶属频率。令隶属度为纵坐标,年岁为横坐标,连续描出的曲线便为隶属函数曲线。采用同样办法,分别

又在武汉大学(抽样106人)、西安工业学院(抽样93人)进行模糊统计试验,得到“青年人”的隶属函数曲线如图1-8所示。

对“中年人”这一模糊概念也在上述三个单位进行模糊统计试验,得到隶属函数曲线见图1-9。

表 1-5　分组计算相对频率

序号	分　组	频数	相对频数	序号	分　组	频数	相对频数
1	13.5 ~ 14.5	2	0.0155	13	25.5 ~ 26.5	103	0.7984
2	14.5 ~ 15.5	27	0.2093	14	26.5 ~ 27.5	101	0.7829
3	15.5 ~ 16.5	51	0.3953	15	27.5 ~ 28.5	99	0.7674
4	16.5 ~ 17.5	67	0.5194	16	28.5 ~ 29.5	80	0.6202
5	17.5 ~ 18.5	124	0.9612	17	29.5 ~ 30.5	77	0.5969
6	18.5 ~ 19.5	125	0.9690	18	30.5 ~ 31.5	27	0.2093
7	19.5 ~ 20.5	129	1	19	31.5 ~ 32.5	27	0.2093
8	20.5 ~ 21.5	129	1	20	32.5 ~ 33.5	26	0.2016
9	21.5 ~ 22.5	129	1	21	33.5 ~ 34.5	26	0.2016
10	22.5 ~ 23.5	129	1	22	34.5 ~ 35.5	26	0.2016
11	23.5 ~ 24.5	129	1	23	35.5 ~ 36.5	1	0.0078
12	24.5 ~ 25.5	128	0.9922		Σ		13.6589

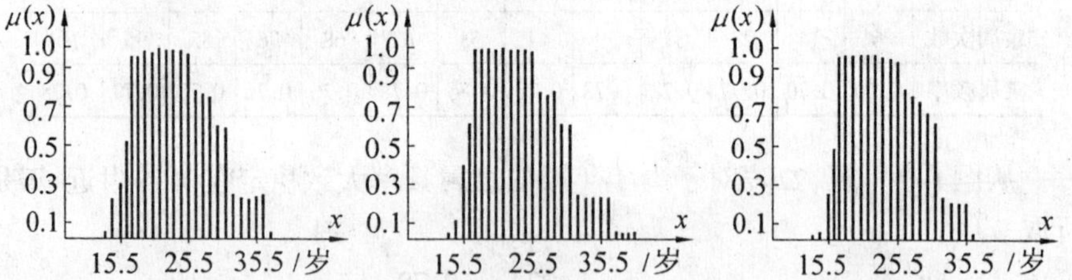

(1) 武汉建材学院　　(2) 武汉大学　　(3) 西安工业学院

图 1-8　“青年人”的隶属函数曲线

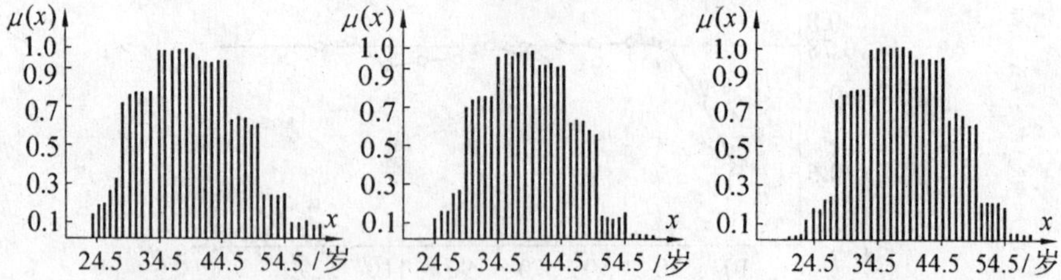

(1) 武汉建材学院　　(2) 武汉大学　　(3) 西安工业学院

图 1-9　“中年人”的隶属函数曲线

观察上述三组在不同地区得到的同一模糊概念的隶属函数曲线,可以发现,它们的形状大致相同,包络线下所围成的面积也大致相同。如果调查的人数足够多，也会出现像概率统计一样的稳定性，但须指出，模糊统计试验与随机统计试验不能等同。上述的模糊统计试验，说明隶属程度的客观意义，同时也表明用模糊统计试验法求隶属函数是切实可行的。这种方法的不足之处是工作量较大。

2. 例证法

例证法是 Zadeh 在 1972 年提出的，主要思想是从已知有限个 $\mu_{\underset{\sim}{A}}$ 的值，来估计论域 U 上的模糊子集 $\underset{\sim}{A}$ 的隶属函数。例如论域 U 是全体人类，$\underset{\sim}{A}$ 是“高个子的人”，显然 $\underset{\sim}{A}$ 是模糊子集。为了确定 $\mu_{\underset{\sim}{A}}$，可先给出一个高度 h 值，然后选定几个语言真值(即一句话真的程度) 中的一个，来回答某人高度是否算“高”。如语言真值分为“真的”，“大致真的”，“似真又似假”，“大致假的”，“假的”。然后，把这些语言真值分别用数字表示，分别为 1，0.75，0.5，0.25 和 0。对几个不同高度 h_1、h_2、…、h_n 都作为样本进行询问，就可以得到 $\underset{\sim}{A}$ 的隶属函数 $\mu_{\underset{\sim}{A}}$ 的离散表示法。

3. 专家经验法

根据专家的实际经验，确定隶属函数的方法称为专家经验法。例如郭荣江等利用模糊数学总结著名中医关幼波大夫的医疗经验，设计的《关幼波治疗肝病的计算机诊断程序》这一专家系统，就是采用此种方法确定隶属函数的，获得了很好的效果。

设全体待诊病人为论域 U，令患有脾虚性迁延性肝炎的病人全体为模糊子集 $\underset{\sim}{A}$，$\underset{\sim}{A}$ 的隶属函数为 $\mu_{\underset{\sim}{A}}$。从 16 种症状中判断病人 u 是否患此种疾病。这 16 种症状分别用 a_1、a_2、…、a_{16} 来表示(其中 a_1: GPT 异常；a_2: 3T 高；…；a_{16}: 暖气)。

把每一症状视为普通子集，则特征函数为

$$\chi_{a_i}(u) = \begin{cases} 1 & \text{有症状 } a_i \\ 0 & \text{无症状 } a_i \end{cases}$$

根据医学知识和专家临床经验，对每一症状在患有“脾虚性迁延性肝炎”中所起的作用各赋予一定的权系数 a_1、a_2、…、a_{16}。规定 $\underset{\sim}{A}$ 的隶属函数为

$$\mu_{\underset{\sim}{A}}(u) = \frac{a_1\,\chi_{a_1}(u) + a_2\,\chi_{a_2}(u) + \cdots + a_{16}\,\chi_{a_{16}}(u)}{a_1 + a_2 + \cdots + a_{16}} \tag{1-31}$$

如病人 u_0，对 $\underset{\sim}{A}$ 的隶属度为 $\mu_{\underset{\sim}{A}}(u_0)$，如果取阈值为 λ，$\mu_{\underset{\sim}{A}}(u_0) \geqslant \lambda$ 时就断言此人患“脾虚性迁延性肝炎”，否则不患此种病。

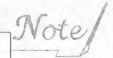

上述确定隶属函数的方法,主要是根据专家的实际经验,加上必要的数学处理而得到的。在许多情况下,经常是初步确定粗略的隶属函数,然后再通过“学习”和实践检验逐步修改和完善,而实际效果正是检验和调整隶属函数的依据。近年来研究采用神经网络、遗传算法自动生成隶属函数。

1.5.2 常用的隶属函数

1. 凸模糊集

定义 设 $\underset{\sim}{A}$ 为以实数 R 为论域的模糊子集,其隶属函数为 $\mu_{\underset{\sim}{A}}(x)$,如果对任意实数 $a < x < b$,都有

$$\mu_{\underset{\sim}{A}}(x) \geqslant \min(\mu_{\underset{\sim}{A}}(a), \mu_{\underset{\sim}{A}}(b)) \tag{1-32}$$

则称 $\underset{\sim}{A}$ 为凸模糊集。

性质 1 凸模糊集的截集必是区间(此区间可以是无限的);截集均为区间模糊集的必为凸模糊集。此性质可作为凸模糊集的等价定义。

性质 2 $\underset{\sim}{A}$、$\underset{\sim}{B}$ 是凸模糊集,则 $\underset{\sim}{A} \cap \underset{\sim}{B}$ 也是凸模糊集。

除凸模糊集外,还有非凸模糊集,如图 1-10 中(1) 与(2) 分别表示凸模糊集和非凸模糊集。

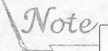

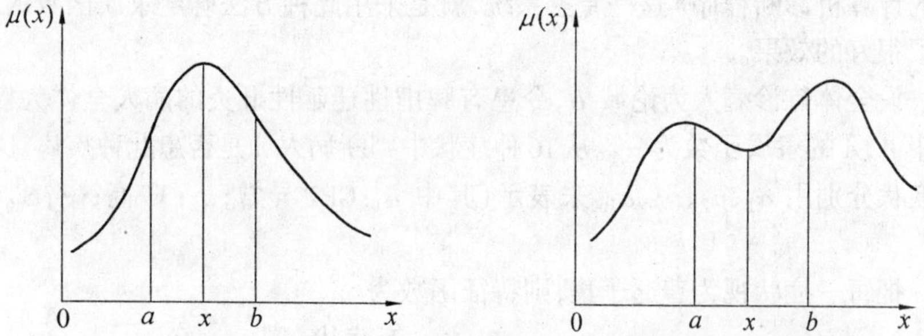

(1) 凸模糊集　　(2) 非凸模糊集

图 1-10 凸模糊集与非凸模糊集

由凸模糊集的定义及其性质不难看出,凸模糊集实质上就是隶属函数具有单峰特性。今后所用的模糊子集一般均指凸模糊集。

2. 模糊分布

以实数域 R 为论域时,称隶属函数为模糊分布。常见的模糊分布有以下四种:

(1) 正态型

这是最主要也是最常见的一种分布，表示为

$$\mu(x) = e^{-\left(\frac{x-a}{b}\right)^2} \qquad b > 0 \tag{1-33}$$

其分布曲线如图 1-11 所示。

(2) Γ型

$$\mu(x) = \begin{cases} 0 & x < 0 \\ \left(\dfrac{x}{\lambda\nu}\right)^{\nu} \cdot e^{\nu - \frac{x}{\lambda}} & x \geqslant 0 \end{cases} \tag{1-34}$$

其中 $\lambda > 0,\ \nu > 0$。

当 $\nu - \dfrac{x}{\lambda} = 0$，即 $x = \lambda\nu$ 时，隶属度为 1，其分布曲线如图 1-12 所示。

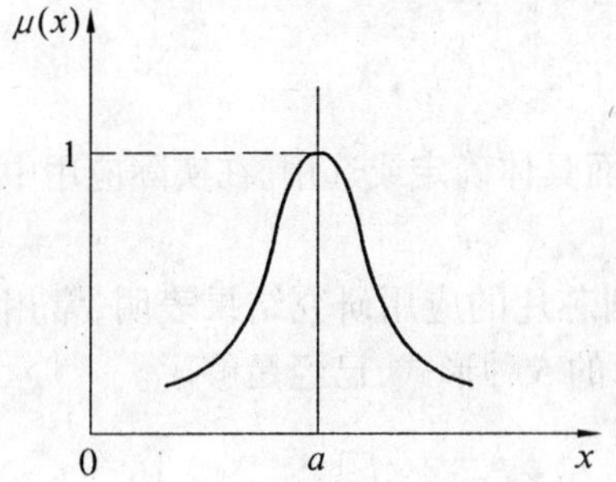

图 1-11　正态型分布曲线

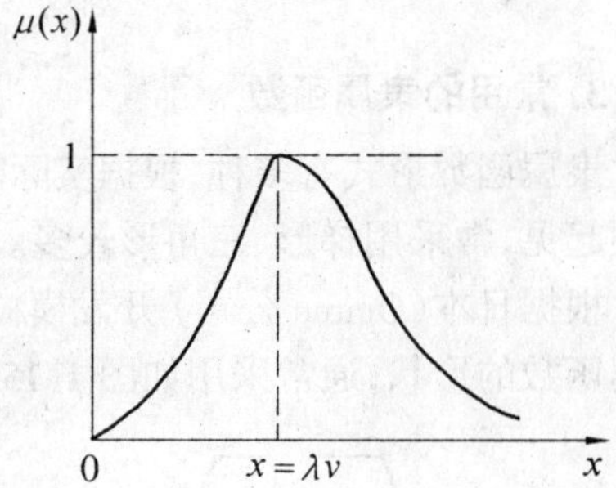

图 1-12　Γ型分布曲线

(3) 戒上型

$$\mu(x) = \begin{cases} \dfrac{1}{1 + [a(x-c)]^b} & x > c \\ 1 & x \leqslant c \end{cases} \tag{1-35}$$

其中 $a > 0,\ b > 0$，其分布曲线如图 1-13 所示。

当 $a = \dfrac{1}{5}, b = 2, c = 25$ 时，即为“年青”的隶属函数。

(4) 戒下型

$$\mu(x) = \begin{cases} 0 & x < c \\ \dfrac{1}{1 + [a(x-c)]^b} & x \geqslant c \end{cases} \tag{1-36}$$

其中 $a > 0,\ b < 0$，其分布曲线如图 1-14 所示。

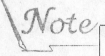

当 $a=\dfrac{1}{5}$，$b=-2$，$c=50$ 时，即为"年老"的隶属函数。

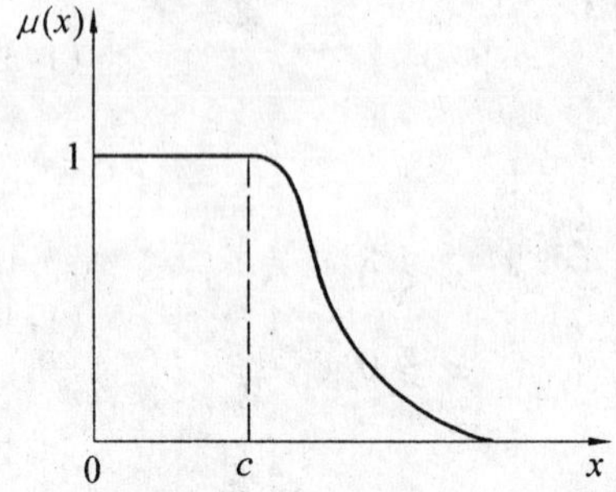

图 1-13　戒上型分布曲线

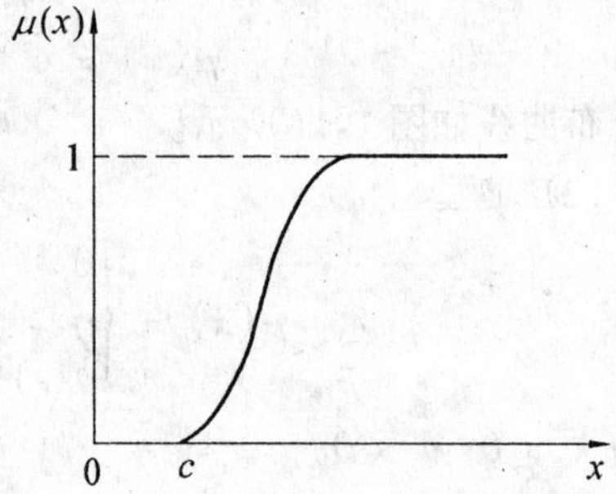

图 1-14　戒下型分布曲线

3. 常用的隶属函数

隶属函数形式有多种，根据实际问题而具体确定或选用。在实际应用中为方便起见，常采用梯形、三角形较多。

根据日本（Omron 公司）开发模糊控制芯片的应用研究结果表明，常用的隶属函数的形状，通常采用如图 1-15 所示的 5 种形式，已经足够了。

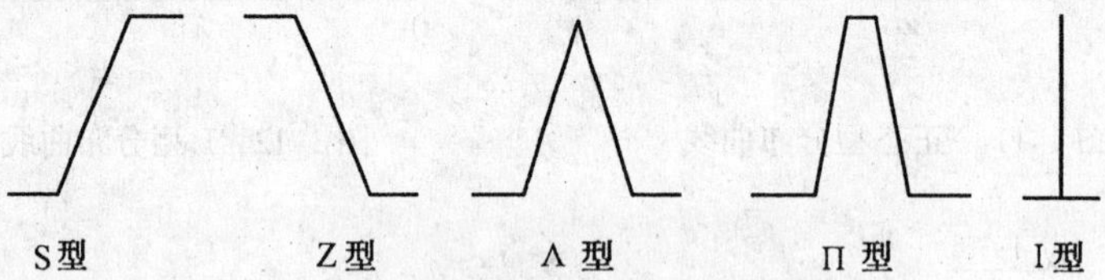

图 1-15　5 种常用的隶属函数

在上述的 5 种隶属函数中，Z 型与 S 型可以分别看做图 1-13、1-14 中戒上型、戒下型线性化的理想情况；Λ 型与 Π 型可以看做图 1-11 中正态型的特殊情况，而 Ⅰ 型又可看做 Λ 型的特例。

第 2 章　模糊矩阵与模糊关系

客观事物之间往往存在着不同的相互联系，关系是描述事物之间联系的一种数学模型。模糊关系是描述事物之间存在联系的模糊性，当论域是有限集时，模糊关系可以用模糊矩阵来表示。模糊矩阵可以看做普通关系矩阵的推广。本章重点介绍模糊矩阵与模糊关系的基本概念、基本运算及其性质。

2.1　模糊矩阵

2.1.1　模糊矩阵的定义及其运算

1. 模糊矩阵

如果对任意的 $i \leqslant n$ 及 $j \leqslant m$，都有 $r_{ij} \in [0,1]$，则称 $\boldsymbol{R} = (r_{ij})_{n\times m}$ 为模糊矩阵。通常以 $\boldsymbol{M}_{n\times m}$ 表示全体 n 行 m 列的模糊矩阵。

2. 模糊矩阵的并、交及补的运算

对任意 $\boldsymbol{R}$、$\boldsymbol{S} \in \boldsymbol{M}_{n\times m}$，$\boldsymbol{R} = (r_{ij})_{n\times m}$，$\boldsymbol{S} = (s_{ij})_{n\times m}$，则

$$\boldsymbol{R} \cup \boldsymbol{S} = (r_{ij} \vee s_{ij})_{n\times m} \tag{2-1}$$

$$\boldsymbol{R} \cap \boldsymbol{S} = (r_{ij} \wedge s_{ij})_{n\times m} \tag{2-2}$$

$$\boldsymbol{R}^{c} = (1 - r_{ij})_{n\times m} \tag{2-3}$$

分别称以上三式为模糊矩阵 $\boldsymbol{R}$ 和 $\boldsymbol{S}$ 的并、交运算及模糊矩阵 $\boldsymbol{R}$ 的求补运算。

如果 $r_{ij} \leqslant s_{ij}(i = 1,2,\cdots,n; j = 1,2,\cdots,m)$，则称模糊矩阵 $\boldsymbol{R}$ 被模糊矩阵 $\boldsymbol{S}$ 包含，记为 $\boldsymbol{R} \subseteq \boldsymbol{S}$。

如果 $r_{ij} = s_{ij}(i = 1,2,\cdots,n; j = 1,2,\cdots,m)$，则称模糊矩阵 $\boldsymbol{R}$ 和模糊矩阵 $\boldsymbol{S}$ 相等。

例 1　设两个模糊矩阵 $\boldsymbol{R}$ 和 $\boldsymbol{S}$ 分别为

$$\boldsymbol{R} = \begin{bmatrix} 0.7 & 0.5 \\ 0.9 & 0.2 \end{bmatrix} \qquad \boldsymbol{S} = \begin{bmatrix} 0.4 & 0.3 \\ 0.6 & 0.8 \end{bmatrix}$$

则

$$\boldsymbol{R} \cup \boldsymbol{S} = \begin{bmatrix} 0.7 \vee 0.4 & 0.5 \vee 0.3 \\ 0.9 \vee 0.6 & 0.2 \vee 0.8 \end{bmatrix} = \begin{bmatrix} 0.7 & 0.5 \\ 0.9 & 0.8 \end{bmatrix}$$

$$R\cap S=\begin{bmatrix}0.7\wedge 0.4 & 0.5\wedge 0.3\\ 0.9\wedge 0.6 & 0.2\wedge 0.8\end{bmatrix}=\begin{bmatrix}0.4 & 0.3\\ 0.6 & 0.2\end{bmatrix}$$

$$R^c=\begin{bmatrix}1-0.7 & 1-0.5\\ 1-0.9 & 1-0.2\end{bmatrix}=\begin{bmatrix}0.3 & 0.5\\ 0.1 & 0.8\end{bmatrix}$$

3. 模糊矩阵的并、交、补运算性质

设 $\boldsymbol{R}$、$\boldsymbol{S}$、$\boldsymbol{T}\in \boldsymbol{M}_{n\times m}$，则有：

(1) 幂等律　$\boldsymbol{R}\cup\boldsymbol{R}=\boldsymbol{R}$　　$\boldsymbol{R}\cap\boldsymbol{R}=\boldsymbol{R}$

(2) 交换律　$\boldsymbol{R}\cup\boldsymbol{S}=\boldsymbol{S}\cup\boldsymbol{R}$　　$\boldsymbol{R}\cap\boldsymbol{S}=\boldsymbol{S}\cap\boldsymbol{R}$

(3) 结合律　$(\boldsymbol{R}\cup\boldsymbol{S})\cup\boldsymbol{T}=\boldsymbol{R}\cup(\boldsymbol{S}\cup\boldsymbol{T})$

$(\boldsymbol{R}\cap\boldsymbol{S})\cap\boldsymbol{T}=\boldsymbol{R}\cap(\boldsymbol{S}\cap\boldsymbol{T})$

(4) 分配律　$(\boldsymbol{R}\cup\boldsymbol{S})\cap\boldsymbol{T}=(\boldsymbol{R}\cap\boldsymbol{T})\cup(\boldsymbol{S}\cap\boldsymbol{T})$

$(\boldsymbol{R}\cap\boldsymbol{S})\cup\boldsymbol{T}=(\boldsymbol{R}\cup\boldsymbol{T})\cap(\boldsymbol{S}\cup\boldsymbol{T})$

(5) 吸收律　$(\boldsymbol{R}\cup\boldsymbol{S})\cap\boldsymbol{S}=\boldsymbol{S}$　　$(\boldsymbol{R}\cap\boldsymbol{S})\cup\boldsymbol{S}=\boldsymbol{S}$

(6) 复原律　$(\boldsymbol{R}^c)^c=\boldsymbol{R}$

(7) 对偶律　$(\boldsymbol{R}\cup\boldsymbol{S})^c=\boldsymbol{R}^c\cap\boldsymbol{S}^c$　　$(\boldsymbol{R}\cap\boldsymbol{S})^c=\boldsymbol{R}^c\cup\boldsymbol{S}^c$

(8) 对任意模糊矩阵 $\boldsymbol{R}$，则有

$$\boldsymbol{O}\subseteq\boldsymbol{R}\subseteq\boldsymbol{E}\quad \boldsymbol{O}\cup\boldsymbol{R}=\boldsymbol{R}\quad \boldsymbol{E}\cup\boldsymbol{R}=\boldsymbol{E}$$

$$\boldsymbol{O}\cap\boldsymbol{R}=\boldsymbol{O}\quad \boldsymbol{E}\cap\boldsymbol{R}=\boldsymbol{R}$$

其中 $\boldsymbol{O}$、$\boldsymbol{E}$ 分别称为零矩阵及全矩阵，即

$$\boldsymbol{O}=\begin{bmatrix}0 & 0 & \cdots & 0\\ 0 & 0 & \cdots & 0\\ \vdots & \vdots & & \vdots\\ 0 & 0 & \cdots & 0\end{bmatrix}\qquad \boldsymbol{E}=\begin{bmatrix}1 & 1 & \cdots & 1\\ 1 & 1 & \cdots & 1\\ \vdots & \vdots & & \vdots\\ 1 & 1 & \cdots & 1\end{bmatrix}$$

(9) $\boldsymbol{R}\subseteq\boldsymbol{S}\Longleftrightarrow\boldsymbol{R}\cup\boldsymbol{S}=\boldsymbol{S}\Longleftrightarrow\boldsymbol{R}\cap\boldsymbol{S}=\boldsymbol{R}$

(10) 若 $\boldsymbol{R}_1\subseteq\boldsymbol{S}_1$，$\boldsymbol{R}_2\subseteq\boldsymbol{S}_2$，则

$$(\boldsymbol{R}_1\cup\boldsymbol{R}_2)\subseteq(\boldsymbol{S}_1\cup\boldsymbol{S}_2),\ (\boldsymbol{R}_1\cap\boldsymbol{R}_2)\subseteq(\boldsymbol{S}_1\cap\boldsymbol{S}_2)$$

(11) $\boldsymbol{R}\subseteq\boldsymbol{S}\Longleftrightarrow\boldsymbol{R}^c\supseteq\boldsymbol{S}^c$

以上性质可以由定义直接证明。

须指出，一般 $\boldsymbol{R}\cup\boldsymbol{R}^c\neq\boldsymbol{E}$，$\boldsymbol{R}\cap\boldsymbol{R}^c\neq\boldsymbol{O}$，即对**模糊矩阵互补律不成立**。

模糊矩阵的并、交运算可推广到一般情形，设有任意指标集 T，$\boldsymbol{R}^{(t)}\in \boldsymbol{M}_{n\times m}(t\in T)$，则可定义它们的并与交分别为

$$\bigcup_{t\in T}\boldsymbol{R}^{(t)}\triangleq(\bigvee_{t\in T}r_{ij}{}^{(t)})_{n\times m}\tag{2-4}$$

$$\bigcap_{t\in T}\boldsymbol{R}^{(t)}\triangleq(\bigwedge_{t\in T}r_{ij}{}^{(t)})_{n\times m}\tag{2-5}$$

(12) $S\cup(\bigcap_{t\in T}R^{(t)})=\bigcap_{t\in T}(S\cup R^{(t)})\qquad S\cap(\bigcup_{t\in T}R^{(t)})=\bigcup_{t\in T}(S\cap R^{(t)})$

(13) $(\bigcup_{t\in T}R^{(t)})^c=\bigcap_{t\in T}(R^{(t)})^c\qquad(\bigcap_{t\in T}R^{(t)})^c=\bigcup_{t\in T}(R^{(t)})^c$

例2　设模糊矩阵 $\boldsymbol{R}$、$\boldsymbol{S}$、$\boldsymbol{T}$ 分别为

$$\boldsymbol{R}=\begin{bmatrix}0.7 & 0.5\\0.9 & 0.2\end{bmatrix}\quad \boldsymbol{S}=\begin{bmatrix}0.4 & 0.3\\0.6 & 0.8\end{bmatrix}\quad \boldsymbol{T}=\begin{bmatrix}0.7 & 0.6\\0.5 & 0.7\end{bmatrix}$$

则

$$\boldsymbol{R}\cup\boldsymbol{S}\cup\boldsymbol{T}=\begin{bmatrix}0.7\vee0.4\vee0.1 & 0.5\vee0.3\vee0.6\\0.9\vee0.6\vee0.5 & 0.2\vee0.8\vee0.7\end{bmatrix}=\begin{bmatrix}0.7 & 0.6\\0.9 & 0.8\end{bmatrix}$$

$$\boldsymbol{R}\cap\boldsymbol{S}\cap\boldsymbol{T}=\begin{bmatrix}0.7\wedge0.4\wedge0.1 & 0.5\wedge0.3\wedge0.6\\0.9\wedge0.6\wedge0.5 & 0.2\wedge0.8\wedge0.7\end{bmatrix}=\begin{bmatrix}0.1 & 0.3\\0.5 & 0.2\end{bmatrix}$$

$$\boldsymbol{R}\cup(\boldsymbol{S}\cap\boldsymbol{T})=\begin{bmatrix}0.7 & 0.5\\0.9 & 0.2\end{bmatrix}\cup\left(\begin{bmatrix}0.4 & 0.3\\0.6 & 0.8\end{bmatrix}\cap\begin{bmatrix}0.1 & 0.6\\0.5 & 0.7\end{bmatrix}\right)=$$

$$\begin{bmatrix}0.7 & 0.5\\0.9 & 0.2\end{bmatrix}\cup\begin{bmatrix}0.1 & 0.3\\0.5 & 0.7\end{bmatrix}=\begin{bmatrix}0.7 & 0.5\\0.9 & 0.7\end{bmatrix}$$

$$(\boldsymbol{R}\cup\boldsymbol{S})\cap(\boldsymbol{R}\cup\boldsymbol{T})=\begin{bmatrix}0.7 & 0.5\\0.9 & 0.8\end{bmatrix}\cap\begin{bmatrix}0.7 & 0.6\\0.9 & 0.7\end{bmatrix}=\begin{bmatrix}0.7 & 0.5\\0.9 & 0.7\end{bmatrix}$$

2.1.2　模糊矩阵的截矩阵

设 $\boldsymbol{R}\in\boldsymbol{M}_{n\times m}$,对任意 $\lambda\in[0,1]$,记

$$\boldsymbol{R}_\lambda=(\lambda r_{ij})\tag{2-6}$$

其中

$$\lambda r_{ij}=\begin{cases}1 & r_{ij}\geqslant\lambda\\0 & r_{ij}<\lambda\end{cases}$$

则称矩阵 $\boldsymbol{R}_\lambda$ 为**模糊矩阵** $\boldsymbol{R}=(r_{ij})_{(n\times m)}$ 的 λ **截矩阵**。显然,模糊矩阵 λ 截矩阵的元素仅能是0或1,因此模糊矩阵的截矩阵必定是**布尔矩阵**。

例3　设模糊矩阵为

$$\boldsymbol{R}=\begin{bmatrix}0.5 & 0.3 & 0.9\\0.8 & 1 & 0.2\\0.7 & 0 & 0.4\end{bmatrix}$$

当 $\lambda=0.5$、0.7 时,则截矩阵

$$\boldsymbol{R}_{0.5}=\begin{bmatrix}1 & 0 & 1\\1 & 1 & 0\\1 & 0 & 0\end{bmatrix}\qquad \boldsymbol{R}_{0.7}=\begin{bmatrix}0 & 0 & 1\\1 & 1 & 0\\1 & 0 & 0\end{bmatrix}$$

模糊矩阵的截矩阵有以下性质:

(1) $\boldsymbol{R}\subseteq\boldsymbol{S}$ 时,对于任意 $\lambda\in[0,1]$,则有 $\boldsymbol{R}_\lambda\subseteq\boldsymbol{S}_\lambda$

(2) $(\boldsymbol{R}\cup\boldsymbol{S})_\lambda=\boldsymbol{R}_\lambda\cup\boldsymbol{S}_\lambda$

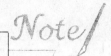

(3) $(\boldsymbol{R}\cap\boldsymbol{S})_\lambda=\boldsymbol{R}_\lambda\cap\boldsymbol{S}_\lambda$

上述性质中的(2)不能推广到无限多个模糊矩阵的并上去。

2.1.3 模糊矩阵的合成

1. 模糊矩阵合成的定义

设 $\boldsymbol{Q}=(q_{ij})_{n\times m}$,$\boldsymbol{R}=(r_{jk})_{m\times l}$是两个模糊矩阵,它们的合成 $\boldsymbol{Q}\circ\boldsymbol{R}$ 指的是一个 n 行 l 列的模糊矩阵 $\boldsymbol{S}$,$\boldsymbol{S}$ 的第 i 行第 k 列的元素 s_{ik}等于 $\boldsymbol{Q}$ 的第 i 行元素与 $\boldsymbol{R}$ 的第 k 列对应元素两两先取较小者,然后在所得的结果中取较大者,即

$$s_{ik}=\bigvee_{j=1}^{m}(q_{ij}\wedge r_{jk}),1\leqslant i\leqslant n,1\leqslant k\leqslant l \tag{2-7}$$

模糊矩阵 $\boldsymbol{Q}$ 与 $\boldsymbol{R}$ 的合成 $\boldsymbol{Q}\circ\boldsymbol{R}$ 又称为 $\boldsymbol{Q}$ 对 $\boldsymbol{R}$ 的模糊乘积,或称模糊矩阵的乘法。

例 4 设两模糊矩阵

$$\boldsymbol{Q}=\begin{bmatrix}0.2 & 0.5 & 1\\ 0.7 & 0.1 & 0.8\end{bmatrix}\qquad \boldsymbol{R}=\begin{bmatrix}0.6 & 0.5\\ 0.4 & 1\\ 0.1 & 0.9\end{bmatrix}$$

则

$$\boldsymbol{Q}\circ\boldsymbol{R}=\begin{bmatrix}0.2 & 0.5 & 1\\ 0.7 & 0.1 & 0.8\end{bmatrix}\circ\begin{bmatrix}0.6 & 0.5\\ 0.4 & 1\\ 0.1 & 0.9\end{bmatrix}=$$

$$\begin{bmatrix}(0.2\wedge0.6)\vee(0.5\wedge0.4)\vee(1\wedge0.1) & (0.2\wedge0.5)\vee(0.5\wedge1)\vee(1\wedge0.9)\\ (0.7\wedge0.6)\vee(0.1\wedge0.4)\vee(0.8\wedge0.1) & (0.7\wedge0.5)\vee(0.1\wedge1)\vee(0.8\wedge0.9)\end{bmatrix}=$$

$$\begin{bmatrix}0.2\vee0.4\vee0.1 & 0.2\vee0.5\vee0.9\\ 0.6\vee0.1\vee0.1 & 0.5\vee0.1\vee0.8\end{bmatrix}=\begin{bmatrix}0.4 & 0.9\\ 0.6 & 0.8\end{bmatrix}$$

模糊矩阵的合成与普通矩阵的乘法运算过程相似,只需将普通矩阵的乘法运算改为取小运算"∧",加法运算改为取大运算"∨"。

2. 模糊矩阵合成运算性质

(1) 结合律 $(\boldsymbol{Q}\circ\boldsymbol{R})\circ\boldsymbol{S}=\boldsymbol{Q}\circ(\boldsymbol{R}\circ\boldsymbol{S})$

推论:$\boldsymbol{R}^m\circ\boldsymbol{R}^n=\boldsymbol{R}^{m+n}$ $(\boldsymbol{R}^m)^n=\boldsymbol{R}^{mn}$

(2) $(\boldsymbol{Q}\cup\boldsymbol{R})\circ\boldsymbol{S}=(\boldsymbol{Q}\circ\boldsymbol{S})\cup(\boldsymbol{R}\circ\boldsymbol{S})$

$\boldsymbol{S}\circ(\boldsymbol{Q}\cup\boldsymbol{R})=(\boldsymbol{S}\circ\boldsymbol{Q})\cup(\boldsymbol{S}\circ\boldsymbol{R})$

注意:对于"交"运算,不满足上述分配律,即

$(\boldsymbol{Q}\cap\boldsymbol{R})\circ\boldsymbol{S}\neq(\boldsymbol{Q}\circ\boldsymbol{S})\cap(\boldsymbol{R}\circ\boldsymbol{S})$

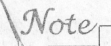

Note

$$S\circ(Q\cap R)\neq(S\circ Q)\cap(S\circ R)$$

(3) $O\circ R=R\circ O=O\qquad I\circ R=R\circ I=R$

其中 O 为零矩阵，I 为单位阵。

(4) 若 $Q\subseteq R$，则 $Q\circ S\subseteq R\circ S$，$S\circ Q\subseteq S\circ R$

(5) 若 $Q_1\subseteq Q_2$，$R_1\subseteq R_2$，则 $Q_1\circ R_1\subseteq Q_2\circ R_2$

须特别指出的是，模糊矩阵的合成运算不满足交换律，即

$$Q\circ R\neq R\circ Q$$

例5　设

$$Q=\begin{bmatrix}0.5 & 0.7\\0.2 & 0.8\end{bmatrix}\qquad R=\begin{bmatrix}0.1 & 0.4\\0.6 & 0.3\end{bmatrix}$$

则

$$Q\circ R=\begin{bmatrix}0.6 & 0.4\\0.6 & 0.3\end{bmatrix}$$

而

$$R\circ Q=\begin{bmatrix}0.2 & 0.4\\0.5 & 0.6\end{bmatrix}$$

故一般情况

$$Q\circ R\neq R\circ Q$$

2.1.4　模糊矩阵的转置

模糊矩阵的转置矩阵同普通矩阵的转置矩阵的概念是相同的，即把相应的行变为列，列变为行，即可得到转置模糊矩阵。

转置模糊矩阵具有以下性质：

(1) $(R^{\mathrm{T}})^{\mathrm{T}}=R$

(2) $(R\cup Q)^{\mathrm{T}}=R^{\mathrm{T}}\cup Q^{\mathrm{T}}\qquad (R\cap Q)^{\mathrm{T}}=R^{\mathrm{T}}\cap Q^{\mathrm{T}}$

(3) $R\subseteq Q\Longleftrightarrow R^{\mathrm{T}}\subseteq Q^{\mathrm{T}}$

(4) $(R^{\mathrm{T}})_{\lambda}=(R_{\lambda})^{\mathrm{T}}$

(5) $(R\circ Q)^{\mathrm{T}}=Q^{\mathrm{T}}\circ R^{\mathrm{T}}\qquad (R^{n})^{\mathrm{T}}=(R^{\mathrm{T}})^{n}$

(6) $(R^{c})^{\mathrm{T}}=(R^{\mathrm{T}})^{c}$

如果 $R\in M_{n\times m}$，且有 $R^{\mathrm{T}}=R$，则称 R 为对称矩阵。

2.2　模糊关系

2.2.1　模糊关系的定义

模糊关系是普通关系的推广，在模糊集合论中，模糊关系占有重要地位。普通关系是描述元素之间是否有关联，而模糊关系则是描述元素之间关联程

度的多少。

设 X、Y 是两个非空集合，则直积

$$X \times Y = \{(x, y) \mid x \in X, y \in Y\}$$

中的一个模糊子集 $\underset{\sim}{\boldsymbol{R}}$ 称为从 X 到 Y 的一个**模糊关系**，记作

$$X \xrightarrow{\underset{\sim}{R}} Y \tag{2-8}$$

模糊关系 $\underset{\sim}{R}$ 由其隶属函数

$$\mu_{\underset{\sim}{R}} : X \times Y \to [0,1] \tag{2-9}$$

完全刻画。序偶 (x, y) 的隶属度为 $\mu_{\underset{\sim}{R}}(x, y)$，它表明了 (x, y) 具有关系 $\underset{\sim}{R}$ 的程度。

上述定义的模糊关系，又称二元模糊关系，当 $X = Y$ 时，称为 X 上的模糊关系 $\underset{\sim}{\boldsymbol{R}}$。当论域为 n 个集合的直积

$$X_1 \times X_2 \times \cdots \times X_n$$

时，它所对应的为 n 元模糊关系 $\underset{\sim}{\boldsymbol{R}}$。通常所谓的模糊关系 $\underset{\sim}{\boldsymbol{R}}$ 一般是指二元模糊关系。

当论域 X、Y 都是有限集时，模糊关系 $\underset{\sim}{R}$ 可以用模糊矩阵 R 表示。

设 $X = \{x_1, x_2, \cdots, x_n\}$，$Y = \{y_1, y_2, \cdots, y_m\}$，模糊矩阵 $\boldsymbol{R}$ 的元素 r_{ij} 表示论域 X 中第 i 个元素 x_i 与论域 Y 中的第 j 个元素 y_j 对于关系 $\underset{\sim}{\boldsymbol{R}}$ 的隶属程度，即 $\mu_{\underset{\sim}{R}}(x_i, y_j) = r_{ij}$。

例 6　设某地区人的身高论域 $X = \{140, 150, 160, 170, 180\}$（单位：cm），体重论域 $Y = \{40, 50, 60, 70, 80\}$（单位：kg），表 2-1 为身高与体重的相互关系，它是一个模糊关系 $\underset{\sim}{\boldsymbol{R}}$。

表 2-1　某地区人的身高与体重的相互关系

$\underset{\sim}{R}$　X \ Y	40	50	60	70	80
140	1	0.8	0.2	0.1	0
150	0.8	1	0.8	0.2	0.1
160	0.2	0.8	1	0.8	0.2
170	0.1	0.2	0.8	1	0.8
180	0	0.1	0.2	0.8	1

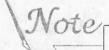

用模糊矩阵表示上述模糊关系 $\underset{\sim}{R}$时,可写为

$$\boldsymbol{R}=\begin{bmatrix}1 & 0.8 & 0.2 & 0.1 & 0\\ 0.8 & 1 & 0.8 & 0.2 & 0.1\\ 0.2 & 0.8 & 1 & 0.8 & 0.2\\ 0.1 & 0.2 & 0.8 & 1 & 0.8\\ 0 & 0.1 & 0.2 & 0.8 & 1\end{bmatrix}$$

2.2.2　模糊关系的运算

1. 模糊关系的运算

设 $\underset{\sim}{\boldsymbol{R}}$、$\underset{\sim}{\boldsymbol{S}}$是 $X\times Y$ 上的模糊关系 ,则定义以下模糊关系的并、交、包含、相等、补等运算:

(1) 并　$\underset{\sim}{\boldsymbol{R}}\cup\underset{\sim}{\boldsymbol{S}}\Longleftrightarrow\vee[\mu_{\underset{\sim}{R}}(x,y),\mu_{\underset{\sim}{S}}(x,y)],\quad\forall(x,y)\in X\times Y$

(2) 交　$\underset{\sim}{\boldsymbol{R}}\cap\underset{\sim}{\boldsymbol{S}}\Longleftrightarrow\wedge[\mu_{\underset{\sim}{R}}(x,y),\mu_{\underset{\sim}{S}}(x,y)],\quad\forall(x,y)\in X\times Y$

(3) 包含　$\underset{\sim}{\boldsymbol{R}}\subseteq\underset{\sim}{\boldsymbol{S}}\Longleftrightarrow\mu_{\underset{\sim}{R}}(x,y)\leqslant\mu_{\underset{\sim}{S}}(x,y),\quad\forall(x,y)\in X\times Y$

(4) 相等　$\underset{\sim}{\boldsymbol{R}}=\underset{\sim}{\boldsymbol{S}}\Longleftrightarrow\mu_{\underset{\sim}{R}}(x,y)=\mu_{\underset{\sim}{S}}(x,y),\quad\forall(x,y)\in X\times Y$

(5) 补　$\underset{\sim}{\boldsymbol{R}}^{c}\Longleftrightarrow\mu^{c}_{\underset{\sim}{R}}(x,y)=1-\mu_{\underset{\sim}{R}}(x,y),\quad\forall(x,y)\in X\times Y$

(6) 转置　$\underset{\sim}{\boldsymbol{R}}^{\mathrm{T}}\Longleftrightarrow\mu_{\underset{\sim}{R}}(y,x)=\mu^{\mathrm{T}}_{\underset{\sim}{R}}(x,y),\quad\forall(x,y)\in X\times Y$

$\underset{\sim}{\boldsymbol{R}}^{\mathrm{T}}$ 称为 $\underset{\sim}{\boldsymbol{R}}$的逆关系,又称倒置关系。

(7) 恒等关系　若给定 X 上的模糊关系 $\underset{\sim}{\boldsymbol{I}}$满足

$$\underset{\sim}{\boldsymbol{I}}\Longleftrightarrow\mu_{\underset{\sim}{I}}(x,y)=\begin{cases}1 & x=y\\ 0 & x\neq y\end{cases}$$

则称 $\underset{\sim}{\boldsymbol{I}}$为 X 上的恒等关系。

(8) 零关系　若给定 $X\times Y$ 上的模糊关系 $\underset{\sim}{\boldsymbol{O}}$满足

$$\underset{\sim}{\boldsymbol{O}}\Longleftrightarrow\mu_{\underset{\sim}{O}}(x,y)=0,\ \forall(x,y)\in X\times Y$$

则称 $\underset{\sim}{\boldsymbol{O}}$为 $X\times Y$ 上的零关系。

(9) 全称关系　若给定 $X\times Y$ 上的模糊关系 $\underset{\sim}{\boldsymbol{E}}$满足

$$\underset{\sim}{\boldsymbol{E}}\Longleftrightarrow\mu_{\underset{\sim}{E}}(x,y)=1,\ \forall(x,y)\in X\times Y$$

则称 $\underset{\sim}{\boldsymbol{E}}$为 $X\times Y$ 上的全称关系。

2. 模糊关系的运算性质

根据上述定义,容易得到下述性质:

(1) $(\underset{\sim}{\boldsymbol{R}}^{c})^{c}=\underset{\sim}{\boldsymbol{R}}$

(2) $(\underset{\sim}{\boldsymbol{R}}^{\mathrm{T}})^{\mathrm{T}}=\underset{\sim}{\boldsymbol{R}}$

(3) $\underset{\sim}{\boldsymbol{R}}\cup\underset{\sim}{\boldsymbol{E}}=\underset{\sim}{\boldsymbol{E}}$　　$\underset{\sim}{\boldsymbol{R}}\cap\underset{\sim}{\boldsymbol{E}}=\underset{\sim}{\boldsymbol{R}}$

(4) $\underset{\sim}{\boldsymbol{R}}\cup\underset{\sim}{\boldsymbol{O}}=\underset{\sim}{\boldsymbol{R}}$　　$\underset{\sim}{\boldsymbol{R}}\cap\underset{\sim}{\boldsymbol{O}}=\underset{\sim}{\boldsymbol{O}}$

(5) 对任意模糊关系 $\underset{\sim}{\boldsymbol{R}}$,均有 $\underset{\sim}{\boldsymbol{O}}\subseteq\underset{\sim}{\boldsymbol{R}}\subseteq\underset{\sim}{\boldsymbol{E}}$

(6) $(\bigcup_{i=1}^{n}R_i)^{\mathrm{T}}=\bigcup_{i=1}^{n}R_i^{\mathrm{T}}$　　$(\bigcap_{i=1}^{n}R_i)^{\mathrm{T}}=\bigcap_{i=1}^{n}R_i^{\mathrm{T}}$

(7) 若 $\underset{\sim}{\boldsymbol{R}}\supseteq\underset{\sim}{\boldsymbol{S}}$,则有 $\underset{\sim}{\boldsymbol{R}}^{c}\subseteq\underset{\sim}{\boldsymbol{S}}^{c}$

2.2.3 模糊关系的性质

1. 自反性

一个模糊关系 $\underset{\sim}{\boldsymbol{R}}$,如果对 $\forall x\in X$ 都有 $\mu_{\underset{\sim}{R}}(x,x)=1$,则称 $\underset{\sim}{\boldsymbol{R}}$为具有自反性的模糊关系。具有自反性的模糊关系表明,每一元素 x 与自身从属于模糊关系 $\underset{\sim}{\boldsymbol{R}}$的程度为1。

如果 $\mu_{\underset{\sim}{R}}(x,x)=0$,即 $\boldsymbol{R}$ 对角线元素均为零,则称 $\underset{\sim}{\boldsymbol{R}}$具有非自反性。

2. 对称性

一个模糊关系 $\underset{\sim}{\boldsymbol{R}}$,如果对 $\forall(x,y)\in X\times X$ 都有

$$\mu_{\underset{\sim}{R}}(x,y)=\mu_{\underset{\sim}{R}}(y,x)$$

成立,则称 $\underset{\sim}{\boldsymbol{R}}$为具有对称性的模糊关系,其相应的模糊矩阵满足

$$\boldsymbol{R}^{\mathrm{T}}=\boldsymbol{R}$$

如果

$$\mu_{\underset{\sim}{R}}(x,y)=\mu_{\underset{\sim}{R}}(y,x)\Longleftrightarrow\mu_{\underset{\sim}{R}}(x,y)=\mu_{\underset{\sim}{R}}(y,x)=0$$

则称 $\underset{\sim}{\boldsymbol{R}}$具有反对称性,其相应的模糊矩阵满足

$$\boldsymbol{R}\circ\boldsymbol{R}^{\mathrm{T}}\leqslant I$$

3. 传递性

一个模糊关系 $\underset{\sim}{\boldsymbol{R}}$,如果 $\forall(x,y),(y,z),(x,z)\in X\times X$,均有 $\mu_{\underset{\sim}{R}}(x,z)\geqslant\bigvee_{y}[\mu_{\underset{\sim}{R}}(x,y)\wedge\mu_{\underset{\sim}{R}}(y,z)]$,即 x 与 z 从属于模糊关系$\underset{\sim}{\boldsymbol{R}}$的程度不小于 x 与 y 从属于模糊关系$\underset{\sim}{\boldsymbol{R}}$的程度和 y 与 z 从属于模糊关系 $\underset{\sim}{\boldsymbol{R}}$ 的程度中较小的那一个,则称 $\underset{\sim}{\boldsymbol{R}}$为具有传递性的模糊关系,其相应的模糊矩阵满足

$$\boldsymbol{R}\circ\boldsymbol{R}\subseteq\boldsymbol{R}$$

即

$$\boldsymbol{R}^2\subseteq\boldsymbol{R}$$

例 7　设

$$X=\{x_1,x_2,x_3,x_4,x_5\}$$

$$\boldsymbol{R}=\begin{bmatrix}1&0.4&0.8&0.5&0.5\\0.4&1&0.4&0.4&0.4\\0.8&0.4&1&0.5&0.5\\0.5&0.4&0.5&1&0.6\\0.5&0.4&0.5&0.6&1\end{bmatrix}$$

因为 $\boldsymbol{R}$ 的主对角线元素均为 1,且有 $\mu_{\underset{\sim}{R}}(x_i,x_j)=\mu_{\underset{\sim}{R}}(x_j,x_i),(i\neq j)$,所以 $\boldsymbol{R}$ 具有自反性和对称性,而

$$\boldsymbol{R}\circ\boldsymbol{R}=\begin{bmatrix}1&0.4&0.8&0.5&0.5\\0.4&1&0.4&0.4&0.4\\0.8&0.4&1&0.5&0.5\\0.5&0.4&0.5&1&0.6\\0.5&0.4&0.5&0.6&1\end{bmatrix}=\boldsymbol{R}$$

所以 $\boldsymbol{R}$ 又具有传递性。

4. 模糊等价关系

如果论域 X 上的一个模糊关系 $\underset{\sim}{R}$ 满足条件:

(1) 自反性　$\mu_{\underset{\sim}{R}}(x,x)=1$　(2-10)

(2) 对称性　$\mu_{\underset{\sim}{R}}(x,y)=\mu_{\underset{\sim}{R}}(y,x)$　(2-11)

(3) 传递性　$\boldsymbol{R}^2\subseteq\boldsymbol{R}$　(2-12)

则模糊关系 $\underset{\sim}{R}$ 叫做 X 上的一个等价关系。

上述例 7 中的 $\underset{\sim}{R}$ 即为 X 上的一个等价关系。对于模糊分类,或称模糊聚类分析,所依据的关系也是一个模糊等价关系。对于模糊等价关系,在此不作深入讨论。

将既具有自反性,又具有对称性的模糊关系 $\underset{\sim}{R}$,称为**模糊等容关系**,或称**模糊相容关系**。

例 8　例如"相像关系"就具有自反性,因为某人自己像自己的隶属度显然为 1。而"仇敌关系"就不具有自反性,因为某人都不会以自己为仇敌。"相像关系"又具有对称性,这是因为相像关系体现了一种相互关系,如甲像乙,那么必定乙也像甲。"相爱关系"就不具有对称性,因为甲爱乙,乙不一定爱甲。"大得多"的关系具有传递性,如甲比乙大得多,乙比丙大得多,则甲比丙大得多。"相像关系"就不具有传递性,如甲与乙相像,乙与丙相像,但甲不一定与丙相像。

上述的"相像关系"既具有自反性,又具有对称性,所以它是一种模糊相容

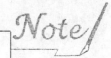

关系,却不是一种模糊等价关系。

2.2.4　模糊关系的合成

在研究模糊关系合成之前,我们先讨论一下普通关系的合成。例如,U 是某一人群的集合,弟兄关系用 $\boldsymbol{Q}$ 表示,父子关系用 $\boldsymbol{R}$ 表示,叔侄关系用 $\boldsymbol{S}$ 表示,则 $\boldsymbol{Q}$、$\boldsymbol{R}$ 及 $\boldsymbol{S}$ 是 U 中的三个普通关系。现有甲、乙、丙三人,如果甲是乙的弟弟,乙是丙的父亲,那么甲必是丙的叔叔,即如果(甲,乙)$\in \boldsymbol{Q}$,(乙,丙)$\in \boldsymbol{R}$,则(甲,丙)$\in \boldsymbol{S}$。

我们称叔侄关系是弟兄关系与父子关系的合成,记作

$$\boldsymbol{S}=\boldsymbol{Q}\circ\boldsymbol{R}(\text{叔侄}=\text{弟兄}\circ\text{父子})$$

如果已知甲是丙的叔叔,那么一定能够在 U 中找到一个人乙,使得乙是甲的哥哥,且乙是丙的父亲。即(甲,丙)$\in \boldsymbol{S} \Longleftrightarrow$存在乙$\in U$,使得(甲,乙)$\in \boldsymbol{Q}$ 且(乙,丙)$\in \boldsymbol{R}$。

一般地,设 U、V、W 是论域,$\boldsymbol{Q}$ 是 U 到 V 的一个普通关系,$\boldsymbol{R}$ 是 V 到 W 的一个普通关系,$\boldsymbol{S}$ 是 U 到 W 的一个普通关系,如果$(u,w)\in \boldsymbol{S} \Longleftrightarrow$存在 $v\in V$,使得$(u,v)\in \boldsymbol{Q}$ 且$(v,w)\in \boldsymbol{R}$,则称关系 $\boldsymbol{S}$ 是关系 $\boldsymbol{Q}$ 对关系 $\boldsymbol{R}$ 的合成,记作

$$\boldsymbol{S}=\boldsymbol{Q}\circ\boldsymbol{R} \tag{2-13}$$

即　$$\boldsymbol{Q}\circ\boldsymbol{R}=\{(u,w)\mid \exists v\in V,\text{使}(u,v)\in \boldsymbol{Q},(v,w)\in \boldsymbol{R}\}$$

用特征函数表示为

$$\chi_{Q\circ R}(u,w)=\bigvee_{v\in V}(\chi_Q(u,v)\wedge\chi_R(v,w)) \tag{2-14}$$

1. 模糊关系合成的定义

模糊关系的合成是普通关系合成的推广,下边给出它的定义:

设 U、V、W 是论域,$\underset{\sim}{\boldsymbol{Q}}$是 U 到 V 的一个模糊关系,$\underset{\sim}{\boldsymbol{R}}$是 V 到 W 的一个模糊关系,$\underset{\sim}{\boldsymbol{Q}}$对 $\underset{\sim}{\boldsymbol{R}}$的合成 $\underset{\sim}{\boldsymbol{Q}}\circ\underset{\sim}{\boldsymbol{R}}$指的是 U 到 W 的一个模糊关系,它具有隶属函数

$$\mu_{\underset{\sim}{Q}\circ\underset{\sim}{R}}(u,w)=\bigvee_{v\in V}(\mu_{\underset{\sim}{Q}}(u,v)\wedge\mu_{\underset{\sim}{R}}(v,w)) \tag{2-15}$$

当 $\underset{\sim}{\boldsymbol{R}}\in\mathscr{F}(U\times U)$时,记 $\underset{\sim}{\boldsymbol{R}}^2=\underset{\sim}{\boldsymbol{R}}\circ\underset{\sim}{\boldsymbol{R}}$, $\underset{\sim}{\boldsymbol{R}}^n=\underset{\sim}{\boldsymbol{R}}^{n-1}\circ\underset{\sim}{\boldsymbol{R}}$

当论域 U、V、W 为有限时,模糊关系的合成可用模糊矩阵的合成表示。设 $\underset{\sim}{\boldsymbol{Q}}$、$\underset{\sim}{\boldsymbol{R}}$、$\underset{\sim}{\boldsymbol{S}}$三个模糊关系对应的模糊矩阵分别为

$$\boldsymbol{Q}=(q_{ij})_{n\times m}\qquad \boldsymbol{R}=(r_{jk})_{m\times l}\qquad \boldsymbol{S}=(s_{ik})_{n\times l}$$

则有　$$s_{ik}=\bigvee_{j=1}^{m}(q_{ij}\wedge r_{jk})$$

即用模糊矩阵的合成 $\boldsymbol{Q}\circ\boldsymbol{R}=\boldsymbol{S}$ 来表示模糊关系的合成 $\underset{\sim}{\boldsymbol{Q}}\circ\underset{\sim}{\boldsymbol{R}}=\underset{\sim}{\boldsymbol{S}}$。

不能用模糊矩阵表达的模糊关系也可以进行合成运算,也遵照最大、最小

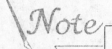

原则。例如,设 $\underset{\sim}{R}$、$\underset{\sim}{S}$为 $X\times Y$ 和 $Y\times Z$ 上的模糊关系,且不能用矩阵表示,其隶属函数分别为 $\mu_{\underset{\sim}{R}}(x,y)$及 $\mu_{\underset{\sim}{S}}(y,z)$,则 $\underset{\sim}{R}\circ\underset{\sim}{S}$的隶属函数为

$$\mu_{\underset{\sim}{R}\circ\underset{\sim}{S}}=\bigvee_{y\in Y}(\mu_{\underset{\sim}{R}}(x,y)\wedge\mu_{\underset{\sim}{S}}(y,z)) \tag{2-16}$$

2. 模糊关系合成运算性质

设 $\underset{\sim}{R}\in U\times V$,$\underset{\sim}{S}$、$\underset{\sim}{Q}\in V\times W$,$\underset{\sim}{T}\in W\times Z$,则模糊关系合成具有下列性质:

(1) 结合律　$\underset{\sim}{R}\circ(\underset{\sim}{S}\circ\underset{\sim}{T})=(\underset{\sim}{R}\circ S)\circ\underset{\sim}{T}$

(2) $\underset{\sim}{R}\circ(\underset{\sim}{S}\cup\underset{\sim}{Q})=(\underset{\sim}{R}\circ\underset{\sim}{S})\cup(\underset{\sim}{R}\circ\underset{\sim}{Q})$　　$(\underset{\sim}{S}\cup\underset{\sim}{Q})\circ\underset{\sim}{T}=(\underset{\sim}{S}\circ\underset{\sim}{T})\cup(\underset{\sim}{Q}\circ\underset{\sim}{T})$

(3) $\underset{\sim}{R}\circ(\underset{\sim}{S}\cap\underset{\sim}{Q})\subset(\underset{\sim}{R}\circ\underset{\sim}{S})\cap(\underset{\sim}{R}\circ\underset{\sim}{Q})$　　$(\underset{\sim}{S}\cap\underset{\sim}{Q})\circ\underset{\sim}{T}\subset(\underset{\sim}{S}\circ\underset{\sim}{T})\cap(\underset{\sim}{Q}\circ\underset{\sim}{T})$

(4) $\underset{\sim}{S}\subset\underset{\sim}{Q}\Rightarrow\underset{\sim}{R}\circ\underset{\sim}{S}\subset\underset{\sim}{R}\circ\underset{\sim}{Q}$

(5) $\underset{\sim}{O}\circ\underset{\sim}{R}=\underset{\sim}{R}\circ\underset{\sim}{O}=\underset{\sim}{O}$　　$\underset{\sim}{I}\circ\underset{\sim}{R}=\underset{\sim}{R}\circ\underset{\sim}{I}=\underset{\sim}{R}$

(6) $\underset{\sim}{R}^m\circ\underset{\sim}{R}^n=\underset{\sim}{R}^{m+n}$

其中

$$\underset{\sim}{R}^m=\underbrace{\underset{\sim}{R}\circ\underset{\sim}{R}\circ\cdots\underset{\sim}{R}}_{m\text{个}}\qquad \underset{\sim}{R}^n=\underbrace{\underset{\sim}{R}\circ\underset{\sim}{R}\circ\cdots\underset{\sim}{R}}_{n\text{个}}$$

例 9　设模糊集合 X、Y、Z 分别为

$$X=\{x_1,x_2,x_3,x_4\}$$
$$Y=\{y_1,y_2,y_3\}$$
$$Z=\{z_1,z_2\}$$

并设

$$\underset{\sim}{Q}\in X\times Y,\quad \underset{\sim}{R}\in Y\times Z,\quad \underset{\sim}{S}\in X\times Z$$

$$\underset{\sim}{Q}=\begin{array}{c} \\ x_1\\ x_2\\ x_3\\ x_4\end{array}\begin{array}{c}\begin{array}{ccc}y_1 & y_2 & y_3\end{array}\\ \begin{bmatrix}0.5 & 0.6 & 0.3\\ 0.7 & 0.4 & 1\\ 0 & 0.8 & 0\\ 1 & 0.2 & 0.9\end{bmatrix}\end{array}\qquad \underset{\sim}{R}=\begin{array}{c} \\ y_1\\ y_2\\ y_3\end{array}\begin{array}{c}\begin{array}{cc}z_1 & z_2\end{array}\\ \begin{bmatrix}0.2 & 1\\ 0.8 & 0.4\\ 0.5 & 0.3\end{bmatrix}\end{array}$$

则可得模糊关系 $\underset{\sim}{Q}$对 $\underset{\sim}{R}$的合成为

$$\underset{\sim}{S}=\underset{\sim}{Q}\circ\underset{\sim}{R}=(s_{ij})_{4\times 2}=\bigvee_{k=1}^{3}(q_{ik}\wedge r_{kj})=$$

$$\begin{bmatrix}0.5 & 0.6 & 0.3\\ 0.7 & 0.4 & 1\\ 0 & 0.8 & 0\\ 1 & 0.2 & 0.9\end{bmatrix}\circ\begin{bmatrix}0.2 & 1\\ 0.8 & 0.4\\ 0.5 & 0.3\end{bmatrix}=\begin{array}{c} \\ x_1\\ x_2\\ x_3\\ x_4\end{array}\begin{array}{c}\begin{array}{cc}z_1 & z_2\end{array}\\ \begin{bmatrix}0.6 & 0.5\\ 0.5 & 0.7\\ 0.8 & 0.4\\ 0.5 & 1\end{bmatrix}\end{array}$$

上述模糊关系的合成可用图 2-1 示意。对此例的实际意义可以这样理解,

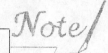

如从 x_1 经 y_1 或 y_2、y_3 到达 z_1(或 z_2)，均有三条路径，即

$$x_1 \xrightarrow{0.5} y_1 \xrightarrow{0.2} z_1$$

则　$\mu_{\underset{\sim}{S}}(x_1, z_1) = 0.5 \wedge 0.2 = 0.2$

$$x_1 \xrightarrow{0.6} y_2 \xrightarrow{0.8} z_1$$

则　$\mu_{\underset{\sim}{S}}(x_1, z_1) = 0.6 \wedge 0.8 = 0.6$

$$x_1 \xrightarrow{0.3} y_3 \xrightarrow{0.5} z_1$$

则　$\mu_{\underset{\sim}{S}}(x_1, z_1) = 0.3 \wedge 0.5 = 0.3$

首先取每条路径中隶属度较小者，然后再从得到的三个数值中取大者，可得

$$s_{11} = 0.2 \vee 0.6 \vee 0.3 = 0.6$$

因此，可以认为走第二条路径所付出的代价最小。

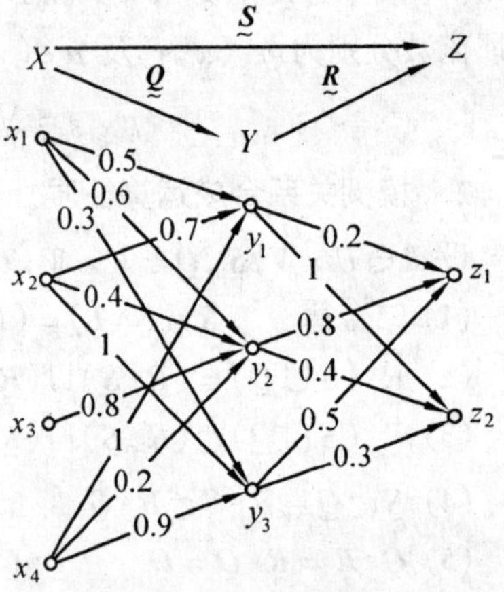

图 2-1　$\underset{\sim}{\boldsymbol{Q}}$对 $\underset{\sim}{\boldsymbol{R}}$的合成

2.3　模 糊 向 量

本节将模糊向量视为特殊形式的模糊关系，进而给出模糊向量的笛卡儿乘积和内积、外积的概念。

2.3.1　模糊向量

如果对任意的 $i(i = 1, 2, \cdots, n)$，都有 $a_i \in [0, 1]$，则称向量

$$\boldsymbol{a} = (a_1, a_2, \cdots, a_n) \tag{2-17}$$

为模糊向量。

$\boldsymbol{a}$ 的转置 $\boldsymbol{a}^{\mathrm{T}}$ 称为列向量，即

$$\boldsymbol{a}^{\mathrm{T}} = \begin{bmatrix} a_1 \\ a_2 \\ \vdots \\ a_n \end{bmatrix} \tag{2-18}$$

引进模糊向量的概念后，它可以方便地表示有限论域 $U = \{u_1, u_2, \cdots, u_n\}$上的模糊子集 $\underset{\sim}{A}$

$$a_i \triangleq \mu_{\underset{\sim}{A}}(u_i) \qquad i = 1, 2, \cdots, n$$

一个论域 U 上的一个模糊子集，也可以视为从它的概念名称到论域 U

的一个模糊关系，这个模糊关系写成矩阵的形式便是模糊向量。

2.3.2　模糊向量的笛卡儿乘积

设有两个模糊向量 $\boldsymbol{a} \in \boldsymbol{M}_{1\times n}$，$\boldsymbol{b} \in \boldsymbol{M}_{1\times m}$，定义运算

$$\boldsymbol{a} \times \boldsymbol{b} \triangleq \boldsymbol{a}^{\mathrm{T}} \circ \boldsymbol{b} \tag{2-19}$$

为模糊向量的笛卡儿乘积。

下面讨论 $\boldsymbol{a} \times \boldsymbol{b}$ 表示的意义。同一个概念在不同的论域可以表现为不同的模糊子集，如概念 α 在 X 论域上表现为一个模糊子集 $\underset{\sim}{A}$，用向量表示为 $\boldsymbol{a}$；而同样的概念 α 在论域 Y 上表现为一个模糊子集 $\underset{\sim}{B}$，用向量表示为 $\boldsymbol{b}$。将 $\boldsymbol{a}$、$\boldsymbol{b}$ 看做矩阵，则可得如图 2-2 所示的模糊关系的合成运算。

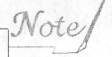

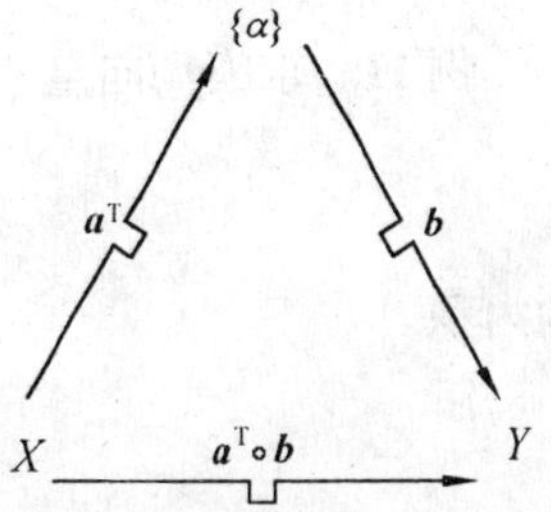

图 2-2　$\boldsymbol{a}$ 与 $\boldsymbol{b}$ 的笛卡儿乘积

从图 2-2 的合成运算可以看出，模糊向量 $\boldsymbol{a}$ 与 $\boldsymbol{b}$ 的笛卡儿乘积表示它们所在论域 X 与 Y 之间的转换关系，这种关系也是模糊关系，而式 (2-19) 右端正是模糊关系的合成运算。

例 10　已知两个模糊向量分别为

$$\boldsymbol{a} = (0.8, 0.6, 0.2)$$

$$\boldsymbol{b} = (0.2, 0.4, 0.7, 1)$$

试计算它们的笛卡儿乘积。

解

$$\boldsymbol{a} \times \boldsymbol{b} = \boldsymbol{a}^{\mathrm{T}} \circ \boldsymbol{b} = \begin{bmatrix} 0.8 \\ 0.6 \\ 0.2 \end{bmatrix} \circ (0.2, 0.4, 0.7, 1) =$$

$$\begin{bmatrix} 0.8 \wedge 0.2 & 0.8 \wedge 0.4 & 0.8 \wedge 0.7 & 0.8 \wedge 1 \\ 0.6 \wedge 0.2 & 0.6 \wedge 0.4 & 0.6 \wedge 0.7 & 0.6 \wedge 1 \\ 0.2 \wedge 0.2 & 0.2 \wedge 0.4 & 0.2 \wedge 0.7 & 0.2 \wedge 1 \end{bmatrix} =$$

$$\begin{bmatrix} 0.2 & 0.4 & 0.7 & 0.8 \\ 0.2 & 0.4 & 0.6 & 0.6 \\ 0.2 & 0.2 & 0.2 & 0.2 \end{bmatrix}$$

2.3.3 模糊向量的内积与外积

设有两个模糊向量 $\boldsymbol{a}\in\boldsymbol{M}_{1\times n},\boldsymbol{b}\in\boldsymbol{M}_{1\times n}$,定义运算

$$\boldsymbol{a}\cdot\boldsymbol{b}\triangleq\boldsymbol{a}\circ\boldsymbol{b}^{\mathrm{T}} \tag{2-20}$$

为模糊向量 $\boldsymbol{a}$、$\boldsymbol{b}$ 的内积。

由 $\boldsymbol{a}$、$\boldsymbol{b}$ 模糊向量的内积定义,容易得出

$$\boldsymbol{a}\cdot\boldsymbol{b}=\bigvee_{i=1}^{n}(a_i\wedge b_i) \tag{2-21}$$

例 11 求模糊向量

$$\boldsymbol{a}=(0.2,0.4,0.6,0.8)$$
$$\boldsymbol{b}=(0.7,0.5,0.3,0.2)$$

的内积。

解

$$\boldsymbol{a}\cdot\boldsymbol{b}=\boldsymbol{a}\circ\boldsymbol{b}^{\mathrm{T}}=(0.2,0.4,0.6,0.8)\circ\begin{bmatrix}0.7\\0.5\\0.3\\0.2\end{bmatrix}=$$

$$(0.2\wedge0.7)\vee(0.4\wedge0.5)\wedge(0.6\wedge0.3)\vee(0.8\wedge0.2)=$$
$$0.2\vee0.4\vee0.3\vee0.2=0.4$$

与内积的对偶运算称为外积,其定义如下:

设有 $\boldsymbol{a}$、$\boldsymbol{b}\in\boldsymbol{M}_{1\times n}$,则

$$\boldsymbol{a}\odot\boldsymbol{b}\triangleq\bigwedge_{i=1}^{n}(a_i\vee b_i) \tag{2-22}$$

称为 $\boldsymbol{a}$ 与 $\boldsymbol{b}$ 的外积。

容易证明,$\boldsymbol{a}$ 与 $\boldsymbol{b}$ 的内积和外积之间存在如下对偶性质,即

$$(\boldsymbol{a}\cdot\boldsymbol{b})^c=\boldsymbol{a}^c\odot\boldsymbol{b}^c \tag{2-23}$$
$$(\boldsymbol{a}\odot\boldsymbol{b})^c=\boldsymbol{a}^c\cdot\boldsymbol{b}^c \tag{2-24}$$

下面讨论 a 与 b 内积所表示的实际意义。设同一论域 U 上的两个概念 α、β 被表现为$\underset{\sim}{A}$和 $\underset{\sim}{B}$两个模糊子集,其相应的模糊向量为 $\boldsymbol{a}$、$\boldsymbol{b}$。将 $\boldsymbol{a}$、$\boldsymbol{b}$ 作为矩阵表示模糊关系,可得到如图 2-3 所示的模糊关系的合成运算。

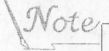

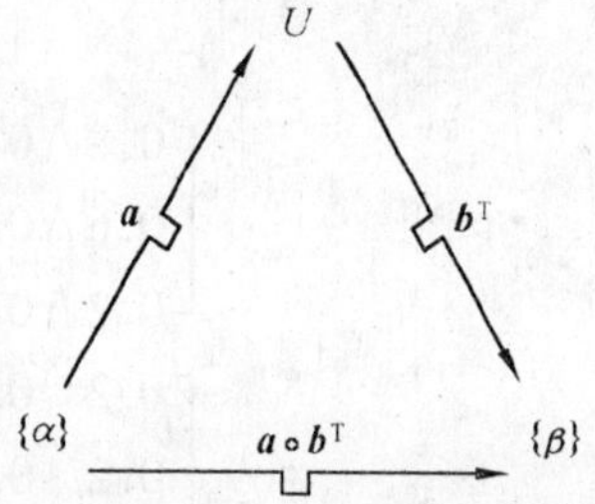

图 2-3 $\boldsymbol{a}$ 与 $\boldsymbol{b}$ 的内积

从图 2-3 的合成运算可以看出,模糊向量 $\boldsymbol{a}$ 与 $\boldsymbol{b}$ 的内积表示同一论域 U 上的两个模糊概念 α、β 之间的相关程度。

Note

例 12　设

$$\boldsymbol{a}=(0.2,0.4,0.8,0.6)$$

$$\boldsymbol{b}=(0.3,0.7,0.8,0.5)$$

则　$\boldsymbol{a}\cdot\boldsymbol{b}=\boldsymbol{a}\circ\boldsymbol{b}^{\mathrm{T}}=$

$$(0.2,0.4,0.8,0.6)\circ\begin{bmatrix}0.3\\0.7\\0.8\\0.5\end{bmatrix}=0.8$$

从 $\boldsymbol{a}$、$\boldsymbol{b}$ 内积计算结果 0.8 可以看出，在同一论域 U 上的由 $\boldsymbol{a}$、$\boldsymbol{b}$ 对应的两个模糊概念之间的相关性较强。

第3章 模糊逻辑与模糊推理

随着科学技术的不断发展,人们对电子计算机的要求越来越高,不仅要求它具有更高的运算速度、更大的信息存储和处理能力等,而更重要的是要求计算机具有一定的"智能",能够模拟人的思维,有效地处理一些模糊信息。对模糊信息的处理,二值逻辑就显得无能为力了,作为二值逻辑的直接推广,模糊逻辑就成为研究复杂的大系统,例如航天系统、社会经济系统、生态系统等的有力工具。

本章重点介绍模糊逻辑、De - Morgan 代数、模糊语言变量和模糊推理等内容。

3.1 模糊逻辑

3.1.1 命题与二值逻辑

1.命题

与经典集合论相对应的逻辑是二值逻辑,即所谓的数理逻辑。在二值逻辑里将一个意义明确的可以分辨真假的句子(陈述句)称为命题。这就表明,一个命题或者是真或者是假,二者必居其一。例如:

(1) 中国在亚洲。

(2) 二加三等于五。

(3) 这个电阻温度很高。

(4) 计算机控制。

(5) TTL 电平大于 10 V。

上述例句中(1)和(2)是真的,故是命题;(3)中的"温度很高"的意义难以说明温度高的程度,因此具有一定的模糊性,不能判定绝对的"真"或"假",所以不是命题;(4)句子意思不完整,也不能构成命题;(5)是假的,也是命题。

上述举出的命题都是单命题,把两个或两个以上的命题联合起来,就构成一个复命题。一个命题可以用英文字母表示,如:

P:他爱好英语

Q:他爱好日语

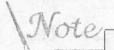

对于命题，也可以用连接词“或”、“与”、“非”、“如果…那么…”(若…则…)等连接起来。

“或”　用符号“$\vee$”表示，与集合中的并“$\cup$”相对应，如 $P \vee Q$ 表示他爱好英语或爱好日语。这种连接方式又称为“析取”，即两个命题中至少有一个成立。

“与”　用符号“$\wedge$”表示，与集合中的交“$\cap$”相对应，如 $P \wedge Q$ 表示他爱好英语和日语。这种连接方式又称为“合取”，即两个命题必须同时成立。

“非”　在原命题符号上加一横线表示，也称“否定”，它跟集合的补集相对应。如 $\overline{P}$ 表示他不爱好英语。

“如果…那么…”　用符号“$\rightarrow$”(或$\Rightarrow$)表示，是推断的意思，它跟集合中的包含“$\subset$”相对应。例如，如果$\triangle ABC$ 是等边三角形，那么$\triangle ABC$ 是等腰三角形。这种命题的连接方式又称蕴涵。

“当且仅当”　用符号“$\Leftrightarrow$”表示(或用“$\leftrightarrow$”)，它表示两个命题等价。

一个命题的真或假，叫做它的真值。当用给定的两个命题构成一个复命题时，它们的真值表如表 3-1 所示。

表 3-1　复命题真值表

命　题	P	Q	$P \vee Q$	$P \wedge Q$	$\overline{P}$	$P \Rightarrow Q$	$P \Leftrightarrow Q$
真　值	真	真	真	真	假	真	真
	真	假	真	假	假	假	假
	假	真	真	假	真	真	假
	假	假	假	假	真	真	真

由上表不难看出，命题的演算规律与经典集合的运算规律相类同，因此不再重述。

2. 二值逻辑

由于一个命题(这里指普通命题)只取真、假二值，所以又称二值逻辑。通常用“1”表示“真”，用“0”表示“假”。将表 3-1 中的真和假用 1 和 0 取代后，称这样的表为真值表。研究二值逻辑运算规律的数学分支学科称为布尔代数，或称为逻辑代数。

3.1.2　模糊命题与模糊逻辑

1. 模糊命题

在表 3-1 中已指出，例句(3)“这个电阻温度很高”不是一个命题，因为它

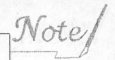

没有确切地指出温度高达多少度。听者也无法判别"温度很高"的界限,是个模糊概念。像这样的陈述句还可以随便举几个:

(1) 这个放大器的零点漂移太严重。

(2) A点的电平太低。

(3) 电动机的转速稍偏高。

(4) 加热炉中温度上升太快。

上面举出例句中的"太严重"、"太低"、"稍偏高"、"太快"都是模糊概念,也就是说给出的界限都是不分明的,人们无法用传统的命题真值概念来判断它们是真是假。

把含有模糊概念的陈述句称为模糊命题,一个模糊命题用英文字母下面加波浪符号"~"表示。例如:

$\underset{\sim}{P}$:流量显著变大。

模糊命题比二值逻辑中的命题更能符合人脑的思维,它是普通命题的推广,虽然它的取值不是单纯的"真"和"假",但是它却反映了真或假的程度。因此仿照模糊集合中隶属函数的形式,将模糊命题的真值推广到〔0,1〕区间上取连续值。

模糊命题 $\underset{\sim}{P}$ 的真值记作

$$V(\underset{\sim}{P}) = x \qquad 0 \leqslant x \leqslant 1$$

显然,当 $x=1$ 时表示 $\underset{\sim}{P}$ 完全真;$x=0$ 时,表示 $\underset{\sim}{P}$ 完全假。x 介于 0 和 1 之间时,表征 $\underset{\sim}{P}$ 真假的程度。x 越接近于 1,表明真的程度越大;x 越接近于 0,表明真的程度越小,即假的程度越大。

2. 模糊逻辑

通常将研究模糊命题的逻辑称为连续值逻辑,也称为模糊逻辑,它是二值逻辑的推广,是对经典的二值逻辑的模糊化。

早在 1966 年,马利诺斯(P.N.Marinos)已经发表了模糊逻辑的研究报告。后来 Zadeh 于 1974 年提出了模糊语言变量的重要概念,同时英国的马丹尼(E.H.Mamdani)把模糊逻辑与模糊语言用于工业过程控制,提出了模糊自动控制理论。目前,模糊逻辑已经有了广泛的应用前景,除了在模糊控制论和人工智能中应用外,在逻辑电路以及多值计算机等方面都有着重要的应用。

模糊逻辑是建立在模糊集合和二值逻辑概念基础上的,可以把它视为一类特殊的多值逻辑。一个公式的真值,在二值逻辑中只能取两个(0 和 1),而在模糊逻辑中可取〔0,1〕区间中的任何值,其数值表示这个模糊命题真的程度。

3.1.3　De-Morgan 代数

我们知道,模糊概念是通过隶属函数来描述的,而隶属度实质上就是一种逻辑真值。经典集合论对应于二值逻辑,其运算规则称为布尔代数。模糊集合论对应于模糊逻辑,而模糊逻辑公式的运算规则构成 De-Morgan 代数(德·摩根软代数),又称模糊代数。

1. 布尔代数

下面我们给出"格"的定义:

一个集合 L,如果在其中定义了"$\vee$"与"$\wedge$"两种运算,且具有下述性质:

(1)幂等律　若 $\forall \alpha \in L$,则有 $\alpha \vee \alpha = \alpha \qquad \alpha \wedge \alpha = \alpha$。

(2)交换律　若 $\forall \alpha, \beta \in L$,则有 $\alpha \vee \beta = \beta \vee \alpha \qquad \alpha \wedge \beta = \beta \wedge \alpha$。

(3)结合律　若 $\forall \alpha, \beta, \gamma \in L$,则有

$$(\alpha \vee \beta) \vee \gamma = \alpha \vee (\beta \vee \gamma)$$
$$(\alpha \wedge \beta) \wedge \gamma = \alpha \wedge (\beta \wedge \gamma)$$

(4)吸收集　若 $\forall \alpha, \beta \in L$,并有

$$(\alpha \vee \beta) \wedge \beta = \beta, (\alpha \wedge \beta) \vee \beta = \beta$$

则称 L 是一个**格**,并记为 $L = (L, \wedge, \vee)$

若格 L 还满足:

(5)分配律　$(\alpha \vee \beta) \wedge \gamma = (\alpha \wedge \gamma) \vee (\beta \wedge \gamma)$

$$(\alpha \wedge \beta) \vee \gamma = (\alpha \vee \gamma) \wedge (\beta \vee \gamma)$$

则称$(L, \vee, \wedge)$是一个**分配格**。若还有:

(6)在 L 中存在两个元素,记为 0 和 1,如果 $\forall \alpha \in L$,则有

$$\alpha \vee 1 = 1 \qquad \alpha \wedge 1 = \alpha$$
$$\alpha \vee 0 = \alpha \qquad \alpha \wedge 0 = 0$$

0 和 1 分别称为最小元和最大元。

在 L 中进一步规定一种一元补运算 c,且满足:

(7)复原律　若 $\forall \alpha \in L$,则有$(\alpha^c)^c = \alpha$。

(8)补余律　$\alpha \vee \alpha^c = 1, \alpha \wedge \alpha^c = 0$,则称$(L, \vee, \wedge, c)$是一个**布尔代数**。

例 1　例如$(\{0,1\}, \vee, \wedge, c)$是一个布尔代数,其中 $\alpha \vee \beta = \max(\alpha, \beta)$,$\alpha \wedge \beta = \min(\alpha, \beta)$,$\alpha^c = 1 - \alpha$。

2. De-Morgan 代数

将满足上面(1)至(7)性质,且满足 De-Morgan 律

$$(\alpha \vee \beta)^c = \alpha^c \wedge \beta^c$$

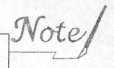

$$(\alpha\wedge\beta)^c=\alpha^c\vee\beta^c$$

的代数系统称为 De-Morgan 代数。

De-Morgan 代数与布尔代数的显著区别在于前者不满足补余律,即在 De-Morgan 代数中一般有

$$\alpha\vee\alpha^c\neq 1,\text{而 }\alpha\vee\alpha^c=\max(\alpha,1-\alpha)$$

$$\alpha\wedge\alpha^c\neq 0,\text{而 }\alpha\wedge\alpha^c=\min(\alpha,1-\alpha)$$

正是因为这一点,它才成为研究模糊逻辑运算的有力工具。

例 2 例如($[0,1],\vee,\wedge,c$)是一个 De-Morgan 代数,而不是一个布尔代数,因为补余律不成立。如取 $0.8\in[0,1]$,则有

$$0.8\vee(0.8)^c=0.8\vee0.2=0.8\neq1$$

$$0.8\wedge(0.8)^c=0.8\wedge0.2=0.2\neq0$$

3.1.4 模糊逻辑公式

为了方便起见,常将符号"$\vee$"、"$\wedge$"及"c"用简便符号"+""·"及"-"分别取代,"·"有时可以不写。

设 $x_1,x_2,\cdots,x_n$ 为一组在[0,1]区间取值的变量,将映射

$$F:[0,1]^n\rightarrow[0,1] \tag{3-1}$$

称为**模糊逻辑公式**,简记为 f 公式。它的表达式 $F(x_1,x_2,\cdots,x_n)$ 仅由变量 x_i 和运算符号"+,·,-"以及括号组成。

f 公式还可以用递归定义如下:

(1)数 0,1 是 f 公式。

(2)模糊变量 x_i 本身是 f 公式。

(3)若 F 是 f 公式,则 $\overline{F}$ 也是 f 公式。

(4)若 F、F' 是 f 公式,则 $F\vee F'$,$F\wedge F'$ 也都是 f 公式。

(5)所有的 f 公式,均由有限次使用(1)至(4)规则给出。

全体 f 公式的集合用 $\mathscr{F}$ 表示,当给定每个模糊变量 x_i 以具体数值时,每个 F 都有定值 $T(F)$,称为 F 的真值,T 称为真值函数,表示为

$$T:\mathscr{F}\rightarrow[0,1] \tag{3-2}$$

则有

$$T(\overline{F})=1-T(F) \tag{3-3}$$

$$T(F\vee F')=\max(T(F),T(F')) \tag{3-4}$$

$$T(F\wedge F')=\min(T(F),T(F')) \tag{3-5}$$

$$T(F\rightarrow F')=\min(1,1-T(F)+T(F')) \tag{3-6}$$

Note

假定 f 公式 $F\in\mathscr{F}$,若对于 F 中变量的一切赋值有 $T(F)\geqslant\frac{1}{2}$,则称 f 公式 F 是相容的(或是 f 真);若对 F 的一切变量赋值,均有 $T(F)\leqslant\frac{1}{2}$,则称 f 公式 F 是不相容的(或是 f 假)。

需指出,F 可以是 f 真,也可以是 f 假,但是 F 也可以既不是 f 真又不是 f 假。

例 1　设 $F=x+\overline{x}$,x 取值为 $T(x)$,则有

$$T(F)=\max(T(x),1-T(x))=\begin{cases}T(x) & T(x)\geqslant\frac{1}{2}\\ 1-T(x) & T(x)<\frac{1}{2}\end{cases}$$

显然 $T(x)$ 不论取什么值,$T(F)$ 的值均 $\geqslant\frac{1}{2}$,故 F 是 f 真。

例 2　设 $F=x\cdot\overline{x}$,则有

$$T(F)=\min(T(x),1-T(x))=\begin{cases}T(x) & T(x)\leqslant\frac{1}{2}\\ 1-T(x) & T(x)>\frac{1}{2}\end{cases}$$

故恒有 $T(F)\leqslant\frac{1}{2}$,显然 F 是 f 假。

为判别 f 公式 F 在模糊逻辑中 f 真,给出以下重要定理(证明要占用较大的篇幅,故略去)。

定理　f 公式 $F\in\mathscr{F}$ 在模糊逻辑中 f 真,当且仅当该公式 F 在二值逻辑中为真。

不难验证,在二值逻辑中 $x\vee\overline{x}$ 真值恒为“1”,故 $F=x\vee\overline{x}$ 是 f 为真。

3.1.5　模糊逻辑函数及其分解

1. 模糊逻辑函数的分析

根据模糊逻辑表达式的定义,将具有 n 维模糊逻辑变量 $x_1,x_2,\cdots,x_n$ 的模糊逻辑表达式所表述的函数

$$F(x_1,x_2,\cdots,x_n),0\leqslant x_i\leqslant 1,\ i=1,2,\cdots,n$$

称为 n 元模糊逻辑函数。

对于模糊逻辑的逻辑并(析取)、逻辑交(合取)及逻辑补(否定)这三种逻

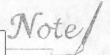

辑运算,当为二维模糊变量时,可用单位立方体形象地图示,如图 3-1、3-2、3-3 所示。

图 3-1 表示

$$f(x,y) = x \vee y = \max(x,y) = \begin{cases} x & x > y \\ y & x < y \end{cases}$$

图 3-2 表示

$$f(x,y) = x \wedge y = \min(x,y) = \begin{cases} x & x < y \\ y & x > y \end{cases}$$

图 3-2 表示　　　　$f(x) = x = 1 - x$

下边我们研究图 3-1,3-2,3-3 中的一些特殊点 O、A、B 及 C 的逻辑运算结果,其真值表见表 3-2。其结果表明,在边界点上模糊逻辑运算又退化为二值逻辑运算,说明二值逻辑是模糊逻辑的特殊情况,即模糊逻辑是二值逻辑的推广。

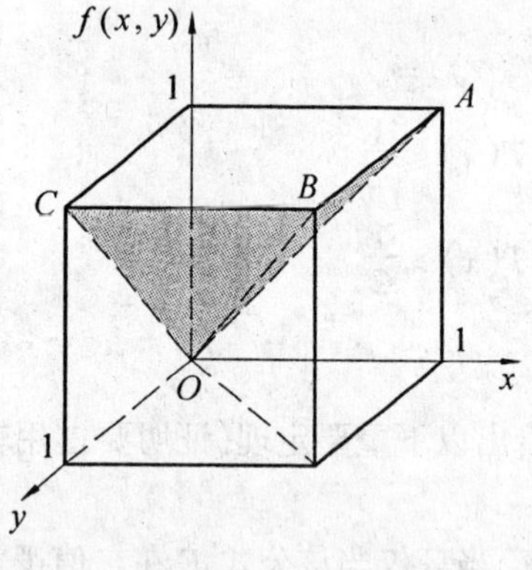

图 3-1　$f(x,y) = x \vee y$

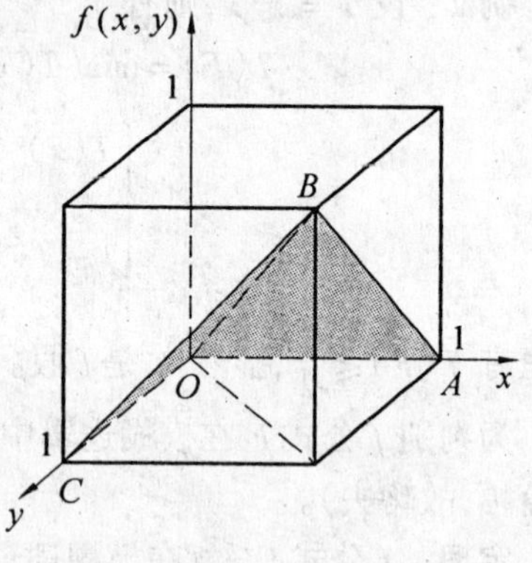

图 3-2　$f(x,y) = x \wedge y$

模糊逻辑函数是由模糊变量 x_i 及反变量 $\bar{x}_i$ 通过求最大值最小值运算而得到的,因此为了分析模糊函数的性质,必须对这些变量按大小次序排列的所有可能情况都加以讨论。

例如,对于单变量 x 的函数,应该讨论

$$x \leqslant \bar{x} \text{ 及 } \bar{x} \leqslant x$$

两种情况;而对于两个变量 x、y 的模糊函数应分以下八种情况讨论,即

$$x \leqslant y \leqslant \bar{y} \leqslant \bar{x}$$

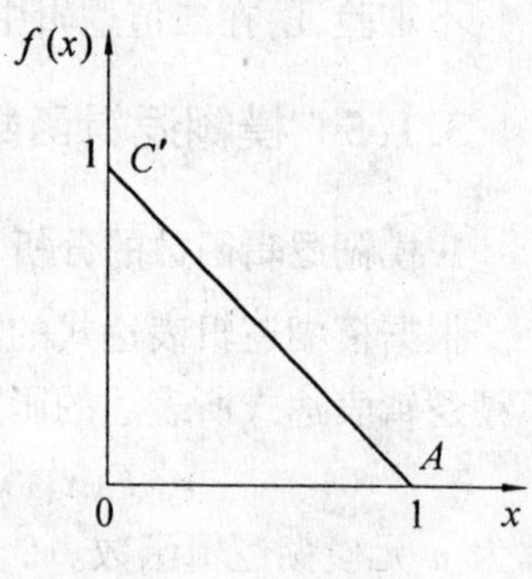

图 3-3　$f(x) = \bar{x}$

$$x \leqslant \bar{y} \leqslant y \leqslant \bar{x}$$
$$\bar{x} \leqslant y \leqslant \bar{y} \leqslant x$$
$$\bar{x} \leqslant \bar{y} \leqslant y \leqslant x$$
$$y \leqslant x \leqslant \bar{x} \leqslant \bar{y}$$
$$y \leqslant \bar{x} \leqslant x \leqslant \bar{y}$$
$$\bar{y} \leqslant x \leqslant \bar{x} \leqslant y$$
$$\bar{y} \leqslant \bar{x} \leqslant x \leqslant y$$

表 3-2　特殊点的逻辑运算真值表

特殊点	x	y	$x \vee y$	$x \wedge y$	$\bar{x}$
O	0	0	0	0	1
A	1	0	1	0	0
B	1	1	1	1	0
C	0	1	1	0	1

例 3　计算 $f(x,y)=(x \wedge \bar{x}) \vee (\bar{x} \wedge y \wedge \bar{y})$

根据变量 x、y 及 $\bar{x}$、$\bar{y}$ 按大小顺序排列的八种情况及计算结果列入表 3-3。

表 3-3

$\leqslant$	$\leqslant$	$\leqslant$		$x \wedge \bar{x}$	$\bar{x} \wedge y \wedge \bar{y}$	$(x \wedge \bar{x}) \vee (\bar{x} \wedge y \wedge \bar{y})$
x	y	$\bar{y}$	$\bar{x}$	x	y	y
x	$\bar{y}$	y	$\bar{x}$	x	$\bar{y}$	$\bar{y}$
$\bar{x}$	y	$\bar{y}$	x	$\bar{x}$	$\bar{x}$	$\bar{x}$
$\bar{x}$	$\bar{y}$	y	x	$\bar{x}$	$\bar{x}$	$\bar{x}$
y	x	$\bar{x}$	$\bar{y}$	x	y	x
y	$\bar{x}$	x	$\bar{y}$	$\bar{x}$	y	$\bar{x}$
$\bar{y}$	x	$\bar{x}$	y	x	$\bar{y}$	x
$\bar{y}$	$\bar{x}$	x	y	$\bar{x}$	$\bar{y}$	$\bar{x}$

由上面讨论可以看出，随着模糊变量维数的增加，模糊逻辑函数的个数也显著地增多。在处理实际问题时，往往把隶属函数的连续取值在〔0,1〕区间再分成 n 个有限等级，例如：

第一级	第二级	…	第 n 级
$\alpha_1 \leqslant x \leqslant 1$	$\alpha_2 \leqslant x < \alpha_1$	…	$0 \leqslant x < \alpha_{n-1}$

其中 $0 < \alpha_{n-1} < \cdots < \alpha_2 < \alpha_1 < 1$。

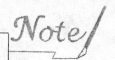

还可以给每一级赋予适当的定义,如 $n=3$ 时,x 在第一级,表示对象属于这个集合,若 x 在第三级,则表示对象不属于这个集合,而 x 在第二级表示处于不分明状态。

例 4 设模糊逻辑函数

$$f(x,y,z)=x\overline{y}\vee\overline{x}\,\overline{y}z\vee xy\overline{z}$$

当把区间〔0,1〕分为 $n=2$ 两个等级时,试确定 $f(x,y,z)$ 处于第一级时,模糊变量 x、y、z 的取值范围。

由题给条件 $n=2$,即有

第一级: $\alpha_1\leqslant x\leqslant 1$

第二级: $0\leqslant x<\alpha_1$

为满足 $f(x,y,z)$ 处于第一级,须使 $f(x,y,z)\geqslant\alpha_1$,于是将 $f(x,y,z)$ 分解可得

$$x\overline{y}\geqslant\alpha_1 \text{ 或 } \overline{x}\,\overline{y}z\geqslant\alpha_1 \text{ 或 } xy\overline{z}\geqslant\alpha_1$$

由 $x\overline{y}\geqslant\alpha_1$ 可得 $x\geqslant\alpha_1$ 与 $\overline{y}\geqslant\alpha_1$,而 $\overline{y}\geqslant\alpha_1$ 一般写为 $y\leqslant 1-\alpha_1$。

同理,由 $\overline{x}\,\overline{y}z\geqslant\alpha_1$ 可得 $x\leqslant 1-\alpha_1$ 与 $y\leqslant 1-\alpha_1$ 与 $z\geqslant\alpha_1$。再由 $xy\overline{z}\geqslant\alpha_1$ 可得 $x\geqslant\alpha_1$ 与 $y\geqslant\alpha_1$ 与 $z\leqslant 1-\alpha_1$。总结前面运算结果,最后可得 x、y、z 的取值范围为

$$(1)\begin{cases}x\geqslant\alpha_1\\ y\geqslant 1-\alpha_1\end{cases}\quad \text{或}(2)\begin{cases}x\leqslant 1-\alpha_1\\ y\leqslant 1-\alpha_1\\ z\geqslant\alpha_1\end{cases}\quad \text{或}(3)\begin{cases}x\geqslant\alpha_1\\ y\geqslant\alpha_1\\ z\leqslant 1-\alpha_1\end{cases}$$

这里应该指出,尽管〔0,1〕区间被分为两级,但 x 并不是二值变量,仍然是模糊变量。

如果我们把模糊变量 x、y、z 看做是模糊集合 X、Y、Z 的隶属函数在同一点 x_0 的值,即

$$x=\mu_X(x_0),y=\mu_Y(x_0),z=\mu_Z(x_0)$$

为了讨论实际问题方便,可将区间〔0,1〕分成 10 个相等部分,使得隶属函数只能在集合

$$M\{0,0.1,0.2,0.3,0.4,0.5,0.6,0.7,0.8,0.9,1\}$$

中取值,这样模糊逻辑转化为多值逻辑,在此逻辑值共有 11 个,例如 $A\wedge\overline{B}$ 的真值列于表 3-4。

2. 模糊逻辑函数的范式

一般情况下,对于一个合适的给定模糊逻辑函数式,可以通过等价变换使其成为析取范式或合取范式,或是析取范式和合取范式的组合。

析取范式又称逻辑并标准形，而合取范式又称逻辑交标准形。

表 3-4　$A \wedge \overline{B}$ 的真值表

A \ B	0	0.1	0.2	0.3	0.4	0.5	0.6	0.7	0.8	0.9	1
0	0	0	0	0	0	0	0	0	0	0	0
0.1	0.1	0.1	0.1	0.1	0.1	0.1	0.1	0.1	0.1	0.1	0
0.2	0.2	0.2	0.2	0.2	0.2	0.2	0.2	0.2	0.2	0.1	0
0.3	0.3	0.3	0.3	0.3	0.3	0.3	0.3	0.3	0.2	0.1	0
0.4	0.4	0.4	0.4	0.4	0.4	0.4	0.4	0.3	0.2	0.1	0
0.5	0.5	0.5	0.5	0.5	0.5	0.5	0.4	0.3	0.2	0.1	0
0.6	0.6	0.6	0.6	0.6	0.6	0.5	0.4	0.3	0.2	0.1	0
0.7	0.7	0.7	0.7	0.7	0.6	0.5	0.4	0.3	0.2	0.1	0
0.8	0.8	0.8	0.8	0.7	0.6	0.5	0.4	0.3	0.2	0.1	0
0.9	0.9	0.9	0.8	0.7	0.6	0.5	0.4	0.3	0.2	0.1	0
1	1	0.9	0.8	0.7	0.6	0.5	0.4	0.3	0.2	0.1	0

一般析取标准形可简记为

$$F = \sum_{i=1}^{p} \prod_{j=1}^{n_i} x_{ij} \tag{3-7}$$

合取标准形可简记为

$$F = \prod_{i=1}^{p} \sum_{j=1}^{n_i} x_{ij} \tag{3-8}$$

其中 x_{ij} 为模糊变量，又称其为“字”，字的析取式 $x_1 + x_2 + \cdots + x_p$ 又叫子句；字的合取式 $x_1 \cdot x_2 \cdot \cdots \cdot x_p$ 又称为字组。由此不难看出，析取标准形为“积之和”型，而合取标准形为“和之积”型。

下面举例说明模糊逻辑函数标准形的求法。

例 5　设 x、y、z 均为模糊逻辑变量，它们分别为某些命题的真值，试求模糊逻辑函数

$$f(x,y,z) = [(x \vee y) \wedge z] \vee [(x \vee z) \wedge y]$$

的析取范式和合取范式。

求析取范式可按以下步骤进行：

首先确定逻辑变量 x, y, z 分别为 0 和 1 时的模糊逻辑函数值，其结果列于表 3-5。其次根据逻辑函数值为 1 时所对应的取 1 的逻辑变量求交，作为析取范式的一项，如表3-5所给出的当 f 第一次出现 1 时，所对应的为 1 的逻辑变量是 x 和 y，故 $x \wedge y$ 即为析取范式的一项。

表 3-5

x	y	z	$f(x,y,z)$
0	0	0	0
1	0	0	0
0	1	0	0
1	1	0	1
0	0	1	0
1	0	1	1
0	1	1	1
1	1	1	1

最后对所有析取范式的每一项求并，再根据吸收律化简，即可求得析取范式 $f(x,y,z)$ 为

$$f(x,y,z)=[(x\vee y)\wedge z]\vee[(x\vee z)\wedge y]=$$
$$(x\wedge y)\vee(x\wedge z)\vee(y\wedge z)\vee(x\wedge y\wedge z)=$$
$$(x\wedge y)\vee(x\wedge z)\vee(y\wedge z)$$

求合取范式的步骤与上述类同，只不过把上述步骤中“1”换为“0”，“交”和“并”互换即可。也就是说合取范式的每一项是由逻辑函数值为0所对应的取0的逻辑变量求并，然后将这些项再求逻辑交并化简，就可得到合取范式如下

$$f(x,y,z)=(x\vee y\vee z)\wedge(y\vee z)\wedge(x\vee z)\wedge(x\vee y)=$$
$$(x\vee y)\wedge(y\vee z)\wedge(x\vee z)$$

由以上求得的析取范式与合取范式不难看出，对于同一模糊逻辑函数，两种范式之间是对偶的。

此外，有关模糊逻辑函数的极小化问题，限于篇幅在此不讨论了，有兴趣的读者可参见有关文献。

3.2 模糊语言

3.2.1 自然语言和形式语言

自然语言是指人们在日常生活和工作中所使用的语言，它实际上是以字或词为符号的一种符号系统。人们通过它来描述主客观事物、概念、行为、情感以及相互之间的关系等，人们彼此之间通过语言文字交流各种信息，不断地推动社会向前发展。与此同时，语言也随着社会的发展而不断地完善。

人们设计、发明和制造各种机器、机械，目的是把人们从繁重的体力劳动中解放出来，并不断地提高劳动生产率和生产自动化水平。而电子计算机的

应用和发展,最根本的任务在于要不断地让机器能更进一步地模拟人脑的功能,不断地提高电子计算机的“智能”,使计算机能够更多地完成各种复杂的工作,从而把人们不断地从各种复杂艰难的脑力劳动中逐步地解放出来。

人和人对话需要用自然语言,而人与计算机“对话”也需要所谓的机器语言,机器语言是机器指令的集合,又称低级语言。因机器语言编程繁杂,又研究出 ALGOL、BASIC、FORTRAN、COBOL 以及 MATLAB 等高级语言。所有这些**计算机语言,只不过是用一系列符号去代表计算机的动作和被处理单元的状态,它只是在形式上起记号的作用,所以又称为形式语言。**

自然语言和形式语言最重要的区别在于,自然语言具有模糊性,而形式语言不具有模糊性,它完全具有二值逻辑的特点。计算机在执行某一种形式语言程序时是严格的、刻板的、生硬的,没有一点灵活性。

语言是思维的表现形式,而思维又是语言的内容,要使计算机模拟人脑的思维,单凭形式语言是不够的,因为形式语言没有模糊性,所以它不能恰如其分地描述人的具有模糊性的思维过程。美国加州大学计算机科学系哥根教授指出:人对自然语言的理解在本质上也是模糊的。控制论的创始人维纳教授在谈到人胜过最完善的机器时说:“人具有运用模糊概念的能力”。这都清楚地指明了人脑与电脑(电子计算机)之间有着本质的区别,人脑具有善于判断和处理模糊现象的能力。为了使电脑向人脑“学习”,使电脑“变灵”,最有效的方法是在形式语言中渗入一些自然语言,使渗入自然语言的形式语言具有模糊性,从而使计算机在一定程度上具有判别和处理模糊信息的能力,也就是说提高了机器的“智能”。

把具有模糊概念的语言称为模糊语言,它作为模糊数学的一个分支正处于深入研究和发展中,它在模糊控制、人工智能等方面获得了广泛应用。

3.2.2　集合描述的语言系统

众所周知,任何一种语言都是以一定的符号来代表一定的意思,这种符号被称为文字,简称为“字”,语言中“字”和“义”的对应关系称为语义。

在自然语言中能够表达一个完整概念的最小单位称为原子单词,例如:山、河、花、草、水、土、电、集合、模糊等都是单词。当我们以颜色为语言主题时,即论域 U 为颜色,而表示颜色这一类单词就构成一个集合 T。语义通过从 T 到 U 的对应关系 $\underset{\sim}{N}$ 来表达,通常 $\underset{\sim}{N}$ 是一个模糊关系,对任意固定的 $a\in T$,记

$$\underset{\sim}{N}(a,u)=\mu_{\underset{\sim}{A}}(u) \tag{3-9}$$

它是一个模糊子集,也可记为 $\underset{\sim}{A}(u)$。单词 a 对应于 U 的这个模糊子集,用与

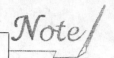

a 相对应的大字母 A 表示这个集合。当 $\underset{\sim}{A}=A$ 时,则该集合为普通集合,单词 a 的意义是明确的,否则称为模糊的。

论域 U、集合 T 与模糊关系 $\underset{\sim}{N}$ 之间的关系如图3-4所示。

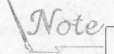

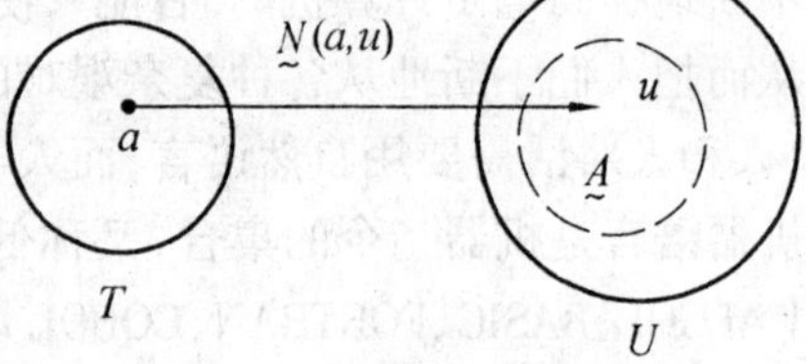

图 3-4 集合 T 对论域 U 的模糊关系

$\underset{\sim}{N}$是集合 T 对论域 U 的模糊关系,设 $\mu_{\underset{\sim}{N}}: T\times U\rightarrow[0,1]$ 为 $\underset{\sim}{N}(a,u)$的隶属函数,它具有两个变量,其中 $a\in T, u\in U$。$\mu_{\underset{\sim}{N}}(a,u)$表示属于 T 的单词 a 与属于 U 的对象 u 之间关系的程度。

例如,设论域为成年男子,a 为单词“高个子”,u 为身高(单位 m),则有

$$\mu_{\underset{\sim}{N}}(\text{高个},1.50)=0.1$$
$$\mu_{\underset{\sim}{N}}(\text{高个},1.55)=0.2$$
$$\mu_{\underset{\sim}{N}}(\text{高个},1.63)=0.5$$
$$\mu_{\underset{\sim}{N}}(\text{高个},1.77)=0.9$$
$$\mu_{\underset{\sim}{N}}(\text{高个},1.90)=1.0$$

单词之间通过连接词“或”、“且”连接起来,或在单词前面加否定词“非”,从逻辑上对应于集合运算,“或”对应$\cup$,“且”对应$\cap$,“非”对应 C。

例如:亚非拉=〔亚〕∪〔非〕∪〔拉〕

红　旗=〔红〕∩〔旗〕

交直流=〔交流〕∪〔直流〕

尖脉冲=〔尖〕∩〔脉冲〕

非平稳=〔平稳〕^{C}

利用上述方式可以把词组分解成单词,也可以由单词组成词组。

3.2.3 模糊语言算子

在自然语言中有一些词可以表达语气的肯定程度,如“非常”、“很”、“极”等;也有一类词,如“大概”、“近似于”等,置于某个词前面,使该词意义变为模糊;还有些词,如“偏向”、“倾向于”等可使词义由模糊变为肯定。

上述这类词可作为语言算子来考虑,这里介绍常用的三种算子。

1. 语气算子

语气算子定义如下

$$(H_\lambda \underset{\sim}{A})(u)\triangleq[\underset{\sim}{A}(u)]^\lambda \tag{3-10}$$

其中 $\underset{\sim}{A}(u)$ 为论域 U 的一个模糊子集，H_λ 称为语气算子，λ 为一正实数。

如论域 U 为年龄，而 $\underset{\sim}{A}(u)$ 表示单词〔老〕，那么 $(H_\lambda A)(u)$ 随着 λ 取不同值，就可以表示出“年老”的程度。

当 $\lambda > 1$ 时，H_λ 称为集中化算子，它能加强语气的肯定程度。我们不妨称 $H_{\frac{5}{4}}$ 为“相当”，H_2 为“很”，H_4 为“极”，则

$$〔相当老〕(u) = (H_{\frac{5}{4}}\underset{\sim}{A})(u) = [\underset{\sim}{A}(u)]^{\frac{5}{4}} = \begin{cases} 0 & 0 \leqslant u \leqslant 50 \\ [1+(\frac{u-50}{5})^{-2}]^{-\frac{5}{4}} & 50 < u \leqslant 200 \end{cases}$$

其中 $\underset{\sim}{A}(u) = \mu_{\underset{\sim}{A}}(u)$ 为“年老”的隶属函数。

$$〔很老〕(u) = (H_2\underset{\sim}{A})(u) = [\underset{\sim}{A}(u)]^2 = \begin{cases} 0 & 0 \leqslant u \leqslant 50 \\ [1+(\frac{u-50}{5})^{-2}]^{-2} & 50 < u \leqslant 200 \end{cases}$$

当 $\lambda < 1$ 时，H_λ 称为散漫化算子，它可以适当地减弱语气的肯定程度。如可称 $H_{\frac{1}{4}}$ 为“微”，$H_{\frac{1}{2}}$ 为“略”，$H_{\frac{3}{4}}$ 为“比较”。

图 3-5 给出了〔略老〕、〔年老〕及〔很老〕三种情况下的隶属函数曲线，因隶属函数取值于〔0,1〕区间，可见其值越乘方越小，越开方反而越大。

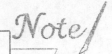

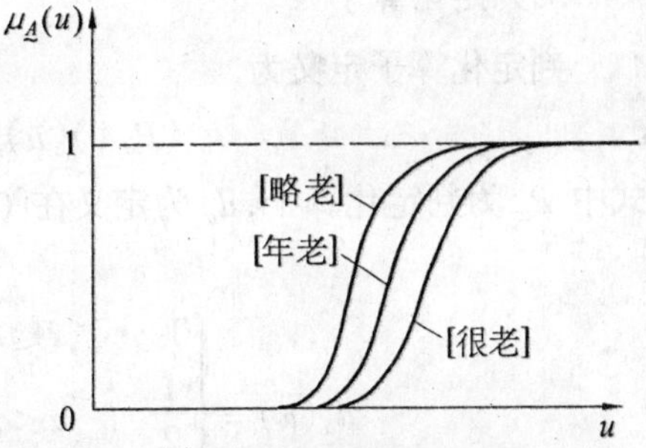

图 3-5　隶属函数曲线

2. 模糊化算子

模糊化算子 F 的定义如下

$$(FA)(u) \triangleq (\underset{\sim}{E} \circ A)(u) = \bigvee_{v \in U} (\underset{\sim}{E}(u,v) \wedge A(u)) \tag{3-11}$$

其中 $\underset{\sim}{E}$ 是 U 上的一个相似关系（反身、对称），论域 $U = (-\infty, +\infty)$，$\underset{\sim}{E}$ 一般取为正态分布形式，即

$$\underset{\sim}{E}(u,v) = \begin{cases} e^{-(u-v)^2} & |u-v| < \delta \\ 0 & |u-v| \geqslant \delta \end{cases}$$

式中 δ 为参数，其取值大小反映了模糊化的程度。

例如
$$A(u) = \begin{cases} 1 & u = 4 \\ 0 & u \neq 4 \end{cases}$$

则有 $(FA)(u)=\bigvee\limits_{v\in U}(\underset{\sim}{E}(u,v)\wedge A(v))=\underset{\sim}{E}(u,4)=\begin{cases}e^{-(u-4)^2} & |u-4|>\delta\\ 0 & |u-4|\geqslant\delta\end{cases}$

图 3-6 中 $A(u)$ 表示一个确定的数 4，而 $FA(u)$ 则表示一个峰值为 4 的模糊数，它对应的词为“大约 4”或记为 $\underset{\sim}{4}$。

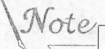

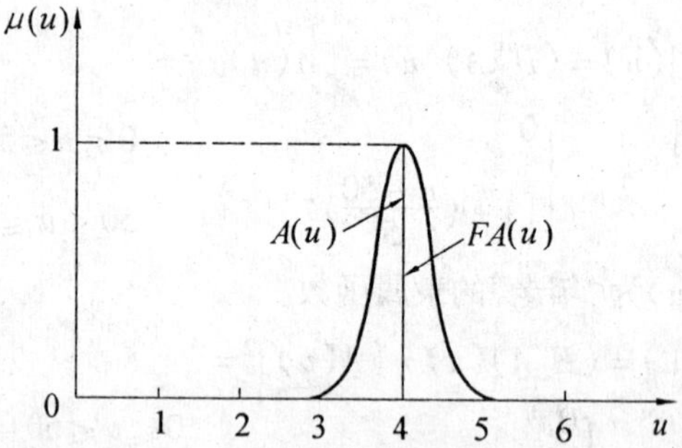

图 3-6

3. 判定化算子

判定化算子定义为

$$(P_\alpha \underset{\sim}{A})(u)\triangleq d_\alpha[\underset{\sim}{A}(u)] \qquad (3\text{-}12)$$

式中 P_α 为判定化算子，d_α 为定义在[0,1]区间上的实函数，表示为

$$d_\alpha(x)=\begin{cases}0 & x\leqslant\alpha\\ \dfrac{1}{2} & \alpha<x\leqslant 1-\alpha \quad (0<\alpha\leqslant\dfrac{1}{2})\\ 1 & x>1-\alpha\end{cases}$$

例如，[年青]的隶属函数为

$$\mu_{\underset{\sim}{A}}(u)=\begin{cases}1 & 0\leqslant u\leqslant 25\\ [1+(\dfrac{u-25}{5})^2]^{-1} & 25<u\leqslant 200\end{cases}$$

当 $u=30$ 时，$\mu_{\underset{\sim}{A}}(u)=\dfrac{1}{2}$，则

$$[\text{倾向年青}](u)=P_{\frac{1}{2}}[\text{年青}](u)=d_{\frac{1}{2}}([\text{年青}](u))=\begin{cases}0 & u>30\\ 1 & u\leqslant 30\end{cases}$$

$P_{\frac{1}{2}}$ 称为[倾向]，其作用如图 3-7 隶属函数曲线所描述。

除了上面介绍的三种算子以外，还有美化、比喻、联想等算子，这些算子尚需进一步研究。

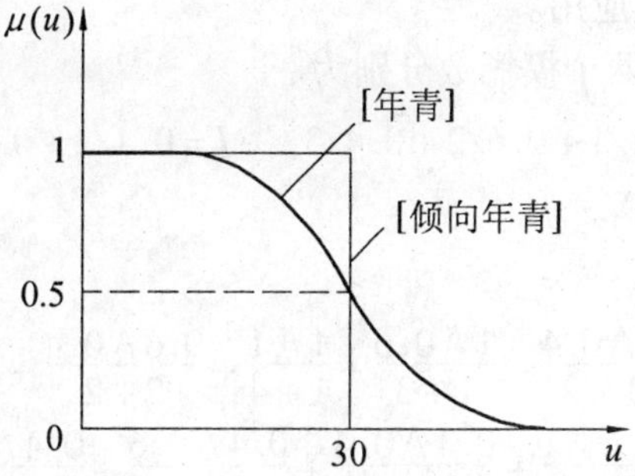

图 3-7　隶属函数曲线

3.2.4　语言值及其四则运算

自然语言中的一些词可以数量化，如大、小、多、少、长、短、高、矮等以及加上语言算子派生出来的词汇，如很大、略小、相当多、比较少、极长、倾向短、不高也不矮，…，都称为语言值，它们都是以实数域 R 或其子集为论域的词汇。此外，如可能、很可能、不大可能等也都是语言值。

如果在论域 $U=\{1,2,3,\cdots,10\}$ 上定义〔大〕、〔小〕的语言值，则它们分别为

〔大〕$=0.2/4+0.4/5+0.6/6+0.8/7+1/8+1/9+1/10$

〔小〕$=1/1+0.8/2+0.6/3+0.4/4+0.2/5$

那么根据前面介绍的语言算子，则有

〔倾向大〕$=P_{\frac{1}{2}}$〔大〕$=1/6+1/7+1/8+1/9+1/10$

〔倾向小〕$=P_{\frac{1}{2}}$〔小〕$=1/1+1/2+1/3$

〔不大也不小〕$=$〔大〕$^c\wedge$〔小〕$^c=$

$$0.2/2+0.4/3+0.6/4+0.6/5+0.4/6+0.2/7$$

从上述语言值可以看出，〔倾向大〕和〔倾向小〕的语言值中不包含 4 和 5，而它们恰好在〔不大也不小〕的语言值中隶属度最大，均为 0.6。而

〔很小〕$=H_2$〔小〕$=1/1+0.64/2+0.36/3+0.16/4+0.04/5$

在语言值间可以施行两种运算，把它们作为 R 上的模糊子集进行集合运算，也可以把它们看做模糊数进行四则运算，这是由于语言值的论域均为实数域。

有关模糊数的四则运算，可以证明，若 $\underset{\sim}{I},\underset{\sim}{J}$ 是两个模糊数，那么 $I*J$ 仍是一个模糊数（$*$ 表示“$+$”、“$-$”、“$\cdot$”、“$\div$”四则运算中的一种），则

$$\mu_{\underset{\sim}{I}*\underset{\sim}{J}}(z)=\bigvee_{x*y=z}\left(\mu_{\underset{\sim}{I}}(x)\wedge\mu_{\underset{\sim}{J}}(y)\right)$$

下面举例说明其应用。

例 6 如果 $\underset{\sim}{I}$、$\underset{\sim}{J}$两个模糊数分别为

$$\underset{\sim}{I}=1/1+0.6/2+0.4/3,\quad \underset{\sim}{J}=0.4/2+0.6/3+1/4$$

试求 $\underset{\sim}{I}*\underset{\sim}{J}$的四则运算。

解

$$\begin{aligned}
\underset{\sim}{I}+\underset{\sim}{J}=&\frac{1\wedge 0.4}{1+2}+\frac{1\wedge 0.6}{1+3}+\frac{1\wedge 1}{1+4}+\frac{0.6\wedge 0.4}{2+2}+\frac{0.6\wedge 0.6}{2+3}+\\
&\frac{0.6\wedge 1}{2+4}+\frac{0.4\wedge 0.4}{3+2}+\frac{0.4\wedge 0.6}{3+3}+\frac{0.4\wedge 1}{3+4}=\\
&\frac{1\wedge 0.4}{3}+\frac{(1\wedge 0.6)\vee(0.6\wedge 0.4)}{4}+\\
&\frac{(1\wedge 1)\vee(0.6\wedge 0.6)\vee(0.4\wedge 0.4)}{5}+\frac{(0.6\wedge 1)\vee(0.4\wedge 0.6)}{6}+\\
&\frac{0.4\wedge 1}{7}=\frac{0.4}{3}+\frac{0.6}{4}+\frac{1}{5}+\frac{0.6}{6}+\frac{0.4}{7}
\end{aligned}$$

$$\begin{aligned}
\underset{\sim}{I}-\underset{\sim}{J}=&\frac{1\wedge 0.4}{1-2}+\frac{1\wedge 0.6}{1-3}+\frac{1\wedge 1}{1-4}+\\
&\frac{0.6\wedge 0.4}{2-2}+\frac{0.6\wedge 0.6}{2-3}+\frac{0.6\wedge 1}{2-4}+\\
&\frac{0.4\wedge 0.4}{3-2}+\frac{0.4\wedge 0.6}{3-3}+\frac{0.4\wedge 1}{3-4}=\\
&\frac{1\wedge 1}{-3}+\frac{(1\wedge 0.6)\vee(0.6\wedge 1)}{-2}+\\
&\frac{(1\wedge 0.4)\vee(0.6\wedge 0.6)\vee(0.4\wedge 1)}{-1}+\\
&\frac{(0.6\wedge 0.4)\vee(0.4\wedge 0.6)}{0}+\frac{0.4\wedge 0.4}{1}=\\
&\frac{1}{-3}+\frac{0.6}{-2}+\frac{0.6}{-1}+\frac{0.4}{0}+\frac{0.4}{1}
\end{aligned}$$

$$\begin{aligned}
\underset{\sim}{I}\cdot\underset{\sim}{J}=&\frac{1\wedge 0.4}{1\cdot 2}+\frac{1\wedge 0.6}{1\cdot 3}+\frac{1\wedge 1}{1\cdot 4}+\\
&\frac{0.6\wedge 0.4}{2\cdot 2}+\frac{0.6\wedge 0.6}{2\cdot 3}+\frac{0.6\wedge 1}{2\cdot 4}+\\
&\frac{0.4\wedge 0.4}{3\cdot 2}+\frac{0.4\wedge 0.6}{3\cdot 3}+\frac{0.4\wedge 1}{3\cdot 4}=\\
&\frac{0.4}{2}+\frac{0.6}{3}+\frac{1}{4}+\frac{0.6}{6}+\frac{0.6}{8}+\frac{0.4}{9}+\frac{0.4}{12}
\end{aligned}$$

$$\underset{\sim}{I}\div\underset{\sim}{J}=\frac{1\wedge 0.4}{1\div 2}+\frac{1\wedge 0.6}{1\div 3}+\frac{1\wedge 1}{1\div 4}+$$

$$\frac{0.6 \wedge 0.4}{2 \div 2}+\frac{0.6 \wedge 0.6}{2 \div 3}+\frac{0.6 \wedge 1}{2 \div 4}+$$

$$\frac{0.4 \wedge 0.4}{3 \div 2}+\frac{0.4 \wedge 0.6}{3 \div 3}+\frac{0.4 \wedge 1}{3 \div 4}=$$

$$\frac{0.4}{3/2}+\frac{0.4}{1}+\frac{0.4}{3/4}+\frac{0.6}{2/3}+\frac{0.6}{1/2}+\frac{0.6}{1/3}+\frac{1}{1/4}$$

3.2.5　模糊语言变量

模糊语言变量的概念是 Zedeh 首先提出的，所谓语言变量是以自然或人工语言中的字或句作为变量，而不是以数值作为变量。语言变量用以表征那些十分复杂或定义很不完善而又无法用通常的精确术语进行描述的现象。

语言变量概念的一个重要方面是，在语言变量取模糊集合作为它的值的意义上，语言变量比起模糊变量来是一个级别更高的变量；语言变量概念的另一个重要方面是，语言变量有句法规则和语义规则。下面给出模糊语言变量的定义：

一个语言变量可定义为一个五元体

$$(X, T(X), U, G, M)$$

其中　X——语言变量的名称；

$T(X)$——语言变量语言值名称的集合；

U——论域；

G——语法规则；

M——语义规则。

例如，以控制系统的误差为语言变量 X，论域取 $U=[-6,+6]$。“误差”语言变量的原子单词有“大、中、小、零”，对这些原子单词施加以适当的语气算子，就可以构成多个语言值名称，如“很大”、“较大”、“中等”、“较小”等，再考虑误差有正、负的情况，$T(X)$可表示为

$$T(X)=T(\text{误差})=\text{负很大}+\text{负大}+\text{负较大}+\text{负中}+$$
$$\text{负较小}+\text{负小}+\text{零}+\text{正小}+\text{正较小}+$$
$$\text{正中}+\text{正较大}+\text{正大}+\text{正很大}$$

图 3-8 是以误差为论域的模糊语言五元体的示意图。其中语言值集合 $T(X)$只画出一部分，而语义规则 M 是指模糊子集的隶属函数。

上面仅就模糊语言的初步知识做了介绍，关于模糊语言方面的研究，许多问题还有待于解决，限于篇幅不再继续讨论。

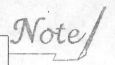

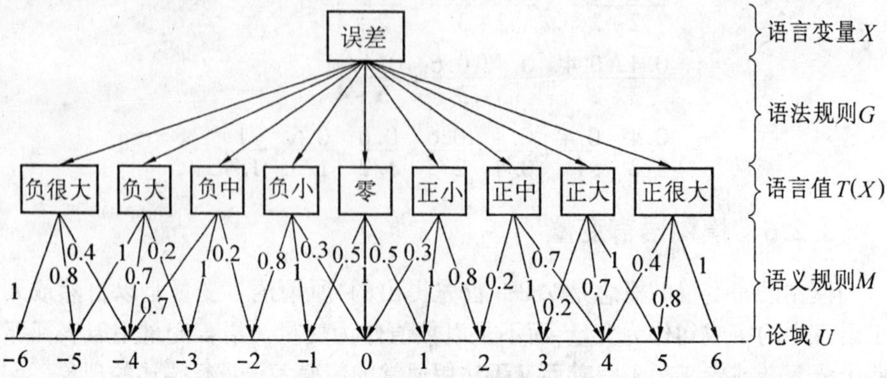

图 3-8 误差语言变量的五元体

3.3 模糊推理

3.3.1 判断与推理

我们知道,思维的形式就是概念、判断和推理。判断和推理同概念一样,都是思维形式的一种,判断是概念与概念的联合,而推理则是判断与判断的联合。

1. 判断句

直言判断句的句型为“u 是 a”,u 是表示论域中的任何一个特定对象,称 u 为语言变元;a 为表示概念的一个词或词组。这种判断句记作(a)。如果 a 的外延是清晰的,则 a 所对应的集合为普通集合,称(a)是普通的判断句。

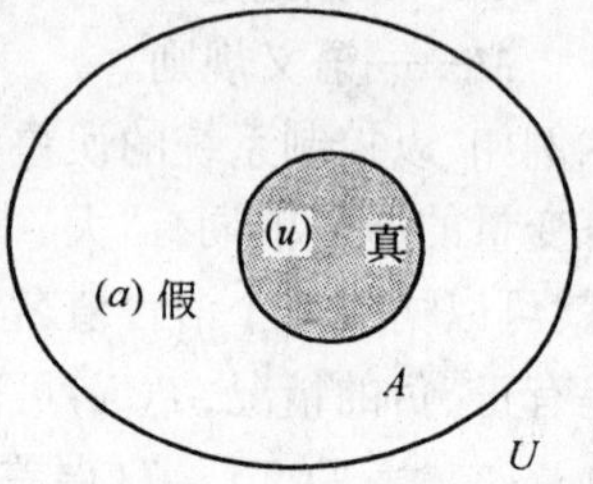

图 3-9

如果 $u \in A$,称“u 是 a”的判断为真,把 A 称为(a)的真域;,如果 $u \notin A$,称“u 是 a”的判断为假。图 3-9 表示出普通判断句的真域。不难看出

$$(a)\text{对 } u \text{ 真} \Longleftrightarrow u \in A \tag{3-13}$$

当“u 是 a”的判断没有绝对的真假时,将 u 对 $\underset{\sim}{A}$ 的隶属度定义为(a)对 u 的真值。

2. 推理句

“若 u 是 a，则 u 是 b”型的判断句称为推理句，简记为“$(a)\to(b)$”。若 a、b 对应的均为普通集合，则称为普通的推理句。

例如，“若 u 是菱形，则 u 是平行四边形”是推理句，推理句也称为条件判断句。上述例句中显然前半句说明了后半句成立的条件。

普通推理句“$(a)\to(b)$”等价于一个判断句“u 是 c”，c 是 $(A-B)^c$ 所对应的词，则有

$$“(a)\to(b)”对\ u\ 真 \Longleftrightarrow u\in(A-B)^c \tag{3-14}$$

$(A-B)^c$ 的真域如图 3-10 所示。

若推理句是一个恒真的判断句，则称它是一个定理，显然有

$$(a)\to(b)是定理 \Longleftrightarrow A-B=\varnothing \Longleftrightarrow A\subseteq B \tag{3-15}$$

所谓演绎推理的三段论法可表示为

$$(a)\to(b)是定理且(a)对\ u\ 真 \Rightarrow (b)对\ u\ 真 \tag{3-16}$$

而用集合描述有 $A\subseteq B, u\in A\Rightarrow u\in B$。图 3-11 为三段论集合描述的示意图。

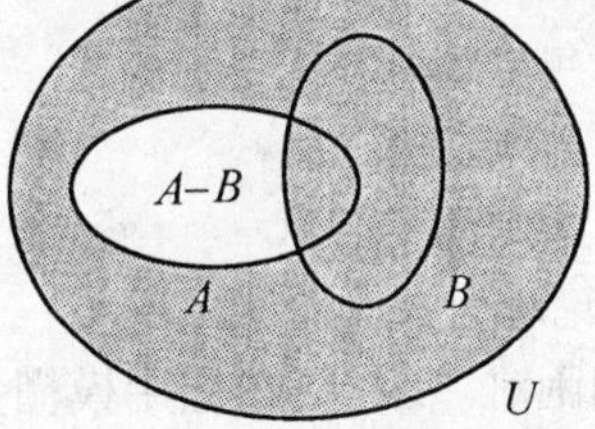

图 3-10

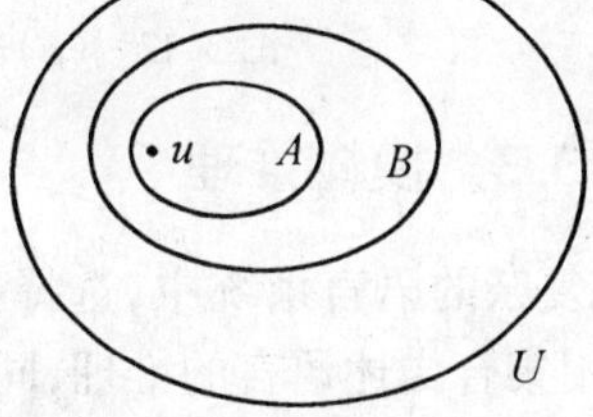

图 3-11

若 $(a)\to(b)$ 是定理，$(b)\to(c)$ 是定理，则 $(a)\to(c)$ 是定理，这一规则称为复合原则。用集合表述的复合原则为

$$A\subseteq B, B\subseteq C\Rightarrow A\subseteq C \tag{3-17}$$

3.3.2　模糊推理句

模糊推理句同模糊判断句一样，不能给出绝对的真与不真，只能给出真的程度。例如，“若 u 是晴天，则 u 很暖和”。其中 a 是晴天，b 是很暖和，它们对应的是模糊集合，因此，$(a)\to(b)$ 是一模糊推理句。

类似于普通推理句，模糊推理句真值定义如下

“$(a)\to(b)$”对 u 的真值 $\triangleq((a)\to(b))(u)\triangleq(\underset{\sim}{A}-\underset{\sim}{B})^c(u)=1-\underset{\sim}{A}(u)\wedge(1-\underset{\sim}{B}(u))$

由于有 $\underset{\sim}{A}-\underset{\sim}{B}=\underset{\sim}{A}\cap\underset{\sim}{B}^c$，故可得

$$(\underset{\sim}{A}-\underset{\sim}{B})^c=(\underset{\sim}{A}\cap\underset{\sim}{B}^c)^c=\underset{\sim}{A}^c\cup\underset{\sim}{B}$$

于是有

$$((a)\rightarrow(b))(u)=(1-\underset{\sim}{A}(u))\vee\underset{\sim}{B}(u) \tag{3-18}$$

“若晴则暖”的模糊推理句的隶属函数曲线如图 3-12 所示，其中(a)表示“晴天”的隶属函数，(b)表示“暖和”的隶属函数，则$(a)\rightarrow(b)$由图 3-12 右图上半部“V”型实线所描述，这条曲线是根据式(3-18)画出的，它给出了随气温的不同模糊推理句“若晴则暖”真的程度的定量描述。

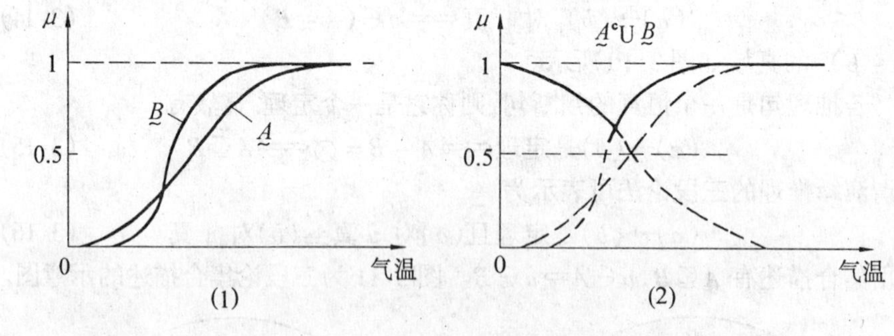

图 3-12 $(a)\rightarrow(b)$模糊推理句的隶属函数

3.3.3 模糊推理

在复杂的语言系统中，选择一个合适的论域是很困难的，在同一个论域 U 上，用集合描述语言的推理，同样也会遇到困难。因此，在应用模糊集合论对模糊命题进行模糊推理时，应用模糊关系表示模糊条件句，这样将推理的判断过程转化为对隶属度的合成及演算过程。

设 A 和 B 分别为 X 和 Y 上的模糊集，它们的隶属函数分别为 $\mu_{\underset{\sim}{A}}(x)$和 $\mu_{\underset{\sim}{B}}(y)$，词 a 和词 b 分别用 X、Y 上的子集 A、B 描述，模糊推理句“$(a)\rightarrow(b)$”可表示为从 X 到 Y 的一个模糊关系，它是 $X\times Y$ 的一个模糊子集，记为 $\underset{\sim}{A}\rightarrow\underset{\sim}{B}$，它的隶属函数定义为

$$\mu_{\underset{\sim}{A}\rightarrow\underset{\sim}{B}}(x,y)\triangleq[\mu_{\underset{\sim}{A}}(x)\wedge\mu_{\underset{\sim}{B}}(y)]\vee[1-\mu_{\underset{\sim}{A}}(x)] \tag{3-19}$$

当把隶属函数 $\mu_{\underset{\sim}{A}}(x)$、$\mu_{\underset{\sim}{B}}(y)$及 $\mu_{\underset{\sim}{A}\rightarrow\underset{\sim}{B}}(x,y)$分别记为 $\underset{\sim}{A}(x)$、$\underset{\sim}{B}(y)$及$(\underset{\sim}{A}\rightarrow\underset{\sim}{B})(x,y)$时，则有

$$(\underset{\sim}{A}\rightarrow\underset{\sim}{B})(x,y)\triangleq[\underset{\sim}{A}(x)\wedge\underset{\sim}{B}(y)]\vee[1-\underset{\sim}{A}(x)] \tag{3-20}$$

上述思想即为 Zedeh 提出的近似推理(或称为似然推理)中的假言推理方法，其推理规则为

$$
\begin{array}{ll}
\text{大前提} & \underset{\sim}{A} \rightarrow \underset{\sim}{B} \\
\text{小前提} & \underset{\sim}{A}_1 \\
\hline
\text{结　论} & \underset{\sim}{B}_1 = \underset{\sim}{A}_1 \circ (\underset{\sim}{A} \rightarrow \underset{\sim}{B})
\end{array}
\qquad (3\text{-}21)
$$

其中运算符号“$\circ$”仍表示模糊关系的合成。

上述推理过程可理解为一个模糊变换器，当输入一个模糊子集 $\underset{\sim}{A}_1$ 经过模糊变换器($\underset{\sim}{A} \rightarrow \underset{\sim}{B}$)时，输出 $\underset{\sim}{A}_1 \circ (\underset{\sim}{A} \rightarrow \underset{\sim}{B})$，如图 3-13 所示。

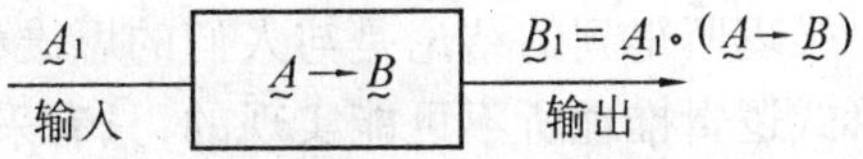

图 3-13　模糊变换器

例 7　设论域 $X = Y = \{1,2,3,4,5\}$，Y、X 上的模糊子集“大”、“小”、“较小”分别给定如下

$$[\text{大}] = 0.4/3 + 0.7/4 + 1/5$$

$$[\text{小}] = 1/1 + 0.7/2 + 0.4/3$$

$$[\text{较小}] = 1/1 + 0.6/2 + 0.4/3 + 0.2/4$$

若 x 小则 y 大，如果 x 较小，试确定 y 的大小。

解　根据式(3-20)计算表示大前提“若 x 小则 y 大”的模糊矩阵 $\boldsymbol{R}$

$$\{\text{若 } x \text{ 小则 } y \text{ 大}\}(x,y) = ([\text{小}](x) \wedge [\text{大}](y)) \vee (1 - [\text{小}](x))$$

则

$$\boldsymbol{R} = \begin{bmatrix} 0 & 0 & 0.4 & 0.7 & 1 \\ 0.3 & 0.3 & 0.4 & 0.7 & 0.7 \\ 0.6 & 0.6 & 0.6 & 0.6 & 0.6 \\ 1 & 1 & 1 & 1 & 1 \\ 1 & 1 & 1 & 1 & 1 \end{bmatrix}$$

$\boldsymbol{R}$ 中的每个元素是由相应的 x、y 代入式(3-24)求得的，例如 $\boldsymbol{R}$ 中第一行第四列元素0.7的计算过程如下

$$x = 1,\ y = 4,\ \underset{\sim}{A}(x) = 1,\ \underset{\sim}{B}(y) = 0.7$$

$$\begin{aligned} r_{14} = (\underset{\sim}{A} \rightarrow \underset{\sim}{B})(x,y) = [\underset{\sim}{A}(x) \wedge \underset{\sim}{B}(y)] \vee [1 - \underset{\sim}{A}(x)] = \\ [1 \wedge 0.7] \vee [1-1] = \\ 0.7 \vee 0 = 0.7 \end{aligned}$$

由给定的小前提[x 较小]，根据式(3-21)推理规则可以合成 y 的大小，即

$$[y] = [x\ \text{较小}] \circ [\text{若 } x \text{ 小则 } y \text{ 大}](x,y) =$$

$$(1\quad 0.6\quad 0.4\quad 0.2\quad 0)\circ\begin{bmatrix}0 & 0 & 0.4 & 0.7 & 1\\0.3 & 0.3 & 0.4 & 0.7 & 0.7\\0.6 & 0.6 & 0.6 & 0.6 & 0.6\\1 & 1 & 1 & 1 & 1\\1 & 1 & 1 & 1 & 1\end{bmatrix}=$$

$$(0.4\quad 0.4\quad 0.4\quad 0.7\quad 1)$$

所得到的 $y=0.4/1+0.4/2+0.4/3+0.7/4+1/5$ 与〔大〕相比，显然 y 比较大。本例题由模糊推理所得到的结论是与人们的思维相吻合的，这样的模糊性推理是传统的形式逻辑推理所不可能实现的，只有采用建立在模糊集合论基础上的逻辑才能实现上述推理。

3.3.4 模糊条件语句及其推理规则

1. 模糊条件语句

模糊条件语句在模糊自动控制中占有特别重要的地位，这是因为模糊控制规则是由许多模糊条件语句组成。实质上，**模糊条件语句也是一种模糊推理，它的一般句型为“若…则…否则…”。**

“若 a 则 b 否则 c”这样的模糊条件语句，可以表示为

$$(a\to b)\vee(a^c\to c)$$

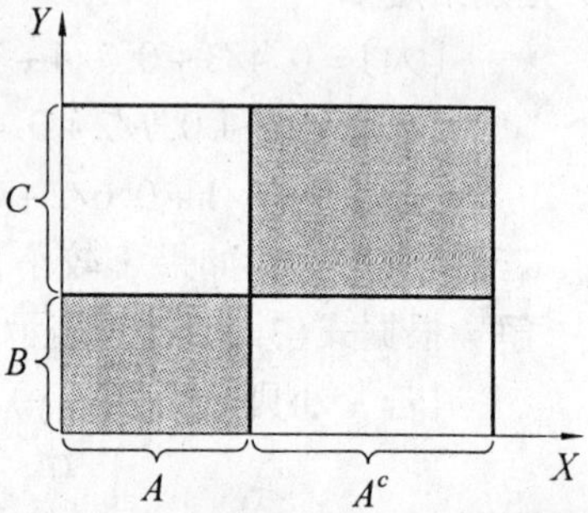

图 3-14

设 a 在论域 X 上并对应 X 上的一个模糊子集 $\underset{\sim}{A}$，b、c 在论域 Y 上，并分别对应模糊子集 $\underset{\sim}{B}$、$\underset{\sim}{C}$，如图 3-14 所示，图中阴影区域表示$(a\to b)\vee(a^c\to c)$的真域。

$(\underset{\sim}{A}\to\underset{\sim}{B})\vee(\underset{\sim}{A}^c\to\underset{\sim}{C})$实际上也是 $X\times Y$ 的一个模糊子集 $\underset{\sim}{R}$，因此它也是一种模糊关系，模糊关系 $\underset{\sim}{\boldsymbol{R}}$中的各元素根据下式计算

$$\mu_{(\underset{\sim}{A}\to\underset{\sim}{B})\vee(\underset{\sim}{A}^c\to\underset{\sim}{C})}(x,y)=$$
$$[\mu_{\underset{\sim}{A}}(x)\wedge\mu_{\underset{\sim}{B}}(y)]\vee[(1-\mu_{\underset{\sim}{A}}(x))\wedge\mu_{\underset{\sim}{C}}(y)]\tag{3-22}$$

如果隶属度 $\mu_{(\underset{\sim}{A}\to\underset{\sim}{B})\vee(\underset{\sim}{A}^c\to\underset{\sim}{C})}(x,y)$、$\mu_{\underset{\sim}{A}}(x)$及 $\mu_{\underset{\sim}{B}}(y)$分别用 $\underset{\sim}{R}(x,y)$、$\underset{\sim}{A}(x)$及 $\underset{\sim}{B}(y)$表示，则式(3-22)变为

$$\underset{\sim}{\boldsymbol{R}}(x,y)=[\underset{\sim}{A}(x)\wedge\underset{\sim}{B}(y)]\vee[(1-\underset{\sim}{A}(x))\wedge\underset{\sim}{C}(y)]\tag{3-23}$$

采用模糊向量的笛卡儿乘积的形式，式(3-23)可表示为

$$\underset{\sim}{\boldsymbol{R}}=(\underset{\sim}{A}\times\underset{\sim}{B})+(\underset{\sim}{A}^c\times\underset{\sim}{C})\tag{3-24}$$

式中“+”表示对模糊关系 $\underset{\sim}{A}\times\underset{\sim}{B}$ 和 $\underset{\sim}{A}^c\times\underset{\sim}{C}$ 求并运算，而 $\underset{\sim}{A}\times\underset{\sim}{B}$ 表示隶属函数为 $[\underset{\sim}{A}(x)\wedge\underset{\sim}{B}(y)]$ 的模糊关系。这样一来，模糊条件语句可表示为

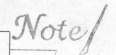

$$\text{若 } \underset{\sim}{A} \text{ 则 } \underset{\sim}{B} \text{ 否则 } \underset{\sim}{C}=(\underset{\sim}{A}\times\underset{\sim}{B})+(\underset{\sim}{A}^c\times\underset{\sim}{C}) \tag{3-25}$$

2. 模糊变量的推理合成规则

如果 $\underset{\sim}{A}$ 是论域 X 上的一个模糊子集，$\underset{\sim}{\boldsymbol{R}}$ 是从论域 X 到 Y 的一个模糊关系，如图 3-15 所示，以模糊子集 $\underset{\sim}{A}$ 为底的柱状模糊集合 $\underline{A}$ 与模糊关系 $\underset{\sim}{\boldsymbol{R}}$ 的交构成模糊集合 $\underline{A}\cap\underset{\sim}{\boldsymbol{R}}$，如图中阴影区域所示。将其投影到 Y 论域可得到模糊子集 $\underset{\sim}{B}$，$\underset{\sim}{B}$ 可以表示为

$$\underset{\sim}{B}=\underset{\sim}{A}\circ\underset{\sim}{\boldsymbol{R}}$$

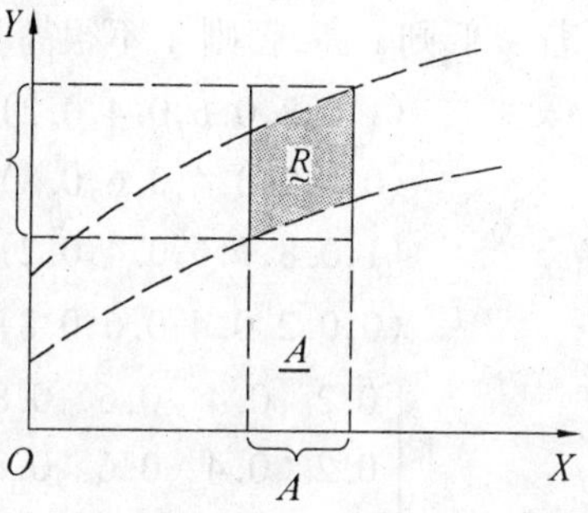

图 3-15　模糊推理合成规则示意

推理的合成规则可以叙述如下：

如果 $\underset{\sim}{\boldsymbol{R}}$ 是 X 到 Y 的模糊关系，且 $\underset{\sim}{A}$ 是 X 的一个模糊子集，则由 $\underset{\sim}{A}$ 和 $\underset{\sim}{\boldsymbol{R}}$ 所推得的模糊子集为

$$Y=\underset{\sim}{A}\circ\underset{\sim}{\boldsymbol{R}} \tag{3-26}$$

下面通过具体例子来说明如何从模糊条件语句进行模糊推理。

例 8　某电热烘干炉依靠人工连续调节外加电压，以便克服各种干扰达到恒温烘干的目的。操作工人的经验是“如果炉温低，则外加电压高，否则电压不很高。”如果炉温很低，试确定外加电压应该如何调节？

设 x 表示炉温，y 表示电压，则上述问题可叙述为“若 x 低则 y 高，否则不很高。”如果 x 很低，试问 y 如何？

设定论域 $X=Y=\{1,2,3,4,5\}$

$$\underset{\sim}{A}=[\text{低}]=\frac{1}{1}+\frac{0.8}{2}+\frac{0.6}{3}+\frac{0.4}{4}+\frac{0.2}{5}$$

$$\underset{\sim}{B}=[\text{高}]=\frac{0.2}{1}+\frac{0.4}{2}+\frac{0.6}{3}+\frac{0.8}{4}+\frac{1}{5}$$

$$\underset{\sim}{C}=[\text{不很高}]=\frac{0.96}{1}+\frac{0.84}{2}+\frac{0.64}{3}+\frac{0.36}{4}+\frac{0}{5}$$

$$\underset{\sim}{A}_1=[\text{很低}]=H_2[\text{低}]=$$

$$\frac{1}{1}+\frac{0.64}{2}+\frac{0.36}{3}+\frac{0.16}{4}+\frac{0.04}{5}$$

为了便于计算，将模糊子集写成向量形式

$$\underset{\sim}{\boldsymbol{A}}=(1,\ 0.8,\ 0.6,\ 0.4,\ 0.2)$$

$$\underset{\sim}{\boldsymbol{B}}=(0.2,\ 0.4,\ 0.6,\ 0.8,\ 1)$$

$$\underset{\sim}{\boldsymbol{C}}=(0.96,\ 0.84,\ 0.64,\ 0.36,\ 0)$$

$$\underset{\sim}{\boldsymbol{A}}_1=(1,\ 0.64,\ 0.36,\ 0.16,\ 0.04)$$

根据式(3-25)的形式，模糊条件语句可写为

$$\begin{aligned}
&〔若\ x\ 低则\ y\ 高，否则\ y\ 不很高〕=\underset{\sim}{\boldsymbol{A}}\times\underset{\sim}{\boldsymbol{B}}+\underset{\sim}{\boldsymbol{A}}^c\times\underset{\sim}{\boldsymbol{C}}=\\
&(1,0.8,0.6,0.4,0.2)\times(0.2,0.4,0.6,0.8,1)+\\
&(0,0.2,0.4,0.6,0.8)\times(0.96,0.84,0.64,0.36,0)=\\
&(1,0.8,0.6,0.4,0.2)^T\circ(0.2,0.4,0.6,0.8,1)+\\
&(0,0.2,0.4,0.6,0.8)^T\circ(0.96,0.84,0.64,0.36,0)=\\
&\begin{bmatrix}0.2&0.4&0.6&0.8&1\\0.2&0.4&0.6&0.8&0.8\\0.2&0.4&0.6&0.6&0.6\\0.2&0.4&0.4&0.4&0.4\\0.2&0.2&0.2&0.2&0.2\end{bmatrix}+\\
&\begin{bmatrix}0&0&0&0&0\\0.2&0.2&0.2&0.2&0\\0.4&0.4&0.4&0.36&0\\0.6&0.6&0.6&0.36&0\\0.8&0.8&0.64&0.36&0\end{bmatrix}=\\
&\begin{bmatrix}0.2&0.4&0.6&0.8&1\\0.2&0.4&0.6&0.8&0.8\\0.4&0.4&0.6&0.6&0.6\\0.6&0.6&0.6&0.4&0.4\\0.8&0.8&0.64&0.36&0.2\end{bmatrix}=\underset{\sim}{\boldsymbol{R}}
\end{aligned}$$

由式(3-26)模糊推理的合成规则可得

$$\begin{aligned}
&y=\underset{\sim}{\boldsymbol{A}}_1\circ\underset{\sim}{\boldsymbol{R}}=\\
&(1,0.64,0.36,0.16,0.04)\circ\begin{bmatrix}0.2&0.4&0.6&0.8&1\\0.2&0.4&0.6&0.8&0.8\\0.4&0.4&0.6&0.6&0.6\\0.6&0.6&0.6&0.4&0.4\\0.8&0.8&0.64&0.36&0.2\end{bmatrix}=\\
&(0.36,0.4,0.6,0.8,1)
\end{aligned}$$

由此可得出 y 的模糊集为

$$y=\frac{0.36}{1}+\frac{0.4}{2}+\frac{0.6}{3}+\frac{0.8}{4}+\frac{1}{5}$$

计算结果表明“y 跟高差不多”,或说“近似于高”。

3. 多重模糊条件语句

前面介绍的句型“若 $\underset{\sim}{A}$ 则 $\underset{\sim}{B}$ 否则 $\underset{\sim}{C}$”,称为简单条件语句,而通常把具有多个条件的语句称为多重条件语句,其句型为

“若 $\underset{\sim}{A}_1$ 则 $\underset{\sim}{B}_1$,否则(若 $\underset{\sim}{A}_2$ 则 $\underset{\sim}{B}_2$,否则(…(若 $\underset{\sim}{A}_n$,则 $\underset{\sim}{B}_n$)))”,或写为

“若 $\underset{\sim}{A}_1$ 则 $\underset{\sim}{B}_1$,若 $\underset{\sim}{A}_2$ 则 $\underset{\sim}{B}_2$,…,若 $\underset{\sim}{A}_n$ 则 $\underset{\sim}{B}_n$”

如果 $\underset{\sim}{A}_1,\underset{\sim}{A}_2,\cdots,\underset{\sim}{A}_n$ 是论域 X 上的模糊子集,$\underset{\sim}{B}_1,\underset{\sim}{B}_2,\cdots,\underset{\sim}{B}_n$ 是论域 Y 上的模糊子集,则多重条件语句,“若 A_1 则 B_1,若 A_2 则 B_2,…,若 A_n 则 B_n”表示从 X 到 Y 的一个模糊关系 $\underset{\sim}{\boldsymbol{R}}$,即

$$\underset{\sim}{R}=(\underset{\sim}{A}_1\times\underset{\sim}{B}_1)+(\underset{\sim}{A}_2\times\underset{\sim}{B}_2)+\cdots+(\underset{\sim}{A}_n\times\underset{\sim}{B}_n) \tag{3-27}$$

当输入一个 $\underset{\sim}{A}$,则有输出 $\underset{\sim}{B}$,它们之间满足

$$\underset{\sim}{B}=\underset{\sim}{A}\circ\underset{\sim}{\boldsymbol{R}} \tag{3-28}$$

其中 $\underset{\sim}{A}\in X,\underset{\sim}{B}\in Y,\underset{\sim}{\boldsymbol{R}}\in X\times Y$。

3.3.5　基于规则的模糊系统

人们的经验、知识在许多情况下是通过“如果 …,则 …”这样的规则形式表示的,通常写成用“IF – THEN”表示。

$$\text{IF}\ \underset{\text{前提(前件、前项、条件)}}{\underline{\qquad A\qquad}}\ \text{THEN}\ \underset{\text{结论(后件、后项、行动)}}{\underline{\qquad B\qquad}}$$

或写成蕴涵式为

$$A\longrightarrow B \tag{3-29}$$

其中 a 称为前提,而 b 称为结果。例如,a、b 分别表示如下:

a 是模糊判断句:西红柿红了

b 是模糊判断句:西红柿熟了

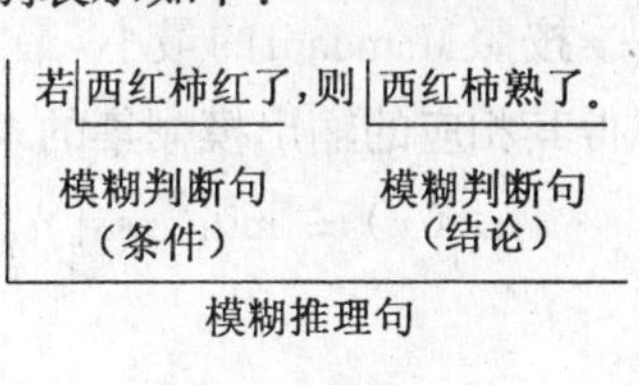

将这两个模糊判断句联合,就构成了模糊推理句:“若西红柿红了,则西红柿熟了”。

作为前提条件 a 既可以是字符、词、词组,也可以为各种判断句子或它们的组合,一般而言,前提部分可有一个或多个条件,而结论部分多为一个。例如,

(1) 若火星上有水且温度适宜,则火星上可能存在生物。

(2) 若锅炉水温高且温度上升快,则减小油门开度。

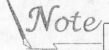

(3) 如果天冷又刮风,那么多穿些衣服。

像上述例子的规则中都有两个前件,一个后件,这类似于一个两输入单输出的模糊系统,如图 3-16 所示。

对于一个有两个互相作用的输入 x_1、x_2 和单输出 y 的模糊系统,可以用多条 IF – THEN 形式的模糊语言规则的集合加以描述

$$\text{IF } x_1 \text{ is } \underset{\sim}{A}_i \text{ and } x_2 \text{ is } \underset{\sim}{B}_i \text{ THEN } y \text{ is } \underset{\sim}{C}_i \qquad i = 1,2,\cdots,n \tag{3-30}$$

其中 $\underset{\sim}{A}_i$、$\underset{\sim}{B}_i$ 表示两个前件的模糊集,$\underset{\sim}{C}_i$ 表示后件的模糊集。

一条规则中的两个前提条件之间的关系可以是逻辑与(and)/ 逻辑或(or)。同样多条规则集中的每条规则之间也有或 / 与两个逻辑关系。

3.3.6 Mamdani 推理的最小-最大-重心法

下面考虑如图 3.16 所示两输入单输出模糊系统的推理方法。

首先考虑式(3-29) 给出的蕴涵关系 $A \to B$,当 A、B 均为模糊集合时,则“若 $\underset{\sim}{A}$ 则 $\underset{\sim}{B}$” 对应一个模糊关系 $\underset{\sim}{\boldsymbol{R}}$,即

$$\underset{\sim}{\boldsymbol{R}} = \underset{\sim}{A} \to \underset{\sim}{B}$$

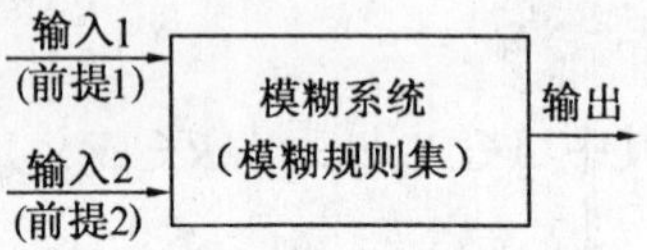

图 3-16　两输入单输出模糊系统

求计算模糊关系 $\underset{\sim}{\boldsymbol{R}}$,又称模糊蕴涵运算,其方法不下 10 种。其中,最常用的具有代表性的是英国 Mamdani 教授在开创模糊控制系统中提出的方法,因此被称为 Mamdani 最小 - 最大 - 重心法。

设有两条由式(3-30) 形式的模糊规则分别为

$$\text{规则 1:} \quad \text{IF } x_1 \text{ is } \underset{\sim}{A}_1 \text{ and } x_2 = \underset{\sim}{B}_1 \text{ THEN } y \text{ is } \underset{\sim}{C}_1 \tag{3-31}$$

$$\text{规则 2:} \quad \text{IF } x_1 \text{ is } \underset{\sim}{A}_2 \text{ and } x_2 = \underset{\sim}{B}_2 \text{ THEN } y \text{ is } \underset{\sim}{C}_2 \tag{3-32}$$

按照 Mamdani 的最小 - 最大- 重心法,首先对上述每一规则进行模糊推理,可得其相应的输出模糊集的隶属函数分别为

$$\mu_{\underset{\sim}{C}_1}(y) = \min\{\max[\mu_{\underset{\sim}{A}_1}(x) \wedge \mu(x_1)], \max[\mu_{\underset{\sim}{B}1}(x) \wedge \mu(x_2)]\} \tag{3-33}$$

$$\mu_{\underset{\sim}{C}_2}(y) = \min\{\max[\mu_{\underset{\sim}{A}_2}(x) \wedge \mu(x_1)], \max[\mu_{\underset{\sim}{B}2}(x) \wedge \mu(x_2)]\} \tag{3-34}$$

然后,将上述两项结果再取最大,即获得基于两条规则模糊推理的总输出模糊集 $\underset{\sim}{C}$ 的隶属函数为

$$\mu_{\underset{\sim}{C}}(y) = \max\{\mu_{\underset{\sim}{C}_1}(y), \mu_{\underset{\sim}{C}_2}(y)\} \tag{3-35}$$

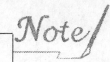

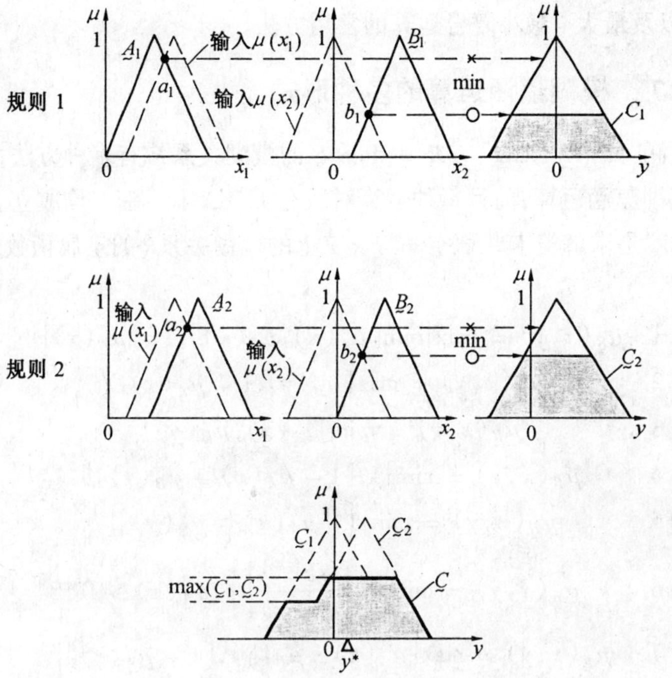

图 3-17　Mamdani 推理的 MIN-MAX- 重心法图解

图 3-17 给出了具有两个模糊输入的 Mamdani 推理的图解过程，其中 $\underset{\sim}{C}$ 即为推理要求的输出模糊集，为了能够反映输出模糊量的大小，须将其转换为一个确定的量，这一过程称为将模糊量清晰化，通常取该模糊集 $\underset{\sim}{C}$ 与横坐标轴所围面积的重心，其大小由下式计算

$$y^{*}=\frac{\sum_{i=1}^{n}\mu_{\underset{\sim}{C}_i}(y_i)\cdot y_i}{\sum_{i=1}^{n}\mu_{\underset{\sim}{C}_i}(y_i)} \tag{3-36}$$

由式(3-36) 不难看出，这是一种加权平均算法，其加权系数为 $\mu_{\underset{\sim}{C}_i}(y_i)$。此外，还有一种简单的清晰化方法，就是选取该输出模糊集中隶属度最大元素作为输出量，若出现隶属度最大的元素多于一个时，取它们的平均值作为输出量。这种方法称为选取最大隶属度法。

作为模糊推理虽然有多种方法，但有不少的推理方法都是以 Mamdani 推理方法为基础，在其上改进的。例如有代数积 - 加法 - 重心法，模糊加权型推理法，函数及加权函数推理法等，不再敖述。下面将重点介绍一下模糊蕴涵运算的多种形式，以及最大-最小复合运算的常用方法。

3.3.7 模糊蕴涵运算的多种形式

求蕴涵"如果$\underset{\sim}{A}$，则$\underset{\sim}{B}$"或$\underset{\sim}{\boldsymbol{R}} = \underset{\sim}{A} \rightarrow \underset{\sim}{B}$的模糊关系$\underset{\sim}{\boldsymbol{R}}$有多种方法，这些方法统称为模糊蕴涵运算，而且每种运算对所有$x \in X$和$y \in Y$均成立。以下蕴涵运算形式就是求解笛卡儿积空间$X \times Y$上的模糊关系$\underset{\sim}{R}$的隶属函数的10种方法。

方法1 $$\mu_{\underset{\sim}{R}}(x,y) = \max\{\min[\mu_{\underset{\sim}{A}}(x),\mu_{\underset{\sim}{B}}(y)],1-\mu_{\underset{\sim}{A}}(x)\} \tag{3-37}$$

方法2 $$\mu_{\underset{\sim}{R}}(x,y) = \max\{\mu_{\underset{\sim}{B}}(y),1-\mu_{\underset{\sim}{A}}(x)\} \tag{3-38}$$

方法3 $$\mu_{\underset{\sim}{R}}(x,y) = \min[\mu_{\underset{\sim}{A}}(x),\mu_{\underset{\sim}{B}}(y)] \tag{3-39}$$

方法4 $$\mu_{\underset{\sim}{R}}(x,y) = \min\{1,[1-\mu_{\underset{\sim}{A}}(x)+\mu_{\underset{\sim}{B}}(y)]\} \tag{3-40}$$

方法5 $$\mu_{\underset{\sim}{R}}(x,y) = \min\{1,[\mu_{\underset{\sim}{A}}(x)+\mu_{\underset{\sim}{B}}(y)]\} \tag{3-41}$$

方法6 $$\mu_{\underset{\sim}{R}}(x,y) = \min\left\{1,\left[\frac{\mu_{\underset{\sim}{B}}(y)}{\mu_{\underset{\sim}{A}}(x)}\right]\right\},\mu_{\underset{\sim}{A}}(x) > 0 \tag{3-42}$$

方法7 $$\mu_{\underset{\sim}{R}}(x,y) = \max\{\mu_{\underset{\sim}{A}}(x)\cdot\mu_{\underset{\sim}{B}}(y),[1-\mu_{\underset{\sim}{A}}(x)]\} \tag{3-43}$$

方法8 $$\mu_{\underset{\sim}{R}}(x,y) = \mu_{\underset{\sim}{A}}(x)\cdot\mu_{\underset{\sim}{B}}(y) \tag{3-44}$$

方法9 $$\mu_{\underset{\sim}{R}}(x,y) = \begin{cases}1,\text{对 } \mu_{\underset{\sim}{A}}(x) \leqslant \mu_{\underset{\sim}{B}}(y) \\ \mu_{\underset{\sim}{B}}(y),\text{其他}\end{cases} \tag{3-45}$$

方法10 $$\mu_{\underset{\sim}{R}}(x,y) = \begin{cases}1,\text{对 } \mu_{\underset{\sim}{A}}(x) \leqslant \mu_{\underset{\sim}{B}}(y) \\ 0,\text{其他}\end{cases} \tag{3-46}$$

如论域是离散的，则以上计算所得的$\underset{\sim}{\boldsymbol{R}}$可用矩阵表示。

式(3-37)在本章前面已介绍过并被称为经典蕴涵，是由Zadeh(1973年)提出的。当$\mu_{\underset{\sim}{B}}(y) \leqslant \mu_{\underset{\sim}{A}}(x)$时，式(3-38)与式(3-37)等价。式(3-39)在文献中被称为相关-最小蕴涵或称为Mamdani蕴涵(英国Mamdani教授在系统控制领域的研究中提出，1976年)，此蕴涵公式等价于模糊集$\underset{\sim}{A}$与$\underset{\sim}{B}$的叉积(笛卡儿积)，即$\underset{\sim}{\boldsymbol{R}} = \underset{\sim}{A} \times \underset{\sim}{B}$。若$\mu_{\underset{\sim}{A}}(x) \geqslant 0.5$，$\mu_{\underset{\sim}{B}}(y) \geqslant 0.5$时，则经典蕴涵化为Mamdani蕴涵。式(3-40)由波兰逻辑学家Jam Lukasiewicz提出，因此被称为Lukasiewicz蕴涵(Rescher，1969年)。式(3-41)常称为有限和蕴涵。式(3-42)要归功于Goguen(1969年)。式(3-43)和(3-44)是两种相关乘积蕴涵，希望能减少联合隶属值较小项的影响，并且与用于人工神经网络的神经心理学中的

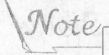

Hebbian 型认知算法有关。式(3-43) 是由 Vadiee 提出的(1993 年)，它对清晰和模糊情形同样适用。式(3-45) 有时称做 Brouwerian 蕴涵，在 Sanchez 的书中(1976 年) 曾专门进行了讨论。式(3-46) 是式(3-45) 的简化形式，在文献中称之为 R-SED(Standard sequence logic 即标准序列逻辑) 蕴涵(Maydole，1975 年)。尽管经典蕴涵应用最广，且对清晰和模糊的情形适用，但在隶属值 $\mu_{\underset{\sim}{A}}(y)$ 和 $\mu_{\underset{\sim}{B}}(y)$ 满足一定的条件下，以上所介绍的其他计算方法更加方便有效。究竟如何选取适当的蕴涵算子，有待进一步分析，因为蕴涵算子的选取通常都与问题本身有关。因此，应根据具体问题来决定选取蕴涵运算的形式。

3.3.8　复合运算的常用方法

最大 - 最小复合法和最大积(或最大点积) 复合法是模糊关系复合的两种最常用的方法。每种方法都反映一种特别的推理机制并且有着独特的地位和应用范围。最大 - 最小复合法是 Zadeh 在他的一篇关于用自然语言规则“如果 … 则(IF – THEN)” 进行近似推理的论文中用到的方法。许多人认为，当他们用自然语言命题进行演绎推理时，Zadeh 介绍的这种方法能有效地描述和表达人类的近似的插值式推理(Vadiee，1993 年)。

下面列出复合运算 $\underset{\sim}{B} = \underset{\sim}{A} \circ \underset{\sim}{R}$ 的一些常用方法，其中 $\underset{\sim}{A}$ 是定义在论域 X 上的输入或前件，$\underset{\sim}{B}$ 是定义在论域 Y 上的输出或后件。$\underset{\sim}{R}$ 代表特定输入(x) 和特定输出(y) 之间的模糊关系：

最大-最小　$$\mu_{\underset{\sim}{B}}(y) = \max_{x\in X}\{\min[\mu_{\underset{\sim}{A}}(x), \mu_{\underset{\sim}{R}}(x, y)]\} \tag{3-47}$$

最大积　$$\mu_{\underset{\sim}{B}}(y) = \max_{x\in X}[\mu_{\underset{\sim}{A}}(x), \mu_{\underset{\sim}{R}}(x, y)] \tag{3-48}$$

最小-最大　$$\mu_{\underset{\sim}{B}}(y) = \min_{x\in X}\{\max[\mu_{\underset{\sim}{A}}(x), \mu_{\underset{\sim}{R}}(x, y)]\} \tag{3-49}$$

最大-最大　$$\mu_{\underset{\sim}{B}}(y) = \max_{x\in X}\{\max[\mu_{\underset{\sim}{A}}(x), \mu_{\underset{\sim}{R}}(x, y)]\} \tag{3-50}$$

最小-最小　$$\mu_{\underset{\sim}{B}}(y) = \min_{x\in X}\{\min[\mu_{\underset{\sim}{A}}(x), \mu_{\underset{\sim}{R}}(x, y)]\} \tag{3-51}$$

最小-平均　$$\mu_{\underset{\sim}{B}}(y) = \frac{1}{2}\max_{x\in X}[\mu_{\underset{\sim}{A}}(x), \mu_{\underset{\sim}{R}}(x, y)] \tag{3-52}$$

和-积　$$\mu_{\underset{\sim}{B}}(y) = f\{\sum_{x\in X}[\mu_{\underset{\sim}{A}}(x) \cdot \mu_{\underset{\sim}{R}}(x, y)]\} \tag{3-53}$$

其中 $f(\cdot)$ 是其取值限制在$[0,1]$ 上的逻辑函数(类似于 S 形函数)。

第 4 章 模糊性与相似性度量

一个模糊概念可以用模糊集合来表示，其隶属函数是对模糊子集模糊性的定量描述。为进一步度量模糊子集 $\underset{\sim}{A}$ 的模糊性，引进了模糊度 $d(\underset{\sim}{A})$ 概念。本章重点介绍了模糊度的概念和描述模糊度的常用方法，主要包括模糊熵、海明距离、贴近度、模糊立方体、子集度定理及互子集度测度等，这些重要概念与方法在模糊综合评价、模糊聚类分析、模糊模式识别、模糊故障诊断、模糊函数逼近中有着广泛的应用。

4.1 模糊性与模糊度

一个模糊集合 $\underset{\sim}{A}$ 的模糊程度，可以通过其隶属函数加以定量描述。1972 年，法国学者德拉卡(Delaca) 提出了论域上任意模糊子集 $\underset{\sim}{A}$ 的模糊性用模糊度 $d(\underset{\sim}{A})$ 加以度量，它满足如下性质：

(1) 对于 $\forall x \in U$，当且仅当 $\mu_{\underset{\sim}{A}}(x)$ 只取 0 和 1 时，$d(\underset{\sim}{A}) = 0$，这条性质表明，一个普通集合是不模糊的，其模糊度为 0。

(2) 对于 $\forall x \in U$，恒有 $\mu_{\underset{\sim}{A}}(x) = 0.5$，$d(\underset{\sim}{A}) = 1$。因为 $\mu_{\underset{\sim}{A}^c}(x)$ 也为 0.5，$\underset{\sim}{A}$ 是最模糊的。就像人们购物时满意与不满意各占一半，处于买与不买的模棱两可之中。

(3) 若 $\forall x \in U$，$|\mu_{\underset{\sim}{A}}(x) - 0.5| \geqslant |\mu_{\underset{\sim}{B}}(x) - 0.5|$，则 $d(\underset{\sim}{A}) \leqslant d(\underset{\sim}{B})$。这表明，一个模糊集的隶属函数越靠近 0.5，越模糊，反之，越远离 0.5，就越清晰。

(4) $d(\underset{\sim}{A}) = d(\underset{\sim}{A}^c)$，其中 $\mu_{\underset{\sim}{A}^c}(x) = 1 - \mu_{\underset{\sim}{A}}(x)$。这表明一个模糊子集的模糊度与它补集的模糊度是相等的，因为 $|\mu_{\underset{\sim}{A}}(x) - 0.5| = |\mu_{\underset{\sim}{A}^c}(x) - 0.5|$。

(5) 若 $\underset{\sim}{A}$ 和 $\underset{\sim}{B}$ 是 U 上的两个模糊子集，则

$$d(\underset{\sim}{A} \cup \underset{\sim}{B}) + d(\underset{\sim}{A} \cap \underset{\sim}{B}) = d(\underset{\sim}{A}) + d(\underset{\sim}{B})$$

该式描述了任意两个模糊集 $\underset{\sim}{A}$、$\underset{\sim}{B}$ 进行交、并运算后，其模糊度之间的关系。

模糊度的描述方法通常采用模糊熵、各种距离和贴近度。

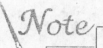

4.2　模糊熵

“熵”的概念最早来自热力学，在统计物理中用它来度量分子运动的无规则性，即一种不确定性。1928年，哈特利(Hartley)首次给出经典熵的概念，他用 $\ln k$ 来描述 k 个不同结局的试验的不确定性。后经香农(Shannon)修正了哈特利方法，被卡夫曼、德拉卡推广到模糊集熵，用以度量一个模糊集合所含有的模糊性的大小。

给定一个模糊集 $\underset{\sim}{A}$，其向量表示为 $\underset{\sim}{A}(\mu_{\underset{\sim}{A}}(x_1), \mu_{\underset{\sim}{A}}(x_2), \cdots \mu_{\underset{\sim}{A}}(x_n))$

令
$$\pi_{\underset{\sim}{A}}(x_i) = \mu_{\underset{\sim}{A}}(x_i) / \sum_{i=1}^{n} \mu_{\underset{\sim}{A}}(x_i) \tag{4-1}$$

卡夫曼则定义
$$H(\pi_{\underset{\sim}{A}}(x_1), \pi_{\underset{\sim}{A}}(x_2), \cdots, \pi_{\underset{\sim}{A}}(x_n)) = -\frac{1}{\ln n} \sum_{i=1}^{n} \pi_{\underset{\sim}{A}}(x_i) \ln(\pi_{\underset{\sim}{A}}(x_i)) \tag{4-2}$$
为模糊熵。

德拉卡则把模糊熵定义为
$$H(\underset{\sim}{A}) = k \cdot \sum_{i=1}^{n} S(\mu_{\underset{\sim}{A}}(x_i)) \tag{4-3}$$
其中
$$k = \frac{1}{n \ln 2} \tag{4-4}$$
$$S(x) = -x \ln x - (1 - x) \ln(1 - x) \tag{4-5}$$

模糊熵是对模糊集 $\underset{\sim}{A}$ 模糊性的一种早期度量方法，由于不理想，后来人们研究用“距离”和“贴近度”来度量两个模糊集之间的相似性。

4.3　模糊集之间相似性度量

两个模糊集之间的相似性，可以采用它们之间的“距离”来度量。“距离”用符号 d 或 D 表示，两个模糊集隶属函数曲线间的距离越小，相似程度就越大，反之亦然。

4.3.1　海明距离

距离中最简单的形式是两点 x、y 间的线性距离，用 $d(x, y)$ 来表示，也称海明(Hamming)距离。关于海明距离有下列3条公理成立：

(1) $d(x, y) = 0 \Longleftrightarrow x = y$

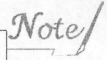

(2) $d(x,y) = d(y,x)$

(3) $d(x,y) \leqslant d(x,z) + d(z,y)$,其中 x、y、z 均为论域中的任意“点”。

设$\underset{\sim}{A}$、$\underset{\sim}{B}$ 是论域 U 上的两个模糊子集,$\underset{\sim}{A}$、$\underset{\sim}{B}$ 之间的海明距离定义为

$$d(\underset{\sim}{A},\underset{\sim}{B}) = \sum_{i=1}^{n} \mid \mu_{\underset{\sim}{A}}(x_i) - \mu_{\underset{\sim}{B}}(x_i) \mid \tag{4-6}$$

例 1　设论域 $U = \{x_1, x_2, x_3\}$ 上的两个模糊子集分别为

$$\underset{\sim}{A} = 0.2/x_1 + 0.6/x_2 + 1/x_3, \underset{\sim}{B} = 0.6/x_1 + 0.3/x_2 + 0.8/x_3$$

则

$$d(\underset{\sim}{A},\underset{\sim}{B}) = \sum_{i=1}^{3} \mid \mu_{\underset{\sim}{A}}(x_i) - \mu_{\underset{\sim}{B}}(x_i) \mid = \\ \mid 0.2 - 0.6 \mid + \mid 0.6 - 0.3 \mid + \mid 1 - 0.8 \mid = \\ 0.4 + 0.3 + 0.2 = 0.9$$

将(4-6) 式定义的距离称为**绝对海明距离**。实际应用中常采用**相对海明距离**,其定义为

$$\delta(\underset{\sim}{A},\underset{\sim}{B}) = \frac{1}{n} d(\underset{\sim}{A},\underset{\sim}{B}) = \frac{1}{n} \sum_{i=1}^{n} \mid \mu_{\underset{\sim}{A}}(x_i) - \mu_{\underset{\sim}{B}}(x_i) \mid \tag{4-7}$$

不难由例 1 得出相对海明距离

$$\delta(\underset{\sim}{A},\underset{\sim}{B}) = \frac{1}{3} \times 0.9 = 0.3$$

4.3.2　加权海明距离

用海明距离度量模糊性虽然简单,但由于它是线性距离存在不足之处。例如,尽管 3 个模糊子集有很大差别,但应用这种方法可以得出具有相同模糊度的结论。

在集合中各元素所处的地位与作用往往是不同的,考虑到各元素重要性不同,在计算海明距离时应给与适当的加权,于是便得到加权海明距离。

设$\underset{\sim}{A}$、$\underset{\sim}{B}$ 是有限论域 U 上的两个模糊子集,其隶属函数分别为 $\mu_{\underset{\sim}{A}}(x)$、$\mu_{\underset{\sim}{B}}(x)$,$\underset{\sim}{A}$、$\underset{\sim}{B}$ 间的**加权海明距离**定义为

$$d_w(\underset{\sim}{A},\underset{\sim}{B}) = \sum_{i=1}^{n} w(x_i) \mid \mu_{\underset{\sim}{A}}(x_i) - \mu_{\underset{\sim}{B}}(x_i) \mid \tag{4-8}$$

其中 $x_i \in U$,而$\underset{\sim}{A}$、$\underset{\sim}{B}$ 间的加权相对海明距离定义为

$$\delta_w(\underset{\sim}{A},\underset{\sim}{B}) = \frac{1}{n} \sum_{i=1}^{n} w(x_i) \mid \mu_{\underset{\sim}{A}}(x_i) - \mu_{\underset{\sim}{B}}(x_i) \mid \tag{4-9}$$

其中 $w(x_i)(i = 1,2,\cdots,n)$ 是加在 x_i 上的权系数,一般要求 $w(x_i)$ 满足下式

$$\frac{1}{n} \sum_{i=1}^{n} w(x_i) = 1 \tag{4-10}$$

例 2　设论域 $U = \{x_1, x_2, x_3, x_4, x_5\}$ 上的两个模糊子集分别为

$$\underset{\sim}{A} = 0.8/x_1 + 0.5/x_2 + 0.7/x_3 + 0.4/x_4 + 1/x_5$$

$$\underset{\sim}{B} = 0.2/x_1 + 0.6/x_2 + 0.7/x_3 + 0.1/x_4 + 0.4/x_5$$

对元素 x_1 到 x_5 的加权向量为 $w = (1,2,0.5,0.5,1)$，则加权绝对海明距离为

$$\begin{aligned} d_w(\underset{\sim}{A}, \underset{\sim}{B}) = & 1 \times | 0.8 - 0.2 | + 2 \times | 0.5 - 0.6 | + 0.5 \times | 0.7 - 0.7 | + \\ & 0.5 \times | 0.4 - 0.1 | + 1 \times | 1 - 0.4 | = \\ & 0.6 + 0.2 + 0.15 + 0.6 = 1.55 \end{aligned}$$

加权相对海明距离为

$$\delta_w(\underset{\sim}{A}, \underset{\sim}{B}) = \frac{1}{n} d_w(\underset{\sim}{A}, \underset{\sim}{B}) = \frac{1}{5} \times 1.55 = 0.31$$

例 3　有三眼被汞、铬、砷污染的水井，三眼井的评价集分别为

$$\underset{\sim}{A} = 0.6/x_1 + 0.6/x_2 + 0.5/x_3, \underset{\sim}{B} = 0.9/x_1 + 0.5/x_2 + 0.3/x_3$$

$\underset{\sim}{C} = 0.8/x_1 + 0.4/x_2 + 0.6/x_3$，权值分配为 $w = (1.5,0.7,0.8)$。现 A 井已在使用，由于需水量增大，需在 B、C 二井中选一水质与 A 相似的开采利用，试求选哪眼井合适。

解　求解这个问题，可通过加权海明距离公式计算 $\underset{\sim}{A}$ 与 $\underset{\sim}{B}$、$\underset{\sim}{C}$ 之间的相似性，即

$$\begin{aligned} d_w(\underset{\sim}{A}, \underset{\sim}{B}) = & 1.5 \times | 0.6 - 0.9 | + 0.7 \times | 0.6 - 0.5 | + 0.8 \times | 0.5 - 0.3 | = \\ & 0.45 + 0.07 + 0.016 = 0.68 \end{aligned}$$

$$\begin{aligned} d_w(\underset{\sim}{A}, \underset{\sim}{C}) = & 1.5 \times | 0.6 - 0.8 | + 0.7 \times | 0.6 - 0.4 | + 0.8 \times | 0.5 - 0.6 | = \\ & 0.3 + 0.14 + 0.08 = 0.52 \end{aligned}$$

因为 $d_w(\underset{\sim}{A}, \underset{\sim}{B}) > d_w(\underset{\sim}{A}, \underset{\sim}{C})$，所以 C 井质量状况与 A 井相近，应选 C 井开采利用合适。

4.3.3　欧几里得距离

欧几里得距离又称欧氏距离，也分为绝对欧氏距离和相对欧氏距离两种。

设 $\underset{\sim}{A}$、$\underset{\sim}{B}$ 为有限论域 U 上的两个模糊子集，其欧氏绝对距离定义为

$$e(\underset{\sim}{A}, \underset{\sim}{B}) = \sqrt{\sum_{i=1}^{n} [\mu_{\underset{\sim}{A}}(x_i) - \mu_{\underset{\sim}{B}}(x_i)]^2} \tag{4-11}$$

其中，$x_i \in U$。

欧氏相对距离用符号 $\varepsilon(\underset{\sim}{A}, \underset{\sim}{B})$ 表示，其被定义为

$$\varepsilon(\underset{\sim}{A}, \underset{\sim}{B}) = \frac{1}{\sqrt{n}} e(\underset{\sim}{A}, \underset{\sim}{B}) \tag{4-12}$$

即
$$\varepsilon(\underset{\sim}{A},\underset{\sim}{B}) = \sqrt{\frac{1}{n}\sum_{i=1}^{n}[\mu_{\underset{\sim}{A}}(x_i) - \mu_{\underset{\sim}{B}}(x_i)]^2} \tag{4-13}$$

4.4 贴近度

用距离来刻画一个模糊集的模糊度，需要做较烦的计算，往往也不十分理想，为弥补其不足，汪培庄教授提出用“贴近度”来度量模糊性。

设$\underset{\sim}{A}$、$\underset{\sim}{B}$是论域 U 上的两个模糊子集，它们的贴近度$(\underset{\sim}{A},\underset{\sim}{B})$定义为

$$(\underset{\sim}{A},\underset{\sim}{B}) = \frac{1}{2}[\underset{\sim}{A}\cdot\underset{\sim}{B} + (1 - \underset{\sim}{A}\odot\underset{\sim}{B})] \tag{4-14}$$

其中，$\underset{\sim}{A}\cdot\underset{\sim}{B}$与$\underset{\sim}{A}\odot\underset{\sim}{B}$分别表示$\underset{\sim}{A}$与$\underset{\sim}{B}$的内积与外积。

如果用两个向量$\underset{\sim}{a}$和$\underset{\sim}{b}$分别表示$\underset{\sim}{A}$、$\underset{\sim}{B}$模糊子集，由模糊向量内积可知当$\underset{\sim}{a}$与$\underset{\sim}{b}$相等时，它们内积 $a\circ b^{\mathrm{T}}$达到最大值，而外积 $a\odot b^{\mathrm{T}}$达到最小值，因此可用内积和外积，这两种形式度量$\underset{\sim}{A}$、$\underset{\sim}{B}$之间相近或相似程度。

下面以两位顾客到百货大楼买衣服为例，研究用不同方法进行计算，所得结果是有差异的。甲、乙两位顾客买衣服主要考虑三个因素：x_1是花色式样，x_2是耐穿程度，x_3是价格。甲、乙两人根据自己的观点，分别对这三个因素 x_1、x_2、x_3的满意程度“打分”，也就确定出对这个因素“满意”的隶属度，如表 4-1 所示。

表 4-1　甲、乙顾客对衣服不同因素确定的隶属度

	花色式样(x_1)	耐穿程度(x_2)	价　　格(x_3)
甲确定的隶属度	$\mu_{\underset{\sim}{A}}(x_1) = 0.8$	$\mu_{\underset{\sim}{A}}(x_2) = 0.4$	$\mu_{\underset{\sim}{A}}(x_3) = 0.7$
乙确定的隶属度	$\mu_{\underset{\sim}{B}}(x_1) = 0.6$	$\mu_{\underset{\sim}{B}}(x_2) = 0.6$	$\mu_{\underset{\sim}{B}}(x_3) = 0.5$

从表 4-1 可以得到两个模糊集

$$\underset{\sim}{A} = 0.8/x_1 + 0.4/x_2 + 0.7/x_3,\ \underset{\sim}{B} = 0.6/x_1 + 0.6/x_2 + 0.5/x_3$$

下面来求$\underset{\sim}{A}$、$\underset{\sim}{B}$两个模糊子集的贴近度

$$\begin{aligned}\underset{\sim}{A}\cdot\underset{\sim}{B} &= (0.8,0.4,0.7)\circ(0.6,0.6,0.5)^{\mathrm{T}} = \\ &(0.8\wedge 0.6)\vee(0.4\wedge 0.6)\vee(0.7\wedge 0.5) = \\ &0.6\vee 0.4\vee 0.5 = 0.6\end{aligned}$$

$$\begin{aligned}\underset{\sim}{A}\odot\underset{\sim}{B} &= (0.8\vee 0.6)\wedge(0.4\vee 0.6)\wedge(0.7\vee 0.5) = \\ &0.8\wedge 0.6\wedge 0.7 = 0.6\end{aligned}$$

可得

$$(\underset{\sim}{A},\underset{\sim}{B}) = \frac{1}{2}[\underset{\sim}{A}\cdot\underset{\sim}{B} + (1 - \underset{\sim}{A}\odot\underset{\sim}{B})] = \frac{1}{2}[(0.6) + (1 - 0.6)] = 0.5$$

表示$\underset{\sim}{A}$、$\underset{\sim}{B}$之间的贴近度不大不小。

关于贴近度的计算，还有海明贴近度 $N_H(\underset{\sim}{A},\underset{\sim}{B})$，定义为

$$N_H(\underset{\sim}{A},\underset{\sim}{B}) = 1 - \frac{1}{n}\sum_{i=1}^{n} \mid \mu_{\underset{\sim}{A}}(x_i) - \mu_{\underset{\sim}{B}}(x_i) \mid \tag{4-15}$$

欧几里得贴近度 $N_E(\underset{\sim}{A},\underset{\sim}{B})$ 定义为

$$N_E(\underset{\sim}{A},\underset{\sim}{B}) = 1 - \sqrt{\frac{1}{n}\sum_{i=1}^{n} [\mu_{\underset{\sim}{A}}(x_i) - \mu_{\underset{\sim}{B}}(x_i)]^2} \tag{4-16}$$

应该指出，对于给定的同一论域 U 内的两个模糊子集$\underset{\sim}{A}$、$\underset{\sim}{B}$之间的贴近度，与应用上述不同方法求出的贴近度是有差异的，因为度量模糊性十全十美的公式是不存在的，可根据实际需要和经验选取适当的方法。每种方法都是从一个侧面反映两个模糊子集的差异，要求全面考虑这个问题，可以从多方面考虑且对各个元素给与不同加权，这种方法称为“多维加权贴近度”，此处不详细讨论。

4.5　模糊立方体

一个模糊集在许多不同领域有多种表现形式。模糊集可以是一个模糊概念，如“热场”具有模糊的边界；模糊集可以是一个空间中的一个不分明的子集合，如云雾中的“高山”，具有模糊的边界；模糊集也可以是一个函数，将空间中的物体与[0,1]闭区间的数字建立映射关系，这种将模糊集合作为函数的观点，称为模糊集的代数观点。

将模糊集在一些空间中作为点，这是模糊集的几何观点。在上一章的 3.1.5 节中，我们研究了模糊逻辑函数运算在单位立方体中的几何解释，当模糊逻辑变量取二值逻辑运算时，其模糊逻辑函数的值均落在单位立方体的顶角上。

离散模糊集具有最简单的几何特性，它是模糊立方体 —— 单位超立方体中的一个点，立方体的每一边均为单位闭区间[0,1]。单位闭区间本身就形成最简单的模糊立方体，或一维立方体。单位正方形收集了 2 个对象的所有模糊子集，单位立方体收集了 3 个对象的所有模糊子集。一个模糊立方体包含了具有 n 个对象集合 X 的所有模糊子集，模糊集合充满其立方体。非模糊集位于立方体的顶角上，即 X 的 2^n 个二值子集位于 n 维立方体$[0,1]^n$ 的 2^n 个顶角上，只有在顶角上才遵守二值逻辑运算法则。

引进模糊立方体的概念后，可以方便地把一个离散模糊集作为超立方体中的一个点来对待。相加或计数是数学中最基本的运算，在模糊立方体中也为

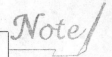

基本的运算形式。在信息论中模糊立方体还可以扩充其他运算和算法。通过单位立方体之间的映射可以定义最简单的模糊系统 $S: I^n \rightarrow I^p$，这些模糊系统将输入与输出模糊集连接起来，便于使"IF – THEN"规则通用化。因此，模糊立方体的概念对于模糊系统的研究具有重要意义。

4.6 子集度与子集定理

在经典集合中通过特征函数描述元素 x_i 属于还是不属于集合 A，当 $x_i \in A$，则记为 $\chi_A(x_i) = 1$，当 $x_i \bar{\in} A$，则 $\chi_A(x_i) = 0$；在模糊集中，论域内的元素 x_i 隶属于模糊集合 $\underset{\sim}{A}$ 的程度，用隶属度来表征。$\mu_{\underset{\sim}{A}}(x_i) = a_i$ 表示元素 x_i 隶属于模糊集合 $\underset{\sim}{A}$ 的程度为 a_i，a_i 在单位闭区间 $[0,1]$ 内取值。集合 A 为集合 B 子集的程度，或称集合 A 属于集合 B 的程度称为子集度 $S(A,B)$，即

$$S(A,B) = \text{Degree}(A \subset B) \tag{4-17}$$

其中集合 A 和 B 不一定为模糊集。对于模糊集合 $\underset{\sim}{A}$ 如果以隶属度 a_i 包含元素 x_i，则有 $S(\{x_i\}, \underset{\sim}{A}) = a_i$，即隶属度可归入子集度。

假设 X 为一有限集合空间 $X = \{x_1, x_2, \cdots, x_n\}$，则 X 的 2^n 个非模糊子集可映射至长度 n 的 2^n 个比特向量，这些映射依次与单位模糊立方体 I^n 的 2^n 个顶角相对应。这就相当于把一个模糊子集看做超立方体中的一个点，将 X 的模糊子集视为分量在 $[0,1]$ 闭区间内取值的 n 个向量。

模糊集合 $\underset{\sim}{A} = (a_1, a_2, \cdots, a_n)$ 的每一个向量元素都定义一个模糊单位，$\underset{\sim}{A}$ 则定义一个调和向量。集合函数 $A: X([0,1])$ 为有限空间定义了 n 个调和值 $a(x_1), a(x_2), \cdots, a(x_n)$，即给出了调和向量 $\underset{\sim}{A} = (a(x_1), a(x_2), \cdots, a(x_n))$，其中调和值 $a_i = a(x_i)$ 为元素 x_i 属于集合 $\underset{\sim}{A}$ 的程度，又称元素 x_i 与集合 $\underset{\sim}{A}$ 的调和度。这样一来，单位超立方体 I^n 内一个点就等同于一个模糊集合。模糊集填充 n 维立方体，形成一个连续超立方体 I^n。

单位立方体的中点为调和向量 $F = (1/2, 1/2, \cdots, 1/2)$，即每一个元素 x_i 属于 F 的程度与属于 F 补集 F^c 的程度相同。调和向量的运算仍运用 Zadhe 算子"∨，∧"。

对所有模糊集合 $\underset{\sim}{A}$ 存在 $\underset{\sim}{A} \cap \underset{\sim}{A}^c \neq \varnothing$，$\underset{\sim}{A} \cup \underset{\sim}{A}^c \neq X$。若 $\underset{\sim}{A}$ 和 $\underset{\sim}{B}$ 均为模糊集，当仅当对所有的 i，均有 $a_i \leqslant b_i$ 时，才有子集关系 $\underset{\sim}{A} \subset \underset{\sim}{B}$ 成立，记为 $S(\underset{\sim}{A}, \underset{\sim}{B}) = 1$。通过连接原点和点集 $\underset{\sim}{B}$ 的长对角线，集合 $\underset{\sim}{B}$ 的所有子集的全体在 I^n 内定义一个超矩形。

若 $S(\underset{\sim}{A}, \underset{\sim}{B}) = 1$ 成立，当且仅当 $\underset{\sim}{A}$ 位于该超矩形内或其上，A 属于 B 的模

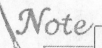

糊幂集：$A \in F(2^B)$。若 $S(\underset{\sim}{A},\underset{\sim}{B}) < 1$ 成立，当且仅当 $\underset{\sim}{A}$ 位于该超矩形之外，A 越靠近超矩形，则 $S(\underset{\sim}{A},\underset{\sim}{B})$ 值越大。最短距离在 A 和 B^* 之间，B^* 为以任意 l^p 测量距离最靠近 A 的 B 的全部子集。该距离给出了集合 A 在 $F(2^B)$ 上的 l^p"正交"投影，如图 4-1 所示。

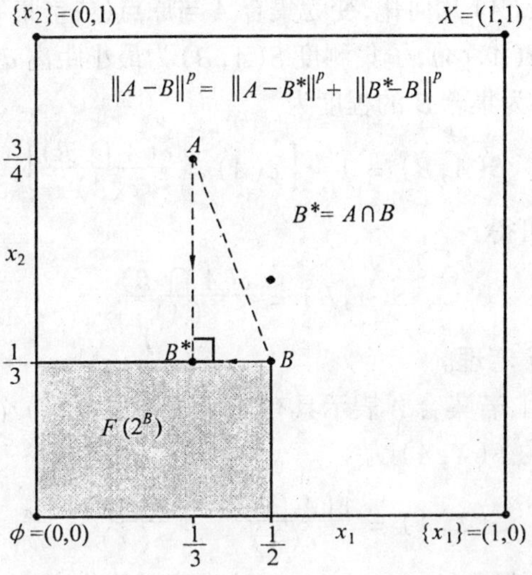

图 4-1　离散模糊集子集度定理的勾股几何

在模糊集和非模糊集中，子集度 S 被定义为二值算子，即 $S(A,B) = 0$ 或 1。对于多值子集度算子取值为 $0 < S(A,B) < 1$。

子集算子来源于对单值 l^p 扩展的 n 维勾股定理

$$\| A - B \|^p = \| A - B^* \|^p + \| B^* - B \|^p \tag{4-18}$$

其中 A、B 和 B^* 均为 n 维向量，$p \geqslant 1$，且有范数

$$\| A \|^p = \sum_{i=1}^{n} | a_i |^p \tag{4-19}$$

其中 a_i 为 A 的向量元素。

当 $p = 2$ 时，式(4-18)便退化为普通的勾股定理。当 $p > 1$ 时，仅存在 2^n 个集合 B^* 满足 $b_i^* = a_i$ 或 $b_i^* = b_i$。若 A、B 均为模糊集时，这 2^n 个集合 B^* 的选择就是指在单位超立方体 I^n 中可选择任意点作为原点（或空集）的方案有 2^n 个。

设 A 和 B 为有限空间 $X = \{x_1, x_2, \cdots, x_n\}$ 内的模糊集或非模糊集，均有 B^* 满足

$$B^* = A \cap B \tag{4-20}$$

假设用计数 $c(A)$ 把 A 表示为

$$c(A) = a_1 + a_2 + \cdots + a_n =$$
$$|a_1 - 0| + |a_2 - 0| + \cdots + |a_n - 0| = l'(\varnothing, A) \quad (4\text{-}21)$$

在图 4-1 中 $A = (1/3, 1/4)$，则可算出 $c(A) = 1/3 + 1/4 = 13/12$。式(4-21) 将计数 $c(A)$ 几何化，变为集合 A 与原点(或空集 $\varnothing$)之间的 l' 距离或模糊海明距离 $d(A, \varnothing)$，子集测度 $S(A,B)$ 为最小距离 $d(A, B^*)$。由图 4-1 不难看出，集合 A 为集合 B 的程度为

$$S(A,B) = 1 - \left[c(A) - \frac{c(A \cap B)}{c(A)}\right] \quad (4\text{-}22)$$

对式(4-22) 化简可得

$$S(A,B) = \frac{c(A \cap B)}{c(A)} \quad (4\text{-}23)$$

式(4-23) 称为子集定理。

子集定理表明，若集合 A 表示具有 n_a 个 1 和 $(n - n_a)$ 个 0 的比特向量，则“整体 - 部分”间的 $S(X,A)$ 为

$$S(X,A) = \frac{c(A \cap X)}{c(X)} = \frac{c(A)}{c(X)} = \frac{n_a}{n} \quad (4\text{-}24)$$

由子集定理可得 $S(\{x_i\}, A) = a_i$。这表明单值集合 $\{x_i\}$ 映射仅在第 i 个位置为 1，其余均为 0 的单位比特向量。所以有 $c(\{x_i\}) = 1$，$c(\{x_i\} \cap A) = a_i$，故 $S(\{x_i\}, A) = a_i$。

根据子集定理，对于图 4-1 给出的 $A = (1/3, 3/4)$，$B = (1/2, 1/3)$，则由式(4-23) 可求得

$$S(A,B) = \frac{c(A \cap B)}{c(A)} = \frac{c(a_1 \wedge b_1, a_2 \wedge b_2)}{c(a_1, a_2)} = \frac{a_1 + b_2}{a_1 + a_2} = \frac{1/3 + 1/3}{1/3 + 3/4} = \frac{8}{13}$$

而

$$S(B,A) = \frac{c(B \cap A)}{c(B)} = \frac{c(b_1 \wedge a_1, b_2 \wedge a_2)}{c(b_1, b_2)} = \frac{a_1 + b_2}{b_1 + b_2} = \frac{1/3 + 1/3}{1/2 + 1/3} = \frac{4}{5}$$

显然 $S(B,A) > S(A,B)$，故 B 为 A 的子集程度大于 A 为 B 子集的程度。

4.7　互子集度测度

互子集度用于测量两个模糊集相等或相似的程度，互子集度测度给出模糊集 $\underset{\sim}{A}$ 为模糊集 $\underset{\sim}{B}$ 的子集的程度。

设 $a: X \to [0,1]$，$b: X \to [0,1]$ 分别为模糊集 $\underset{\sim}{A}$、$\underset{\sim}{B}$ 的集合函数，若对所有

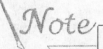

的 $x \in X$ 有 $a(x) = b(x)$，则称 $\underset{\sim}{A} = \underset{\sim}{B}$，即 $\underset{\sim}{A} \subseteq \underset{\sim}{B}$ 且 $B \subseteq A$；若对每一个 $x \in X$ 有 $a(x) \leqslant b(x)$，则 $\underset{\sim}{A} \subseteq \underset{\sim}{B}$。

若 $X = \{x_1, x_2, x_3\}$，模糊向量 $\boldsymbol{A} = (a_1, a_2, a_3) = (0.2, 0.7, 0.5)$，$\boldsymbol{B} = (b_1, b_2, b_3) = (0.5, 0.7, 0.9)$，则 $\boldsymbol{A} \neq \boldsymbol{B}$。若 $\boldsymbol{C} = (c_1, c_2, c_3) = (0.2, 0.6, 0.6)$，则仍有 $A \neq C$。但 A 比 B 更与 C 相似。

为了测量模糊集 A 与模糊集 B 相等的程度，定义 $E(A, B)$ 为互子集度测度

$$E(\underset{\sim}{A}, \underset{\sim}{B}) = \text{Degree}(\underset{\sim}{A} = \underset{\sim}{B}) = \text{Degree}(\underset{\sim}{A} \subseteq \underset{\sim}{B} \text{ 和 } \underset{\sim}{B} \subseteq \underset{\sim}{A}) \tag{4-17}$$

其中 $E(\underset{\sim}{A}, \underset{\sim}{B})$ 表示 $\underset{\sim}{A}$ 与 $\underset{\sim}{B}$ 相等测度，在 $[0,1]$ 内取值。如果 $E(\underset{\sim}{A}, \underset{\sim}{B})$ 取值大时，则表明 $\underset{\sim}{A}$ 更相似于 $\underset{\sim}{B}$；若 $\underset{\sim}{A} = \underset{\sim}{B}$ 则 $E(\underset{\sim}{A}, \underset{\sim}{B}) = 1$。

当 $\underset{\sim}{A}$ 与 $\underset{\sim}{B}$ 相等的程度越小，则表明 $\underset{\sim}{A}$ 与 $\underset{\sim}{B}$ 的差异越大。定义模糊集合 $\underset{\sim}{A}$ 与 $\underset{\sim}{B}$ 的差异度为

$$\text{Difference}(\underset{\sim}{A}, \underset{\sim}{B}) = 1 - E(\underset{\sim}{A}, \underset{\sim}{B}) \tag{4-18}$$

考虑到 X 内一元素 x，当 $a(x) > b(x)$ 及 $b(x) > a(x)$ 两种情况，并要归一化后式(4-18)可写为

$$\text{Difference}(A, B) = \frac{\sum_{x \in X} \max[0, a(x) - b(x)] + \sum_{x \in X} \max[0, b(x) - a(x)]}{c(A \cup B)} \tag{4-19}$$

由式(4-18)可得

$$E(A, B) = 1 - \frac{\sum_{x \in X} \max[0, a(x) - b(x)] + \sum_{x \in X} \max[0, b(x) - a(x)]}{c(A \cup B)} \tag{4-20}$$

其中 $c(A, B)$ 的计数提供累加求和的一个简单合适的归一化算子。式(4-20)等号右边项等于计数率

$$E(A, B) = c(A \cap B)/c(A \cup B) \tag{4-21}$$

互子集度测度也可以从几何推导得出。图 4-1 给出了模糊向量 $\boldsymbol{A}$ 和 $\boldsymbol{B}$ 作为点处理的几何结构。其中 $A = (a_1, a_2) = (2/3, 1/4)$，$B(b_1, b_2) = (1/3, 3/4)$。如果 $X = \{x_1, x_2, \cdots, x_n\}$，把集合作为点处理，即将模糊集表示为立方体 I^n 中的一个点。

图 4-1 中的立方体由两个元素 $\{x_1, x_2\}$ 的所有可能子集所组成。4 个角代表 $\{x_1, x_2\}$ 的二值幂集 2^x，从而成为 4 个非模糊集。图中显示了点 $A \cap B$ 和点 $A \cup B$，以及 A 和 B 的模糊幂集空间 $F(2^A)$ 和 $F(2^B)$。两个模糊幂集 $F(2^A)$ 和

$F(2^B)$ 之间存在惟一的勾股关系。集合 $A \cap B$ 为集合 A 和 B 分别向 $F(2^B)$ 和 $F(2^A)$ 的正交投影。

将模糊集合作为点处理使得两个模糊集合之间的“距离”概念更清晰，有助于从几何结构图中得到并发展互子集度测度。由图 4-1 可以看出，模糊集合 $\underset{\sim}{A}$ 与 $\underset{\sim}{B}$ 之间的海明距离根据式(4-18)广义勾股定理

$$d(A,B) = d(A,B^*) + d(B,A^*) \tag{4-22}$$

其中 $A^* = B^* = A \cap B$。

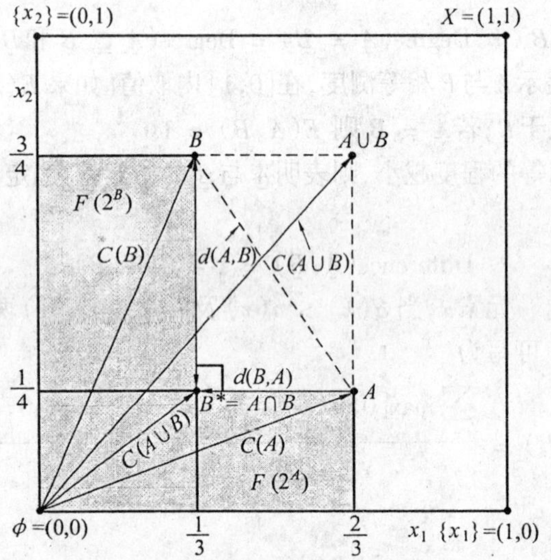

图 4-2　作为点处理的模糊集合 A、B、$A \cup B$ 及 $A \cap B$ 的几何结构

如图 4-2 所示，当 A、B 分别在 x_1、x_2 轴上时，A 和 B 之间可能最大距离为 $c(A \cup B)$。根据 A 和 B 之间的距离 $d(A,B)$ 及它们之间可能的最大距离 $c(A \cup B)$ 来定义互子集度测度为

$$E(A,B) = 1 - \frac{d(A,B)}{c(A \cup B)} = 1 - \frac{d(A,B^*) + d(B,A^*)}{c(A \cup B)} \tag{4-23}$$

由图 4-2 所知 $A^* = B^* = A \cap B$，且

$$d(A,B^*) = c(A) - c(A \cap B)$$

$$d(B,A^*) = c(B) - c(A \cap B) \tag{4-24}$$

将式(4-24)代入式(4-23)可得

$$E(A,B) = 1 - \frac{c(A) + c(B) - 2c(A \cap B)}{c(A \cup B)} \tag{4-25}$$

根据模方程有

$$c(A) + c(B) = c(A \cup B) + c(A \cap B) \tag{4-26}$$

将式(4-26) 代入式(4-25) 可得互子集度测度为

$$E(A,B)=\frac{c(A\cap B)}{c(A\cup B)} \tag{4-27}$$

互子集度测度与子集度测度之间有如下比率关系

$$E(A,B)=\frac{1}{\dfrac{1}{S(A,B)}+\dfrac{1}{S(B,A)}-1} \tag{4-28}$$

下面讨论互子集度测度的几种特殊情况：

(1) $E(A,B)=1$,当且仅当 $c(A\cap B)=c(A\cup B)$,即 $A=B$ 时成立,这意味着对所有 x,均有 $a(x)=b(x)$ 成立。

(2) $E(A,B)=0$,当且仅当 $c(A\cap B)=0$,A 与 B 根本无重叠,即 $A\cap B=\varnothing$ 成立。

(3) $E(A,B)=c(A)/c(B)<1$,当 $A\subset B$ 时成立。

$E(A,B)=c(B)/c(A)<1$,当 $A\supset B$ 时成立。

第5章 模糊决策

决策是根据已有的信息做出各种可能的推论、判断,并从中选择出最优方案。多数决策都是在模糊目标、模糊约束及模糊环境下进行的,这样的决策称为模糊决策。模糊决策涉及领域广、内容多,本章重点介绍模糊决策基本概念、基本思想,模糊排序,多目标模糊决策及多级模糊决策问题。

5.1 决策的概念

5.1.1 决策的定义

决策是人们在科学、技术、政治、军事、经济、社会乃至日常生活中,无论是领导者还是个人都普遍存在的一种行为。**通俗地说,决策就是决定的意思**,领导者在管理工作中的主要职责是决策,决策的正确与否关系到国家的兴亡、事业的成败以至于个人的命运。由于企业管理者的失策(决策失误),会使企业亏损甚至垮台;由于教练的失策,会导致虽具“优势”项目,却在比赛中败北。

在我们个人的日常生活中,早上起来后,穿什么衣服?需要带伞吗?诸如此类的许多琐碎事情都包含着决策过程。

决策是为了达到特定的目标,根据客观条件及可能性,在已获得的信息和取得经验的基础上,采用一定的科学理论、技术与方法,对影响目标的多种因素进行分析、计算和判断,在至少两种方案或多种方案中通过优选给出最后的决定。

关于决策还没有统一的定义,美国著名科学家 H·A·西蒙认为:“**管理就是决策**”,H·艾伯斯认为:“决策有狭义和广义之分。**狭义地说,进行决策是在几种行为方案中做出选择;广义地说,决策还包括做出最后抉择之间必须进行的一切活动。**”

5.1.2 决策因素及其模糊性

决策是由人做出的,因此作为决策系统中的人是决策的主体。决策必须至少有一个期望达到的目标,必须至少有两个可供选择的可行方案。一种方案是具有有限个明确方案,另一种是受约束条件限制,有不明确的方案。

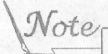

现考虑一个阴天的早上决策是否要带雨伞的问题。结果无非是有雨或无雨,因此,有带伞或不带伞两种选择。作决策时,可以像对待以往相似天气那样简单处理,也可像来自气象台的大规模气象分析那样复杂。不管根据那种信息,它们都带有一定程度的不确定性、模糊性。对于表现为随机性的不确定性,就要通过概率论加以研究,对于模糊性的信息,就要用模糊数学加以研究。

实际上,我们面临的多数决策都是在目标、约束以及一系列行动等没有准确的规定环境下进行的,它们都具有模糊特征。一切决策首先必须确定目标,然而要精确地描述某一目标往往极为困难,因此需要研究具有普遍意义的模糊目标问题。例如,"提高服务质量"作为目标,究竟在多大程度上达到了目标,其评价标准由决策者主观确定,利用模糊集合的隶属函数利于评价,便于选出最佳方案。

约束条件,在选择方案中也有两种:一种是严格的、绝不允许含糊的约束,如"温度绝对不允许超过 75℃";另一种则是弹性的"软"约束,如住房附带要求"交通方便"这样的条件,就是模糊约束。

决策时可供选择的方案称为策略,它是一个集合。对策略集合而言,不模糊的清晰的约束条件规定了一个经典子集,而模糊的或软的约束,则对应一个模糊子集。

5.1.3　模糊决策的基本思想

在决策过程中,可供选择的方案构成了一个策略集合,该集合中蕴含着要选定的目标。在需要决策时,各种环境条件往往存在着由随机性和模糊性导致的多种不确定因素。

当目标清晰时,这对决策的策略集合由能达成目标和不能达成目标的两个经典子集构成,界域分明。能达成目标的子集与能满足约束条件的子集的交集,便是最佳策略集。这种思想,可以推广用于解决具有模糊目标和模糊约束的决策问题。

设策略集为 $X = \{x\}$,能满足模糊目标的策略集为 $\underset{\sim}{G}$,满足模糊约束的策略集为 $\underset{\sim}{C}$,它们均为 X 的模糊子集。显然,理想策略 D 为 $\underset{\sim}{G}$ 与 $\underset{\sim}{C}$ 的交集,即

$$D = \underset{\sim}{G} \cap \underset{\sim}{C} \tag{5-1}$$

如图 5-1 所示。上述思想可推广到多个目标和多种约束的情况,则有

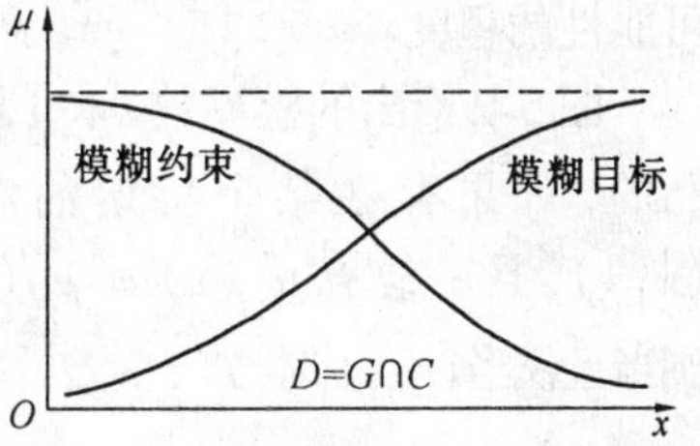

图 5-1

$$D = G_1 \cap G_2 \cap \cdots \cap G_n \cap C_1 \cap C_2 \cap \cdots \cap C_m \tag{5-2}$$

其中，$G_1, G_2, \cdots, G_n$ 与 $C_1, C_2, \cdots, C_m$ 分别为模糊目标和模糊约束。

由上述定义不难看出，目标与约束对于决策而言其作用是相同的。

将隶属函数 μ_D 为最大值的理想策略称为最大化策略 D^{M}，表示为

$$D^{\mathrm{M}} = \{x_0 \in X \mid \mu_D(x_0) = \max \mu_D(x)\} \tag{5-3}$$

因为模糊目标和模糊约束对于决策的本质作用是相同的，所以模糊目标和模糊约束都作为策略集 X 上的模糊子集来处理。但严格地讲，模糊目标应视为策略实行结果的集合 $T = \{y\}$ 上的模糊子集，即从策略到结果的映射 f 为

$$f: X \to T \tag{5-4}$$

其中，$x \in X, f(x) \in T$。

在考虑 x 对目标 G 的隶属函数时，实际上考虑的是 $f(x)$ 对 G 的隶属函数，于是，式(5-2)也可化作隶属函数形式

$$\mu_D(x) = \mu_{G_1}[f(x)] \wedge \mu_{G_2}[f(x)] \wedge \cdots \wedge \mu_{G_n}[f(x)] \wedge \\ \mu_{C_1}(x) \wedge \mu_{C_2}(x) \wedge \cdots \wedge \mu_{C_m}(x) \tag{5-5}$$

5.2　模糊排序

决策有时是根据序列或有序序列的排序给出最好、好、较好、中等、差等结果。对于不确定的模糊情况，排序结果也具有模糊性。

为讨论排序中的模糊性问题，不妨假定两个模糊数 $\underset{\sim}{I}$ 和 $\underset{\sim}{J}$ 的隶属函数，如图 5-2 所示。根据扩展原理计算模糊判断“模糊数 $\underset{\sim}{I}$ 大于模糊数 $\underset{\sim}{J}$”的真值为

$$T(\underset{\sim}{I} \geqslant \underset{\sim}{J}) = \sup_{(x \geqslant y)} \min(\mu_{\underset{\sim}{I}}(x), \mu_{\underset{\sim}{J}}(y)) \tag{5-6}$$

式(5-6)是基于扩展定理对不等式 $x \geqslant y$ 的扩展，它在一定意义上表示可能性的程度。

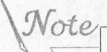

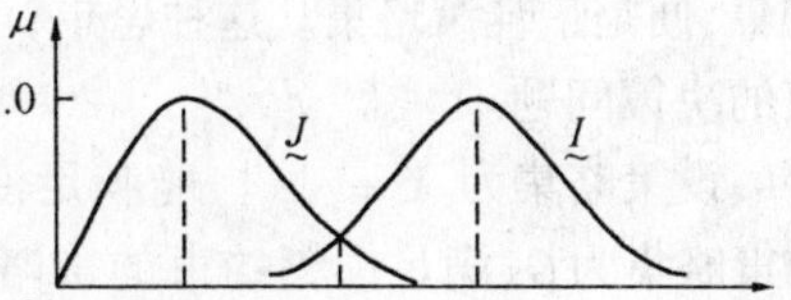

图 5-2　两个模糊数 $\underset{\sim}{I}$ 与 $\underset{\sim}{J}$ 构成的模糊集

图 5-2 给出的模糊数 $\underset{\sim}{I}$ 和 $\underset{\sim}{J}$ 均为凸的，如果存在某个特定的序对 (x, y)，且 $x \geqslant y, \mu_{\underset{\sim}{I}}(x) = \mu_{\underset{\sim}{J}}(y)$，则当且仅当 $I \geqslant J$ 时，$T(\underset{\sim}{I} \geqslant \underset{\sim}{J}) = 1$。

$$T(\underset{\sim}{J} \geqslant \underset{\sim}{I}) = 高度(\underset{\sim}{I} \cap \underset{\sim}{J}) = \mu_{\underset{\sim}{I}}(d) = \mu_{\underset{\sim}{J}}(d) \tag{5-7}$$

其中 d 是模糊数 $\underset{\sim}{I}$ 与 $\underset{\sim}{J}$ 的最大交点位置。

一般情况，假设有 k 个模糊集 $\underset{\sim}{I}_1,\underset{\sim}{I}_2,\cdots,\underset{\sim}{I}_k$，则一个特定的有序排序的真值由下式确定

$$T(\underset{\sim}{I}\geqslant\underset{\sim}{I}_1,\underset{\sim}{I}_2,\cdots,\underset{\sim}{I}_k)=T(\underset{\sim}{I}\geqslant\underset{\sim}{I}_1)\text{ 和 }T(\underset{\sim}{I}\geqslant\underset{\sim}{I}_2)\text{ 和 }\cdots\text{ 和 }T(\underset{\sim}{I}\geqslant\underset{\sim}{I}_k) \tag{5-8}$$

例 1　设有 3 个模糊集分别为

$$\underset{\sim}{I}_1=1/3+0.8/7,\ \underset{\sim}{I}_2=0.7/4+1.0/6,\ \underset{\sim}{I}_3=0.8/2+1/4+0.5/8$$

可以估计不等式 $\underset{\sim}{I}_1\geqslant\underset{\sim}{I}_2$ 的真值为

$$\begin{aligned}T(\underset{\sim}{I}_1\geqslant\underset{\sim}{I}_2)=&\max_{x_1\geqslant x_2}\{\min[\mu_{\underset{\sim}{I}_1}(x_1),\mu_{\underset{\sim}{I}_2}(x_2)]\}=\\&\max\{\min[\mu_{\underset{\sim}{I}_1}(7),\mu_{\underset{\sim}{I}_2}(4)],\min[\mu_{\underset{\sim}{I}_1}(7),\mu_{\underset{\sim}{I}_2}(6)]\}=\\&\max\{\min(0.8,0.7),\min(0.8,1.0)\}=0.8\end{aligned}$$

同理，可求得

$$T(\underset{\sim}{I}_1\geqslant\underset{\sim}{I}_3)=0.8,\ T(\underset{\sim}{I}_2\geqslant\underset{\sim}{I}_1)=1.0$$
$$T(\underset{\sim}{I}_2\geqslant\underset{\sim}{I}_3)=1.0,\ T(\underset{\sim}{I}_3\geqslant\underset{\sim}{I}_1)=1.0$$
$$T(\underset{\sim}{I}_3\geqslant\underset{\sim}{I}_2)=0.7$$

根据式(5-8) 可求得

$$\begin{aligned}T(\underset{\sim}{I}_1\geqslant\underset{\sim}{I}_2,\underset{\sim}{I}_3)=&\min\{T(\underset{\sim}{I}_1\geqslant\underset{\sim}{I}_2),T(\underset{\sim}{I}_1\geqslant\underset{\sim}{I}_3)\}=\\&\min\{0.8,0.8\}=0.8\end{aligned}$$
$$T(\underset{\sim}{I}_2\geqslant\underset{\sim}{I}_1,\underset{\sim}{I}_3)=\min\{1.0,1.0\}=1.0$$
$$T(\underset{\sim}{I}_3\geqslant\underset{\sim}{I}_1,\underset{\sim}{I}_2)=\min\{1.0,0.7\}=0.7$$

显然，对上述 3 个模糊集真值从大到小的排序依次为 $\underset{\sim}{I}_2,\underset{\sim}{I}_1,\underset{\sim}{I}_3$。

对于比较那些模糊对象时，可以碰到同经典排序概念和排序的传递性相矛盾的情形。为适应这种非传递性的排序形式，通过引入一个特定的相关性概念，定义相对函数加以研究。

5.3　多目标模糊决策

5.3.1　多目标决策基本思想

在工程、技术、经济等领域，往往存在着带有模糊性的多个目标，例如要求地铁列车运行最低能耗，最小运行时间及乘坐最舒适等。这种决策问题称为多目标模糊决策。所有的目标不一定同等重要，根据不同重要程度给予不同的加权。由于目标的性质不同，可将它们换算为一个统一的尺度，便于用模糊集合

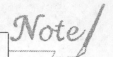

加以处理。

设 x_0 为理想策略，X 为策略集，则 $x_0 \in X$ 满足

$$\sum_{j=1}^{n} \mu_{G_j}(x_0) W_j = \max_{x_i \in X} \sum_{j=1}^{n} \mu_{G_j}(x_i) \cdot W_j \tag{5-9}$$

其中 n 为模糊目标集个数，G_j 表示第 j 个模糊目标，它为一个模糊子集，W_j 为对第 j 个模糊目标的加权。

为了能选择出最好的策略，一方面能满足式(5-9)，另一方面又要慎重考虑该策略可能发生的不良后果。于是，当 $x_i \in X$，使

$$\sum_{j=1}^{m} \mu_{B_j}(x_i) W_j P_j = \min_{x_i \in X} \sum_{j=1}^{m} \mu_{B_j}(x_i) W_j P_j \tag{5-10}$$

式中 x_i 是单从预防不良后果来考虑的理想策略，m 是不良后果数，B_j 表示第 j 个不良后果，也是一个模糊子集。W_j 为权重，P_j 为该项不良后果可能发生的概率。

为了选择出最好的策略，应该综合考虑效益高且不良后果小的策略，为此定义综合评价函数 $\underset{\sim}{Q}$ 为

$$\underset{\sim}{Q}(x_j) = \lambda \sum_{j=1}^{n} \mu_{G_j}(x_i) W_j - (1-\lambda) \sum_{j=1}^{m} \mu_{B_j}(x_i) W_j P_j \tag{5-11}$$

若存在 $x^* \in X$，满足

$$\underset{\sim}{Q}(x^*) = \max_{x_j \in X} \underset{\sim}{Q}(x_i) \tag{5-12}$$

式中 x^* 称为最佳策略，λ 为对功效与不良后果的平衡权，且 $\lambda \in [0,1]$。λ 值的大小反映了在决策中要看重功效或是不良后果的程度。

5.3.2　多目标模糊决策计算方法

如果我们要设计一台新计算机，同时要求做到成本最低、CPU 功能最完善、RAM 最大、可靠性最高，并假定四个目标中成本最重要，其余三个次之，但三者的权值与成本相同。这是一个典型的多目标决策问题。下面介绍 Yager 提出的基于有关选择排序和重要性权重次序信息的多目标决策计算方法。

设有 n 个方案的集合 $A = \{a_1, a_2, \cdots, a_n\}$，$r$ 个目标集合 $O = \{O_1, O_2, \cdots, O_r\}$。令 O_i 表示第 i 个目标，方案 a 在 O_i 中的隶属度记为 $\mu_{O_i}(a)$，它表示了方案 a 满足此目标特定准则的程度。决策问题是寻求同时满足所有决策目标的函数。因此，决策函数 D 应是全部目标集合的交集

$$D = O_1 \cap O_2 \cap \cdots \cap O_r \tag{5-13}$$

决策函数 D 对每个方案 a 的隶属程度为

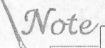

$$\mu_D(a) = \min[\mu_{O_1}(a), \mu_{O_2}(a), \cdots, \mu_{O_r}(a)] \tag{5-14}$$

最理想的决策 a^* 是满足下式的方案

$$\mu_D(a^*) = \max_{a \in A}[\mu_D(a)] \tag{5-15}$$

定义“选择”的集合$\{P\}$,限定其为线性、有序的,令参数 b_i 包含于“选择”集合$\{P\}$中,$i = 1,2,\cdots,r$。因此,对于给定的决策,能够反映出每个目标对决策者的重要程度。

当考虑目标对决策者重要性的加权值时,决策函数 D 具有 r 元组交的一般形式为

$$D = M(O_1, b_1) \cap M(O_2, b_2) \cap \cdots \cap M(O_i, b_i) \cap \cdots \cap M(O_r, b_r) \tag{5-16}$$

其中 $M(O_i, b_i)$ 为含有目标 O_i 和选择 b_i 的决策测度。

可以证明对于特定策略 a 的决策测度可用经典蕴涵算子替代,即

$$M(O_i(a), b_i) = b_i \rightarrow O_i(a) = \overline{b_i} \vee O_i(a) \tag{5-17}$$

最优解 a^* 应是使 D 最大的方案,若定义

$$D = \bigcap_{i=1}^{r} C_i = \bigcap_{i=1}^{r}(\overline{b_i} \cup O_i) \tag{5-18}$$

于是

$$\mu_{C_i}(a) = \max[\mu_{\overline{b}_i}(a), \mu_{O_i}(a)] \tag{5-19}$$

则以隶属函数形式给出的最优解为

$$\mu_D(a^*) = \max_{a \in A}[\min\{\mu_{C_1}(a), \mu_{C_2}(a), \cdots, \mu_{C_r}(a)\}] \tag{5-20}$$

上述模型的决策过程是这样的:随着第 i 个目标在最后决策中变得更加重要,对其加权 b_i 增大,使得$\overline{b_i}$减小,进而导致 $C_i(a)$ 减小,并因此增大似然性,即 $C_i(a) = O_i(a)$,其中 $O_i(a)$ 为表示策略 a 的决策函数D的数值,可由式(5-18)求得。当对另外方案 a 重复这一过程时,式(5-20)表明其他方案的最大值 $O_i(a)$ 最终将产生最优解 a^* 的“选择”。

Yager 指出对于某特定目标来讲,其重要性(选择)的“否定”作用如同栅栏一样,忽略低于栅栏的所有等级而保留高于栅栏的等级。但上述给出的决策模型中的界线是依赖于目标对决策的重要性而变化的。目标越重要,界线就越低,这样就增加了存在的等级。随着目标变得不太重要,等级界线增大,目标作用减弱,在极限情况下,目标变得完全不重要,界限达到最高,所有策略方案变得权重相同而无差别;相反,若目标变得最重要,则保留所有的差别。不难看出,在决策过程中目标越重要,其对决策函数 D 的影响就越大。

下面作为一类特殊决策过程,考虑存在两个或多个有数值关联方案的情况。设 x 和 y 两个方案关联,它们各自的决策数值相等,即

$$D(x) = D(y) = \max_{a \in A}[D(a)] \tag{5-21}$$

其中 $x = y = a$。

由于 $D(a) = \min[C_i(a)]$,则存在某一方案 k,满足 $C_k(x) = D(x)$;同时也存在另一方案 g,满足 $C_g(y) = D(y)$,不妨设

$$\hat{D}(x) = \min_{i \neq k}[C_i(x)], \hat{D}(y) = \min_{i \neq g}[C_i(y)] \tag{5-22}$$

比较 $\hat{D}(x)$ 与 $\hat{D}(y)$ 的大小,取其大者的方案为最优方案。如果二者仍相关联,即 $\hat{D}(x) = \hat{D}(y)$,则必存在另外两个方案 j 和 h,使得 $\hat{D}(x) = C_j(x) = \hat{D}(y) = C_h(y)$,同样再计算得

$$\hat{\hat{D}}(x) = \min_{i \neq k,j}[C_i(x)], \hat{\hat{D}}(y) = \min_{i \neq g,h}[C_i(y)] \tag{5-23}$$

然后,再比较 $\hat{\hat{D}}(x)$ 与 $\hat{\hat{D}}(y)$,以此类推,直到消除关联为止。

例2 某建筑工程师施工期间选择防护墙设计方案有3个:(1) 路基墙 a_1;(2) 混凝土墙 a_2;(3) 土石筐墙 a_3。决策者定义了4个决策目标:(1) 墙的费用 O_1;(2) 墙的可维护性 O_2;(3) 设计是否标准 O_3;(4) 墙对环境影响 O_4。

工程师对这些目标在单位区间上根据选择排序,于是问题可以表示如下:

策略集 $A = \{a_1, a_2, a_3\}$

目标集 $O = \{O_1, O_2, O_3, O_4\}$

权向量 $P = \{b_1, b_2, b_3, b_4\} \to [0,1]$

根据设计经验,工程师对防护墙根据目标进行评估,用模糊集表示如下

$$\underset{\sim}{O}_1 = 0.4/a_1 + 1/a_2 + 0.1/a_3$$

$$\underset{\sim}{O}_2 = 0.7/a_1 + 0.8/a_2 + 0.4/a_3$$

$$\underset{\sim}{O}_3 = 0.2/a_1 + 0.4/a_2 + 1/a_3$$

$$\underset{\sim}{O}_4 = 1/a_1 + 0.5/a_2 + 0.5/a_3$$

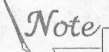

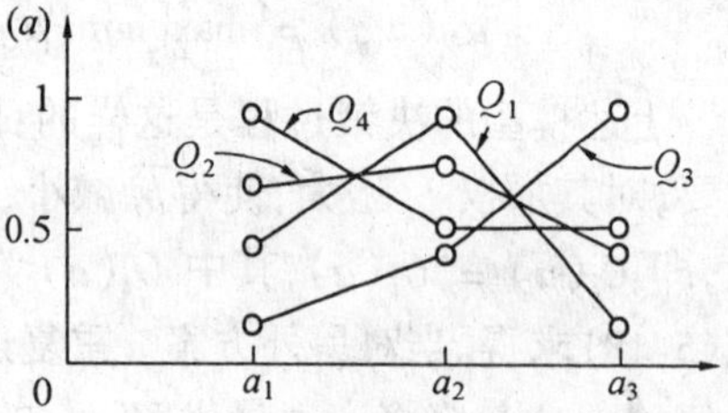

图5-3 每个方案的隶属函数

上述4个方案对目标集的隶属函数如图5-3所示。

建筑工程的所有者对4个目标给出他的第一个方案,如图5-4所示。根据这些选择值,可计算出如下结果。

$b_1 = 0.8$ $b_2 = 0.9$ $b_3 = 0.7$ $b_4 = 0.5$

$\overline{b_1} = 0.2$ $\overline{b_2} = 0.1$ $\overline{b_3} = 0.3$ $\overline{b_4} = 0.5$

最优解 a^* 应使 D 最大的方案,根据式(5-18)可求得

$$D(a_1) = (\overline{b_1} \cup O_1) \cap (\overline{b_2} \cup O_2) \cap (\overline{b_3} \cup O_3) \cap (\overline{b_4} \cup O_4) =$$

$$(0.2 \vee 0.4) \wedge (0.1 \vee 0.7) \wedge (0.3 \vee 0.2) \wedge (0.5 \vee 1) =$$

$$0.4 \wedge 0.7 \wedge 0.3 \wedge 1 = 0.3$$

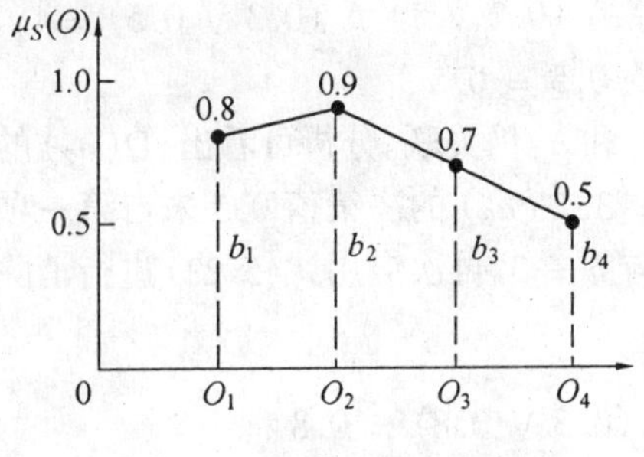

图 5-4　方案 1 中的"隶属函数"

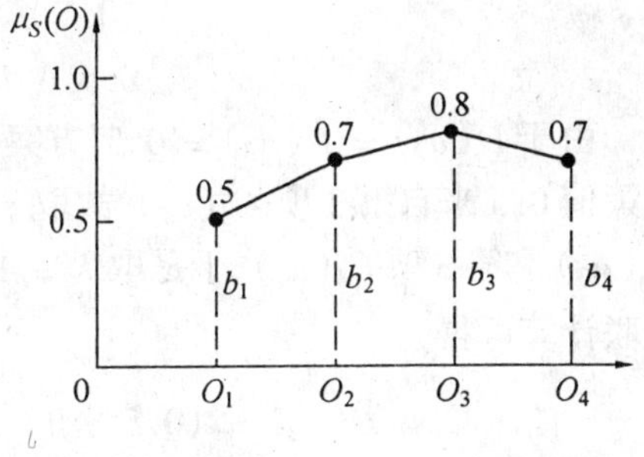

图 5-5　方案 2 中的"隶属函数"

同理求得　$D(a_2) = 0.4, D(a_3) = 0.2$

$$D^* = \max\{D(a_1), D(a_2), D(a_3)\} = \max\{0.3, 0.4, 0.2\} = 0.4$$

在选择第一种情况下，工程师选择第二个方案 a_2，即混凝土墙作为其设计的防护墙。

在第二种情况下，所有者给工程师一个不同的选择集，如图 5-5 所示。类似第一种情况，同样可计算出如下结果

$$b_1 = 0.5 \quad b_2 = 0.7 \quad b_3 = 0.8 \quad b_4 = 0.7$$

$$\overline{b_1} = 0.5 \quad \overline{b_2} = 0.3 \quad \overline{b_3} = 0.2 \quad \overline{b_4} = 0.3$$

$$D(a_1) = (\overline{b_1} \cup O_1) \cap (\overline{b_2} \cup O_2) \cap (\overline{b_3} \cup O_3) \cap (\overline{b_4} \cup O_4) =$$
$$(0.5 \vee 0.4) \wedge (0.3 \vee 0.7) \wedge (0.2 \vee 0.2) \wedge (0.3 \vee 1) =$$
$$0.5 \wedge 0.7 \wedge 0.2 \wedge 1 = 0.2$$

$$D(a_2) = (0.5 \vee 1) \wedge (0.3 \vee 0.8) \wedge (0.2 \vee 0.4) \wedge (0.3 \vee 0.5) =$$
$$1 \wedge 0.8 \wedge 0.4 \wedge 0.5 = 0.4$$

$$D(a_3) = (0.5 \vee 1) \wedge (0.3 \vee 0.4) \wedge (0.2 \vee 1) \wedge (0.3 \vee 0.3) =$$
$$0.5 \wedge 0.4 \wedge 1 \wedge 0.5 = 0.4$$

因此，$D^* = \max\{D(a_1), D(a_2), D(a_3)\} = \max\{0.2, 0.4, 0.4\} = 0.4$，由于 $D(a_2) = D(a_3)$，导致 a_2 与 a_3 之间存在关联，注意到 $D(a_2)$ 的决策值 0.4 来自第 3 项，即 $C_3(a_2)$，式(5-22)中 $k = 3$，同时 $D(a_3)$ 的决策值来自第 2 项，即 $C_2(a_3)$，式(5-22)中，相应 $g = 2$。应用式(5-22)可以消除关联，其计算过程如下

$$\hat{D}(a_2) = \min_{i \neq 3}[C_i(a_2)] = (\overline{b_1} \cup O_1) \cap (\overline{b_2} \cup O_2) \cap (\overline{b_4} \cup O_4) =$$
$$(0.5 \vee 1) \wedge (0.3 \vee 0.8) \wedge (0.3 \vee 0.5) =$$
$$1 \wedge 0.8 \wedge 0.5 = 0.5$$

$$\hat{D}(a_3) = \min_{i \neq 2}[C_i(a_3)] = (\overline{b_1} \cup O_1) \cap (\overline{b_3} \cup O_3) \cap (\overline{b_4} \cup O_4) = (0.5 \vee 1) \wedge (0.2 \vee 1) \wedge (0.3 \vee 0.5) = 0.5 \wedge 1 \wedge 0.5 = 0.5$$

由于 $\hat{D}(a_2) = \hat{D}(a_3) = 0.5$，方案 a_2 和 a_3 仍关联。分析可看出，$\hat{D}(a_2)$ 的决策值 0.5 来自第 3 项 $C_3(a_2)$，故取 $j = 3$；$\hat{D}(a_3)$ 的决策值 0.5 来自第一项 $C_1(a_3)$ 和第 3 项 $C_3(a_3)$，于是取 $h = 1$ 与 $h = 3$。再次应用式(5-23)进行消除关联计算可得

$$\hat{\hat{D}}(a_2) = (0.5 \vee 1) \wedge (0.3 \vee 0.8) = 0.8$$

$$\hat{\hat{D}}(a_3) = 0.2 \vee 1 = 1$$

故得 $D^* = \max\{\hat{\hat{D}}(a_2), \hat{\hat{D}}(a_3)\} = 0.8 \vee 1 = 1$，于是，在选择情况 2 中工程师选择防护墙 a_3，即土石筐垒成的墙作为最后方案。

5.4　多级模糊决策

一项决策有时要经历几个不同阶段，这样的决策被称为多级决策。在多级决策过程中，最初的决定一旦失误，便会对后面的各阶段产生致命的影响。因此，做多级决策时必须从全局出发，从最后一级逆推而上，逐级考虑。

5.4.1　多级模糊决策的动态规划方法

考虑一个离散时间系统，在 t 时刻系统的状态为 x_t，$t = 0,1,\cdots,N$，x_t 为状态空间 $S = \{S_1, S_2, \cdots, S_n\}$ 的某个值。u_t 为时刻 t 系统的输入，u_t 为输入空间 $U = \{\alpha_1, \alpha_2, \cdots, \alpha_m\}$ 的某个值。该系统各时刻的状态是由转换函数 $x_{t+1} = f(x_t, u_t)$ 依次加以确定的。如果 f 是模糊函数，该系统 $t+1$ 时刻状态 x_{t+1} 通过 x_t 和 u_t 所附带条件的模糊集合表示。

在多级模糊决策过程中，设最终时刻满足模糊目标的策略集用 G_N 表示，模糊目标是通过最终时刻 N 的系统状态来评价的，其隶属函数为 $\mu_{G_N}(x_N)$。输入 u_t 是通过与空间相关的模糊约束 C_t 来制约的。

假定系统从初始状态 x_0 出发，相对于输入序列 $u_0, u_1, \cdots, u_{N-1}$ 的决策 D 就成为 $U \times U \times \cdots \times U$ 上的模糊子集，其隶属函数为

$$\mu_D(u_0, u_1, \cdots, u_{N-1}) = \mu_{C_0}(u_0) \wedge \mu_{C_1}(u_1) \wedge \cdots \wedge \mu_{C_{N-1}}(u_{N-1}) \wedge \mu_{G_N}(x_N) \tag{5-24}$$

系统的最终状态 x_N 由转换函数 $x_t = f(x_{t-1}, u_{t-1})$，$t = 1,2,\cdots,N$，加以确

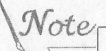

定。

考虑目标最大化决策时，就要找到使隶属函数 μ_D 最大的输入序列 $u_0,u_1,\cdots,u_{N-1}$。如果存在一个输入序列为 $u_0^M,u_1^M,\cdots,u_{N-1}^M$ 满足

$$u_D(u_0^M,u_1^M,\cdots,u_{N-1}^M) = \max_{u_0,u_1,\cdots,u_{N-1}\in U}\{\mu_{C_0}(u_0)\wedge\mu_{C_1}(u_1)\wedge\cdots\wedge \mu_{C_{N-1}}(u_{N-1})\wedge\mu_{G_N}(x_N)\} \tag{5-25}$$

作为多级决策的一种方法是采用最适用原理建立基本关系式，所谓最适用原理是指贯穿全过程的最佳决策，不管其最初状态和当时的决策如何，只要为以后阶段做了考虑的话，它就是最佳决策。

将式(5-25) 通过应用最适用原理就某一时刻向后列出关系式表示为

$$\begin{aligned} u_D(u_0^M,u_1^M,\cdots,u_{N-1}^M) = {} & \max_{u_0,u_1,\cdots,u_{N-2}\in U}\ \max_{u_{N-1}\in U}\{\mu_{C_0}(u_0)\wedge\mu_{C_1}(u_1)\wedge\cdots\wedge \\ & \mu_{C_{N-1}}(u_{N-1})\wedge\mu_{C_N}(u_N)\} = \\ & \max_{u_0,u_1,\cdots,u_{N-1}\in U}[\{\mu_{C_0}(u_0)\wedge\mu_{C_1}(u_1)\wedge\cdots\wedge \\ & \mu_{C_{N-2}}\}(u_{N-2})\wedge\max_{u_{N-1}\in U}\{\mu_{C_{N-1}}(u_{N-1})\wedge \\ & \mu_{C_N}[f(x_{N-1},u_{N-1})]\}] \end{aligned} \tag{5-26}$$

在式(5-26) 中，可以分为与 u_{N-1} 无关的部分

$$\mu_{C_0}(u_0)\wedge\mu_{C_1}(u_1)\wedge\cdots\wedge\mu_{C_{N-2}}(u_{N-2})$$

和与 u_{N-1} 有关的部分

$$\mu_{N-1}(u_{N-1})\wedge\mu_{G_N}(x_N)$$

按顺序取出最大，应用最适用原理进一步取下列形式

$$\mu_{G_{N-1}}(u_{N-1}) = \max_{u_{N-1}\in U}\{\mu_{G_{N-1}}(u_{N-1})\wedge\mu_{G_N}(f(x_{N-1},u_{N-1}))\} \tag{5-27}$$

那么可表示为

$$\mu_D(u_0^M,u_1^M,\cdots,u_{N-1}^M) = \max_{u_0,u_1,\cdots,u_{N-1}\in U}\{\mu_{C_0}(u_0)\wedge\mu_{C_1}(u_1)\wedge\cdots\wedge \mu_{C_{N-2}}(u_{N-2})\wedge\mu_{C_{N-1}}(u_{N-1})\} \tag{5-28}$$

类似地再逐渐向上递推可得

$$\mu_D(u_0^M,u_1^M,\cdots,u_{N-1}^M) = \max_{u_0,u_1,\cdots,u_{N-3}\in U}\{\mu_{C_0}(u_0)\wedge\mu_{C_1}(u_1)\wedge\cdots\wedge \mu_{C_{N-3}}(u_{N-3})\wedge\mu_{C_{N-2}}(u_{N-2})\} \tag{5-29}$$

作为一般形式可写为

$$\mu_{G_{N-1}}(x_{N-1}) = \max_{u_{N-1}\in U}\{\mu_{C_{N-1}(u_{N-i})}\wedge\mu_{G_{N-i+1}}(x_{N-i+1})\}$$

其中　$x_{N-i+1} = f(x_{N-i},u_{n-i}),\ i = 1,2,\cdots,N$　(5-30)

应用上式按顺序向上递推下式，若能求得

$$\mu_{G_{N-1}}(x_{N-1}),\mu_{G_{N-1}}(x_{N-1}),\cdots,\mu_{G_N}(x_0)$$

则最后变为

$$\mu_{G_0}(x_0),\mu_D(u_0^M,u_1^M,\cdots,u_{N-1}^M)$$

再用关系式

$$\mu_{G_{N-i}}(x_{N-1}) = \max_{u_{N-i}\in U}\{\mu_{C_{N-i}}(u_{N-i}) \wedge \mu_{G_{N-i+1}}(x_{N-i+1})\} \tag{5-31}$$

设求得的最大值输入 u_{N-i}，则

$$u_{N-i}^M = \pi_{N-i}(x_{N-i}) \quad i = 1,2,\cdots,N \tag{5-32}$$

其中 π_{N-i} 称为策略函数。如果 $N-i$ 时刻的状态为 x_{N-i}，此时输入取 u_{N-i}^M，则可获得最大化决策。

5.4.2　多级模糊决策举例

现举例说明应用最适用原理进行模糊状态下的多级决策。设决策问题的状态空间为

$$S = \{S_1,S_2,S_3\}$$

输入空间为

$$U = \{\alpha_1,\alpha_2,\alpha_3\}$$

设抽取时刻的次数为 4，所以最终时刻 $N=3$。若已知最终时刻的状态 x_3 的隶属函数由表 5-1 给出，各阶段输入对模糊约束的隶属函数如表 5-2 所示，而状态转换关系式 $x_{t+1}=f(x_t,u_t)$ 如表 5-3 所示。

表 5-1　最终状态 x_3 的隶属函数

S	S_1	S_2	S_3
$\mu_{G_3}(x_3)$	0.4	0.8	1.0

表 5-2　输入对模糊约束的隶属函数

U	α_1	α_2	α_3
$\mu_{C_0}(u_0)$	1.0	0.8	0.6
$\mu_{C_1}(u_1)$	0.6	0.8	1.0
$\mu_{C_2}(u_2)$	0.9	0.5	1.0

表 5-3　状态转换关系

u_t \ x_t	S_1	S_2	S_3
α_1	S_2	S_3	S_1
α_2	S_1	S_3	S_2
α_3	S_3	S_1	S_2

(1) 当 $N=2$ 的情况

应用式(5-30)可得

$$\mu_{G_2}(x_2) = \max_{u_2\in U}\{\mu_{C_2}(u_2) \wedge \mu_{G_3}[f(x_2,u_2)]\}$$

当 $x_2=S_1$ 时，利用上述状态转换关系、模糊目标和模糊约束表，可得

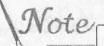

$$\mu_{G_2}(S_1)=\max_{i=1,2,3}\{\mu_{C_2}(\alpha_i)\wedge\mu_{G_3}[f(S_1,\alpha_i)]\}=$$
$$\max\{\mu_{C_2}(\alpha_1)\wedge\mu_{G_3}(S_2),\mu_{C_2}(\alpha_2)\wedge\mu_{G_3}(S_1),\mu_{C_2}(\alpha_3)\wedge\mu_{G_3}(S_3)\}=$$
$$\max\{0.9\wedge 0.8,0.5\wedge 0.4,1.0\wedge 1.0\}=$$
$$\max\{0.8,0.4,1.0\}=1.0$$

获得上述最大值的输入为 $u_2=\alpha_3$，这样 x_2 为 S_1 时的策略函数为

$$\pi_2(S_1)=\alpha_3$$

同理，当 $x_2=S_2$ 时，也可得到

$$\mu_{G_2}(S_2)=\max_{i=1,2,3}\{\mu_{C_2}(\alpha_i)\wedge\mu_{G_3}[f(S_2,\alpha_i)]\}=$$
$$\max\{\mu_{C_2}(\alpha_1)\wedge\mu_{G_3}[f(S_2,\alpha_1)],\mu_{C_2}(\alpha_2)\wedge\mu_{G_3}[f(S_2,\alpha_2)],$$
$$\mu_{C_2}(\alpha_3)\wedge\mu_{G_3}[f(S_2,\alpha_3)]\}=$$
$$\max\{\mu_{C_2}(\alpha_1)\wedge\mu_{G_3}(S_3),\mu_{C_2}(\alpha_2)\wedge$$
$$\mu_{G_3}(S_1),\mu_{C_2}(\alpha_3)\wedge\mu_{G_3}(S_1)\}=$$
$$\max\{0.9\wedge 1.0,0.5\wedge 0.4,1.0\wedge 0.4\}=$$
$$\max\{0.9,0.4,0.4\}=0.9$$

对应此时的策略函数为　$\pi_2(S_2)=\alpha_1$

当 $x_2=S_3$ 时，可得

$$\mu_{G_2}(S_3)=\max_{i=1,2,3}\{\mu_{C_2}(\alpha_i)\wedge\mu_{G_3}[f(S_2,\alpha_i)]\}=$$
$$\max\{0.9\wedge 0.4,0.5\wedge 0.8,1.0\wedge 0.8\}=0.8$$

所以

$$\pi_2(S_3)=\alpha_3$$

上述计算结果，可将第 2 时刻最大化决策的输入列入表 5-4。

表 5-4　$N=2$ 时最大化决策输入

S	S_1	S_2	S_3
$\mu_{G_2}(x_2)$	1.0	0.9	0.8

表 5-5　$N=3$ 时最大化决策输入

S	S_1	S_2	S_3
$\mu_{G_1}(x_1)$	0.8	1.0	0.9

(2) 当 $N=1$ 的情况

$$\mu_{G_1}(x_1)=\max_{u_1\in U}\{\mu_{C_1}(u_1)\wedge\mu_{C_2}[f(x_1,u_1)]\}$$

也要分别考虑 x_1 为 S_1、S_2、S_3 三种情况。

当 $x_1=S_1$ 时，可求得

$$\mu_{G_1}(S_1)=\max_{i=1,2,3}\{\mu_{C_1}(\alpha_i)\wedge\mu_{G_2}[f(S_1,\alpha_i)]\}=$$
$$\max\{\mu_{C_1}(\alpha_1)\wedge\mu_{G_2}(S_2),\mu_{C_1}(\alpha_2)\wedge\mu_{G_2}(S_1),\mu_{C_1}(\alpha_3)\wedge\mu_{G_2}(S_3)\}=$$
$$\max\{0.6\wedge 0.9,0.8\wedge 1.0,1.0\wedge 0.8\}=$$

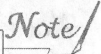

$$\max\{0.6, 0.8, 0.8\} = 0.8$$

此时，给出最大值的输入值有 α_2 和 α_3 二个，所以策略函数为

$$\pi_1(S_1) = \alpha_2 \text{ 或 } \alpha_3$$

当 $x_1 = S_2$ 时，可求得

$$\mu_{C_1}(S_2) = \max_{i=1,2,3}\{\mu_{C_1}(\alpha_i) \wedge \mu_{G_2}[f(S_2, \alpha_i)]\} =$$
$$\max\{\mu_{C_1}(\alpha_1) \wedge \mu_{G_2}(S_3), \mu_{C_1}(\alpha_2) \wedge \mu_{G_2}(S_1), \mu_{C_1}(\alpha_3) \wedge \mu_{G_2}(S_1)\} =$$
$$\max\{0.6 \wedge 0.8, 0.8 \wedge 1.0, 1.0 \wedge 1.0\} = 1.0$$

所以，策略函数为 $\pi_1(S_2) = \alpha_3$

当 $x_1 = S_3$ 时，可求得

$$\mu_{C_1}(S_3) = \max_{i=1,2,3}\{\mu_{C_1}(\alpha_i) \wedge \mu_{G_2}[f(S_3, \alpha_i)]\} =$$
$$\max\{0.6 \wedge 1.0, 0.8 \wedge 0.9, 1.0 \wedge 0.9\} = 0.9$$

因此，策略函数为 $\pi_1(S_3) = \alpha_3$

上述结果列于表 5-5 中。

最后，讨论最初时刻的关系式

$$\mu_{G_0}(x_0) = \max_{u_0 \in U}\{\mu_{C_0}(u_0) \wedge \mu_{G_1}[f(x_0, u_0)]\}$$

也分 $x_0 = S_1$、S_2、S_3 三种情况分别考虑。

$$\mu_{G_0}(S_1) = \max_{i=1,2,3}\{\mu_{C_0}(\alpha_i) \wedge \mu_{G_1}[f(S_1, \alpha_i)]\} =$$
$$\max\{1.0 \wedge 1.0, 0.8 \wedge 0.8, 0.6 \wedge 0.9\} = 1.0$$

所以 $\pi_0(S_1) = \alpha_1$

$$\mu_{G_0}(S_2) = \max_{i=1,2,3}\{\mu_{C_0}(\alpha_i) \wedge \mu_{G_1}[f(S_2, \alpha_i)]\} =$$
$$\max\{1.0 \wedge 0.9, 0.8 \wedge 0.8, 0.6 \wedge 0.8\} = 0.9$$

于是 $\pi_0(S_2) = \alpha_1$

$$\mu_{G_0}(S_3) = \max_{i=1,2,3}\{\mu_{C_0}(\alpha_i) \wedge \mu_{G_1}[f(S_3, \alpha_i)]\} =$$
$$\max\{1.0 \wedge 0.8, 0.8 \wedge 1.0, 0.6 \wedge 1.0\} = 0.8$$

因此 $\pi_0(S_3) = \alpha_1 \text{ 或 } \alpha_2$

通过上述讨论不难看出，如果确定了初始状态 x_0，就可求得各时刻的最大化决策系列 u_0^M。例如，若初始状态 $x_0 = S_1$ 时，则最大化决策的隶属函数值为

$$\mu_D(u_0^M, u_1^M, u_2^M) = \mu_{G_0}(S_1) = 1.0$$

再考虑这时的输入，先是

$$u_0^M = \pi_0(S_1) = \alpha_1$$

于是，时刻 1 的状态变为

$$x_1 = f(S_1, \alpha_1)$$

可得
$$u_1^M = \pi_1(S_2) = \alpha_3$$

其实
$$x_2 = f(S_2, \alpha_3) = S_1$$

可得
$$u_2^M = \pi_2(S_1) = \alpha_3$$

这样，最终状态 x_3 为

$$x_3 = f(S_1, \alpha_3) = S_3$$

这时模糊目标的隶属函数值为

$$\mu_{G_3}(S_3) = 1.0$$

于是，初始状态为 S_1 的最大化决策序列为

$$(u_0^M, u_1^M, u_2^M) = (\alpha_1, \alpha_3, \alpha_3)$$

其隶属函数值为

$$\mu_D(\alpha_1, \alpha_3, \alpha_3) = \mu_{C_0}(\alpha_1) \wedge \mu_{C_1}(\alpha_2) \wedge \mu_{C_2}(\alpha_3) \wedge \mu_{G_3}(S_3) = 1.0 \wedge 1.0 \wedge 1.0 \wedge 1.0 = 1.0$$

不难看出，该结果和已经求出的 $\mu_{G_0}(S_1)$ 是一致的。

当初始状态为 S_2 和 S_3 时，可用同样方法求得最大化决策序列，其结果如表 5-6 所示。

表 5-6　初始状态为 S_1、S_2、S_3 时最大化决策序列

初始状态	S_1	S_2	S_3
最大化决策序列 (u_0^M, u_1^M, u_2^M)	$(\alpha_1, \alpha_3, \alpha_3)$	$(\alpha_1, \alpha_3, \alpha_1)$	$(\alpha_1, \alpha_2, \alpha_3)(\alpha_1, \alpha_2, \alpha_1)$ $(\alpha_1, \alpha_3, \alpha_3)(\alpha_2, \alpha_2, \alpha_1)$ $(\alpha_2, \alpha_3, \alpha_3)(\alpha_2, \alpha_2, \alpha_3)$ $(\alpha_2, \alpha_3, \alpha_1)$
隶属函数 $\mu_D(u_0^M, u_1^M, u_2^M) = \mu_{G_0}(x_0)$	1.0	0.9	0.8

由表 5-6 看出，只有在初始状态为 S_3 的情况下，最大化决策序列有 7 类之多。上述讨论的模糊环境下的多级决策，是把决定系统状态的函数 f 作为普通函数来考虑的，也可扩展到其他系统。

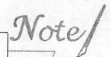

第 6 章　模糊综合评价

综合评价是指综合考虑受多种因素影响的事物或系统对其进行总的评价，当评价因素具有模糊性时，这样的评价被称为模糊综合评价，又称模糊综合评判。本章重点介绍了综合评价的基本概念、基本方法；单因素模糊评价；多因素模糊综合评价的方法及其数学模型；多级模糊综合评价等问题。

6.1　综合评价的基本概念

对于一种事物、一个产品、一个系统乃至一个人的评价，常常要涉及多个因素或称多个指标(标准)，不能只从某一因素去评价，而要根据多个因素对其进行综合评价，这样有利于提高评价的科学性、准确性。

例如，在由男、女体操运动员搭配参加的多项全能比赛中，要评价运动员的优劣，就不能只凭他(她)一项运动的成绩来评价。一对男、女五项全能的冠军，并不见得每个项目都是冠军，五项全能是对他们竞技运动素质的综合评价。

一类综合评价问题，通常采用对每一单独项目打分，然后用评总分的办法给出综合评价。例如，上面谈到的单杠、双杠、吊环、鞍马、跳马、高低杠、平衡木、自由体操比赛项目中，对男、女运动员逐项分别记分，最后用他们总分排出运动员的名次。

总分一般可表示为

$$S = \sum_{i=1}^{n} = S_i \tag{6-1}$$

另一类综合评价问题，不是把每项指标同等看待，而是对每项指标加适当权值，这种方法是加权平均法。例如，某计算技术研究所招考研究生，考试科目为英语、离散数学、计算机、软件工程四门课程。因为离散数学和计算机是该专业研究的重要基础，所以导师格外看重这两门成绩。因此，规定总平均分时，对这四门课程考试成绩加权分别为 0.2,0.3,0.3,0.2。若甲考生英语 75 分，离散数学 80 分，计算机 76 分，软件工程 68 分；乙考生英语 85 分，离散数学 62 分，计算机 63 分，软件工程 79 分。不难看出他们考试总分相同，均为 289 分，但加权平均分甲生 73.4 分高于乙生 69.9 分。

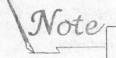

从表 6-1 给出的甲、乙考生成绩分析不难看出，如果导师从他们二人中选择一人，当然录取甲考生。因为加权平均分比总分更加合理地综合评价考生的素质。

表 6-1　甲、乙两位考生成绩对比

考试课程	英语	离散数学	计算机	软件工程	总　分	加权平均分
课程加权	0.2	0.3	0.3	0.2	$\sum_{i=1}^{4} W_i = 1$	0.25
甲生得分	75	80	76	68	$\sum_{i=1}^{4} S = 289$	$\sum_{i=1}^{4} W_i S_i = 73.4$
乙生得分	85	62	63	79	$\sum_{i=1}^{4} S = 289$	$\sum_{i=1}^{4} W_i S_i = 69.9$

一般地，若已知 n 个指标的值为 $r_1, r_2, \cdots, r_n$，而各指标的权重分别为 $w_1, w_2, \cdots, w_n$，则总的评价为

$$S = \sum_{i=1}^{n} W_i r_i \tag{6-2}$$

其中权系数 W_i 应该满足非负性和归一性两个条件

$$\sum_{i=1}^{n} W_i = 1, W_i \geqslant 0, i = 1,2,\cdots,n \tag{6-3}$$

6.2　单因素模糊评价

现实中，对很多问题的评价难以用一个简单分数加以评价。例如，评价时装店某件衣服的颜色，可请各界人士若干人来从下列评价集 V 中挑选一种。

$$V = \{很喜欢, 喜欢, 不太喜欢, 不喜欢\}$$

如果评价的结果是 20% 的人很喜欢，40% 的人喜欢，30% 的人不太喜欢，10% 的人不喜欢。因为集合 V 内的元素均为模糊概念，所以这样的评价结果可通过模糊集合加以表示为

$$\underset{\sim}{B} = 0.2/很喜欢 + 0.4/喜欢 + 0.3/不太喜欢 + 0.1/不喜欢$$

可用模糊向量表示为

$$\underset{\sim}{B} = (0.2, 0.4, 0.3, 0.1)$$

根据隶属度最大原则评价，显然有

$$\mu_{\underset{\sim}{B}}(喜欢) = 0.4 = \max(0.2, 0.4, 0.3, 0.1)$$

所以，可以得出评价结果，该件衣服的颜色受喜欢。实际上，一般没有必要这样做，因为，模糊综合评价结果 $\underset{\sim}{B}$，往往更能反映各界人士对这种颜色的看法。

当使用单因素模糊评价时,评价集 V 内元素的个数和名称应由评价人根据实际问题的性质和需要加以确定。

6.3 多因素模糊综合评价方法

一般的评价问题往往不是一个因素,而是涉及多个因素,并且多个因素常常难以精确表示,具有模糊性。仍以时装店出售的女装为例,一种服装是否被顾客所喜欢涉及诸多因素,如花色、样式、耐久度、价格和舒适度等。顾客是否喜欢这种服装和每一种因素都有关系。如何从多种因素评价一件服装的优劣,则是一个多因素模糊综合评价问题。

若取评价集为

$$V = \{很喜欢,喜欢,不太喜欢,不喜欢\}$$

首先利用前面单因素模糊评价方法,对上述五个因素分别进行评价,其结果的模糊集为

花色 $\quad \underset{\sim}{\boldsymbol{R}}_1 = (0.2,0.4,0.3,0.1)$

样式 $\quad \underset{\sim}{\boldsymbol{R}}_2 = (0,0.2,0.5,0.3)$

耐久度 $\quad \underset{\sim}{\boldsymbol{R}}_3 = (0.1,0.6,0.2,0.1)$

价格 $\quad \underset{\sim}{\boldsymbol{R}}_4 = (0.2,0.5,0.3,0)$

舒适度 $\quad \underset{\sim}{\boldsymbol{R}}_5 = (0.3,0.5,0.1,0)$

由上述模糊集构成模糊矩阵为

$$\underset{\sim}{\boldsymbol{R}} = \begin{bmatrix} 0.2 & 0.4 & 0.3 & 0.1 \\ 0 & 0.2 & 0.5 & 0.3 \\ 0.1 & 0.6 & 0.2 & 0.1 \\ 0.2 & 0.5 & 0.3 & 0 \\ 0.3 & 0.5 & 0.1 & 0 \end{bmatrix} = \begin{bmatrix} \underset{\sim}{R}_1 \\ \underset{\sim}{R}_2 \\ \underset{\sim}{R}_3 \\ \underset{\sim}{R}_4 \\ \underset{\sim}{R}_5 \end{bmatrix}$$

称矩阵 $\boldsymbol{R}$ 为对该种衣服的单因素评价矩阵。

对同样一种衣服,不同人的眼光不同,对不同因素侧重程度也不同。如女同志挑选衣服往往侧重花色和式样,而男同志则较侧重舒适和耐久度。根据顾客对各因素侧重程度不同而加权,才能给出适当的综合评价。

如果选定某女顾客,且事先估计出这类顾客对各因素侧重程度而加权依次为:0.3(花色),0.35(式样),0.1(耐久度),0.1(价格),0.1(舒适度)。这可以表示成一个模糊集为

$$\underset{\sim}{A} = 0.3/花色 + 0.35/式样 + 0.1/价格 + 0.1/耐久度 + 0.15/舒适度$$

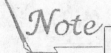

又可用模糊向量把权值表示为

$$\underset{\sim}{\boldsymbol{A}} = (0.3, 0.35, 0.1, 0.1, 0.15)$$

若已知单因素评价矩阵$\underset{\sim}{\boldsymbol{R}}$ 及权向量$\underset{\sim}{\boldsymbol{A}}$,则对此评价对象的模糊综合评价结果,可由模糊推理合成规则写为

$$\underset{\sim}{\boldsymbol{B}} = \underset{\sim}{\boldsymbol{A}} \circ \underset{\sim}{\boldsymbol{R}} \tag{6-4}$$

将上述中的$\underset{\sim}{\boldsymbol{A}}$ 与$\underset{\sim}{\boldsymbol{R}}$ 代入,可得

$$\underset{\sim}{\boldsymbol{B}} = \underset{\sim}{\boldsymbol{A}} \circ \underset{\sim}{\boldsymbol{R}} = (0.3, 0.35, 0.1, 0.1, 0.15) \circ \begin{bmatrix} 0.2 & 0.4 & 0.3 & 0.1 \\ 0 & 0.2 & 0.5 & 0.3 \\ 0.1 & 0.6 & 0.2 & 0.1 \\ 0.2 & 0.5 & 0.3 & 0 \\ 0.3 & 0.5 & 0.1 & 0 \end{bmatrix} =$$

$$(0.2, 0.3, 0.35, 0.3)$$

由于本例$\underset{\sim}{\boldsymbol{B}}$ 中各权值之和 $0.2 + 0.3 + 0.35 + 0.3 = 1.15 \neq 1$,综合评价结果最好采用归一化形式,可将评价结果归一化后变为

$$\left(\frac{0.2}{1.15}, \frac{0.3}{1.15}, \frac{0.35}{1.15}, \frac{0.3}{1.15}\right) = (0.17, 0.26, 0.31, 0.26)$$

这一评价结果表明 17% 的人很喜欢这种衣服,26% 的人喜欢这种衣服,31% 的人不太喜欢这种衣服,26% 的人不喜欢这种衣服。

如果给定不同的权重,即使对同一评价对象,其评价结果也往往是不同的。

6.4　模糊综合评价的数学模型

首先建立影响评价对象的 n 个因素组成的集合,称为**因素集**

$$\boldsymbol{U} = \{u_1, u_2, \cdots, u_n\}$$

然后,建立由 m 个评价结果组成的**评价集**

$$\boldsymbol{V} = \{v_1, v_2, \cdots, v_m\}$$

再对各因素分配的权值,建立**权重集**,即表示为权向量

$$\underset{\sim}{\boldsymbol{A}} = (a_1, a_2, \cdots, a_n)$$

式中 a_i 为对第 i 个因素的加权值,一般规定

$$\sum_{i=1}^{n} a_i = 1$$

对第 i 个因素的单因素模糊评价为 V 上的模糊子集

$$\underset{\sim}{\boldsymbol{R}}_i = (r_{i1}, r_{i2}, \cdots, r_{im})$$

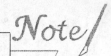

于是单因素评价矩阵$\underset{\sim}{\boldsymbol{R}}$为

$$\underset{\sim}{\boldsymbol{R}} = \begin{bmatrix} r_{11} & r_{12} & r_{13} & \cdots & r_{1m} \\ r_{21} & r_{22} & r_{23} & \cdots & r_{2m} \\ \vdots & \vdots & \vdots & & \vdots \\ r_{n1} & r_{n2} & r_{n3} & \cdots & r_{nm} \end{bmatrix}$$

则对该评判对象的模糊综合评价$\underset{\sim}{\boldsymbol{B}}$是$V$上的模糊子集

$$\underset{\sim}{\boldsymbol{B}} = \underset{\sim}{\boldsymbol{A}} \circ \underset{\sim}{\boldsymbol{R}}$$

根据权重集$\underset{\sim}{\boldsymbol{A}}$与单因素模糊评价矩阵$\underset{\sim}{\boldsymbol{R}}$合成,进行模糊综合评价求取评价模糊子集$\underset{\sim}{\boldsymbol{B}}$,一般有以下五种模型:

1. 模型 Ⅰ:M(∧, ∨)

根据$\underset{\sim}{\boldsymbol{B}} = \underset{\sim}{\boldsymbol{A}} \circ \underset{\sim}{\boldsymbol{R}}$,可写为

$$\underset{\sim}{\boldsymbol{B}} = (a_1, a_2, \cdots, a_n) \circ \begin{bmatrix} r_{11} & r_{12} & \cdots & r_{1m} \\ r_{21} & r_{22} & \cdots & r_{2m} \\ \vdots & & & \\ r_{n1} & r_{n2} & \cdots & r_{nm} \end{bmatrix} = (b_1, b_2, \cdots, b_n) \quad (6\text{-}5)$$

$\underset{\sim}{\boldsymbol{B}}$中第$j$个元素$b_j$可由下式计算

$$b_j = \bigvee_{i=1}^{n} (a_i \wedge r_{ij}) \quad j = 1,2,\cdots,m \quad (6\text{-}6)$$

这种求$\underset{\sim}{\boldsymbol{B}}$的方法主要通过取小及取大两种运算,因此,称该种模型为M(∧, ∨)模型。这种方法当因素比较多时,对每一因素的加权值必然很小,会导致评价结果不理想。因此,对权系数a_i加以修正,即

$$a_i' = na_i/(m\sum_{i=1}^{n} a_i) \quad i = 1,2,\cdots,n \quad (6\text{-}7)$$

再将权系数归一化变为

$$a_i' = \left(\frac{n}{m}\right)a_i \quad i = 1,2,\cdots,n \quad (6\text{-}8)$$

其中a_i'为修正权系数,n为评价因素的个数,m为评价集元素的数目。

2. 模型 Ⅱ:M(·, ∨)

该模型采用两种运算:一种是普通乘法运算,用·表示;另一种是取大运算,用∨表示。利用此模型计算b_j为

$$b_j = \bigvee_{i=1}^{n} a_i \cdot r_{ij} \quad j = 1,2,\cdots,m \quad (6\text{-}9)$$

其中乘运算($a_i \cdot r_{ij}$)不会丢失信息,而取大运算∨会丢失有用信息。该模型优点是较好地反映单因素评价结果的重要程度。

3. 模型 Ⅲ：M($\wedge$, $\oplus$)

该模型除采用取小 $\wedge$ 运算外，还采用运算 $\oplus$，也称有界和运算，它表示上限为1的求和运算，即

$$X \oplus Y = \min(1, x + y) \tag{6-10}$$

利用该模型，则有

$$b_j = \sum_{i=1}^{n} (a_i \wedge r_{ij}) \quad j = 1,2,\cdots,m \tag{6-11}$$

其中符号 $\sum_{i=1}^{n}$ 为 n 个数在 $\oplus$ 运算下的求和，即

$$b_j = \min[1, \sum_{i=1}^{n} (a_i \wedge r_{ij})] \quad j = 1,2,\cdots,m \tag{6-12}$$

4. 模型 Ⅳ：M(·, $\oplus$)

利用该模型计算 b_j 为

$$b_j = \sum_{i=1}^{n} a_i \cdot r_{ij} \quad j = 1,2,\cdots,m \tag{6-13}$$

或

$$b_j = \min[1, \sum_{i=1}^{n} a_i \cdot r_{ij}] \quad j = 1,2,\cdots,m \tag{6-14}$$

5. 模型 Ⅴ：M(·, +)

该模型计算 b_j 为

$$b_j = \sum_{i=1}^{n} a_i \cdot r_{ij} \quad j = 1,2,\cdots,m \tag{6-15}$$

其中 $\sum_{i=1}^{n} a_i = 1$。

该模型考虑了所有因素的影响，而且保留了单因素评价的全部信息，运算中 a_i 和 r_{ij} ($i = 1,2,\cdots,n; j = 1,2,\cdots,m$) 无上限限制，但须对 a_i 归一化。该模型在工程评价中应用效果良好。

在上述各种评价模型中，因为运算的定义不同，所以对同一评价对象求出的评价结果也会不一样。其中模型 Ⅰ ~ Ⅳ 都是在具有某种限制和取极限值的情况下寻求各自的评价结果的。因此，会不同程度丢失某些有用信息。这种模型适用于仅关心评价对象极限值和突出其主要因素的场合。模型 Ⅴ 则不存在上述限制问题，能保留全部有用信息，可适用于需要考虑各因素影响的情况。具体应用哪一种模型要根据实际评价对象特点和评价侧重点不同加以选用。

6.5 多级模糊综合评价

上面研究的评价问题相对比较简单，属于一级模糊综合评价。实际上，有许多复杂问题，不仅要考虑的因素多且多带模糊性，同时各种因素往往又具有不同的层次。这种情况采用一级模糊综合评价，难以得出合理的评价结果。因此，采用多级模糊综合评价。

6.5.1 一级模糊综合评价

所谓一级模糊综合评价是指按一类中的各因素进行综合评价。设按第 i 类中第 j 个因素 u_{ij} 评价，评价对象隶属于评价集中第 k 个元素的隶属度为 $r_{ijk}(i=1,2,\cdots,n;j=1,2,\cdots,m;k=1,2,\cdots,p)$，则一级模糊综合评价的单因素评价矩阵为

$$\underset{\sim}{\boldsymbol{R}}_i=\begin{bmatrix} r_{i11} & r_{i12} & \cdots & r_{i1p} \\ r_{i21} & r_{i22} & \cdots & r_{i2p} \\ \vdots & \vdots & & \vdots \\ r_{im1} & r_{im2} & \cdots & r_{imp} \end{bmatrix} \quad i=1,2,\cdots,m \tag{6-16}$$

矩阵的第 j 行表示按第 i 类中的第 j 个因素 u_{ij} 评价的结果。第 i 类中因素的个数决定了 $\underset{\sim}{\boldsymbol{R}}_i$ 矩阵的行数，而评价集内的元素个数决定 $\underset{\sim}{\boldsymbol{R}}_i$ 矩阵的列数。

第 i 类因素的模糊综合评价集为

$$\underset{\sim}{\boldsymbol{B}}_i=\underset{\sim}{\boldsymbol{A}}_i\circ\underset{\sim}{\boldsymbol{R}}_i=(a_{i1},a_{i2},\cdots,a_{im})\circ\begin{bmatrix} r_{i11} & r_{i12} & \cdots & r_{i1p} \\ r_{i21} & r_{i22} & \cdots & r_{i2p} \\ \vdots & \vdots & & \vdots \\ r_{im1} & r_{im2} & \cdots & r_{imp} \end{bmatrix}=$$

$$(b_{i1},b_{i2},\cdots,b_{ip}) \tag{6-17}$$

其中，A_i 为第 i 类的因素类权重集

$$\underset{\sim}{\boldsymbol{A}}_i=(a_{i1},a_{i2},\cdots,a_{im}) \tag{6-18}$$

$$b_{ik}=\bigvee_{j=1}^{m}(a_{ij}\wedge r_{jk}) \quad i=1,2,\cdots,n;k=1,2,\cdots,p \tag{6-19}$$

6.5.2 二级模糊综合评价

二级模糊综合评价仅是对一类中的各个因素进行综合，进一步再考虑各类因素的综合影响，必须在各类之间进行综合，这就是二级模糊综合评价。

二级模糊综合评价的单因素评价矩阵应为一级模糊综合评价矩阵

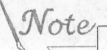

$$\underset{\sim}{\boldsymbol{R}} = \begin{bmatrix} \underset{\sim}{\boldsymbol{B}}_1 \\ \underset{\sim}{\boldsymbol{B}}_2 \\ \vdots \\ \underset{\sim}{\boldsymbol{B}}_m \end{bmatrix} = \begin{bmatrix} \underset{\sim}{\boldsymbol{A}}_1 \circ \underset{\sim}{\boldsymbol{R}}_1 \\ \underset{\sim}{\boldsymbol{A}}_2 \circ \underset{\sim}{\boldsymbol{R}}_2 \\ \vdots \\ \underset{\sim}{\boldsymbol{A}}_n \circ \underset{\sim}{\boldsymbol{R}}_n \end{bmatrix} = [r_{ij}]_{n \times p} \tag{6-20}$$

其中 $r_{ik} = b_{ik} \quad i = 1,2,\cdots,n; k = 1,2,\cdots,p$

二级模糊综合评价集为

$$\boldsymbol{B} = \underset{\sim}{\boldsymbol{A}} \circ \underset{\sim}{\boldsymbol{R}} = \underset{\sim}{\boldsymbol{A}} \circ \begin{bmatrix} \underset{\sim}{\boldsymbol{A}}_1 \circ \underset{\sim}{\boldsymbol{R}}_1 \\ \underset{\sim}{\boldsymbol{A}}_2 \circ \underset{\sim}{\boldsymbol{R}}_2 \\ \vdots \\ \underset{\sim}{\boldsymbol{A}}_n \circ \underset{\sim}{\boldsymbol{R}}_n \end{bmatrix} = (b_1, b_2, \cdots, b_p) \tag{6-21}$$

其中 $$b_k = \bigvee_{i=1}^{n} (a_i \wedge r_{ik}) \quad k = 1,2,\cdots,p \tag{6-22}$$

b_k 即为二级模糊综合评价指标，它表示评价对象按所有各类因素评价时，对评价集中第 k 个元素的隶属度。

6.5.3　多级模糊综合评价

对许多复杂系统的评价要考虑的因素很多，而且一个因素中还往往包括多个层次，也就是说这个因素往往是由若干其他因素决定的。例如，对高等学校整体水平、实力的综合评价，就涉及许多因素：师资力量、科研实力、学术水平、教学设施、科研成果、招生规模等。其中任何一类因素又包含多个层次，就拿师资力量来讲，包括师资质量与数量，各类职称人数、具有博士学位的人数、年龄的结构，在国内外知名教授、专家的人数等。

对上述多因素多层次系统的综合评价方法是，首先按最低层次的各个因素进行综合评价，然后再按上一层次的各因素进行综合评价；依次向更上一层评价，一直评到最高层次得出总的综合评价结果。

下面给出多级综合评价数学模型的一般描述。

设因素集为

$$\boldsymbol{U} = \{u_1, u_2, \cdots, u_n\}$$

对其中的 $u_i(i = 1,2,\cdots,n)$ 再细划分为

$$\boldsymbol{U}_i = \{u_{i1}, u_{i2}, \cdots, u_{in}\}$$

对其中的 $u_{ij}(i = 1,2,\cdots,n; j = 1,2,\cdots,m)$ 再进一步细划分为

$$\boldsymbol{U}_{ij} = \{u_{ij1}, u_{ij2}, \cdots, u_{ijp}\}$$

这样如此地划分下去，实际上是对影响因素先分大类，然后在一类中的因

素再分小类，这样就反映了影响因素的层次性。而评价时，应从最后一次划分最低层的因素开始，一级一级往上评，直到评到最高层。

图 6-1 给出三级模糊综合评价模型示意，更多级的评价过程依次类推。

$$
\underset{\sim}{B}=\underset{\sim}{A}\circ\underset{\sim}{R}=\underset{\sim}{A}\circ\begin{bmatrix}
\underset{\sim}{A}_1\circ\begin{bmatrix}\underset{\sim}{A}_{11}\circ\underset{\sim}{R}_{11}\\ \underset{\sim}{A}_{12}\circ\underset{\sim}{R}_{12}\\ \cdots\cdots\\ \underset{\sim}{A}_{1m}\circ\underset{\sim}{R}_{1m}\end{bmatrix}\\
\underset{\sim}{A}_2\circ\begin{bmatrix}\underset{\sim}{A}_{21}\circ\underset{\sim}{R}_{21}\\ \underset{\sim}{A}_{22}\circ\underset{\sim}{R}_{22}\\ \cdots\cdots\\ \underset{\sim}{A}_{2m}\circ\underset{\sim}{R}_{2m}\end{bmatrix}\\
\cdots\cdots\quad\cdots\cdots\\
\underset{\sim}{A}_n\circ\begin{bmatrix}\underset{\sim}{A}_{n1}\circ\underset{\sim}{R}_{n1}\\ \underset{\sim}{A}_{n2}\circ\underset{\sim}{R}_{n2}\\ \cdots\cdots\\ \underset{\sim}{A}_{nm}\circ\underset{\sim}{R}_{nm}\end{bmatrix}
\end{bmatrix}
$$

图 6-1　三级模糊综合评价过程示意

6.6　模糊综合评价的逆问题——模糊关系方程

模糊综合评价实质上是一个模糊变换(映射)问题，若把模糊关系$\underset{\sim}{R}$看做“模糊变换器”，$\underset{\sim}{A}$作为输入，$\underset{\sim}{B}$作为输出，则模糊综合评价问题就是已知$\underset{\sim}{A}$和$\underset{\sim}{R}$求$\underset{\sim}{B}$的问题。相反，如果已知输出$\underset{\sim}{B}$和模糊关系$\underset{\sim}{R}$，求输入$\underset{\sim}{A}$，则是模糊综合评价的逆问题，这是需要通过求解模糊关系方程才能解决。图 6-2 表示了对于一个模糊系统的模糊综合评价的逆问题与求解模糊方程之间的关系。

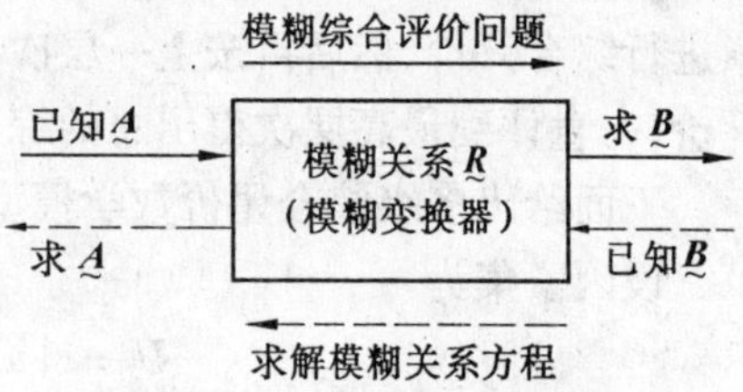

图 6-2　模糊综合评价的逆问题

6.6.1　模糊关系方程

如果我们将$\underset{\sim}{A}\circ\underset{\sim}{R}=\underset{\sim}{B}$关系中的$\underset{\sim}{R}$和$\underset{\sim}{B}$看做已知，欲求出$\underset{\sim}{A}$，则把$\underset{\sim}{A}$记为未知的$\underset{\sim}{X}$，于是考虑一下

$$\underset{\sim}{\boldsymbol{X}} \circ \underset{\sim}{\boldsymbol{R}} = \underset{\sim}{\boldsymbol{B}} \tag{6-23}$$

型模糊关系方程的解法。可将方程(6-23) 写为

$$(x_1, x_2, \cdots, x_n) \circ \begin{bmatrix} r_{11} & r_{12} & \cdots & r_{1m} \\ r_{21} & r_{22} & \cdots & r_{2m} \\ \cdots & \cdots & \cdots & \cdots \\ r_{n1} & r_{n2} & \cdots & r_{nm} \end{bmatrix} = (b_1, b_2, \cdots, b_m) \tag{6-24}$$

上式可变为

$$\left.\begin{array}{l} (r_{11} \wedge x_1) \vee (r_{12} \wedge x_2) \vee \cdots \vee (r_{n1} \wedge x_n) = b_1 \\ (r_{21} \wedge x_1) \vee (r_{22} \wedge x_2) \vee \cdots \vee (r_{n2} \wedge x_n) = b_2 \\ \quad \cdots\cdots \qquad\qquad \cdots\cdots \\ (r_{1m} \wedge x_1) \vee (r_{2m} \wedge x_2) \vee \cdots \vee (r_{nm} \wedge x_n) = b_m \end{array}\right\} \tag{6-25}$$

为简便起见，在不至于混淆情况下，用“+”号代替“∨”，而且“·”代替“∧”并将其略去，则得到一般线性方程，其形式为

$$\left.\begin{array}{l} r_{11}x_1 + r_{21}x_2 + \cdots + r_{n1}x_n = b_1 \\ r_{12}x_1 + r_{22}x_2 + \cdots + r_{n2}x_n = b_2 \\ \quad \cdots\cdots \qquad\qquad \cdots\cdots \\ r_{1m}x_1 + r_{2m}x_2 + \cdots + r_{nm}x_n = b_m \end{array}\right\} \tag{6-25}$$

要解上述方程却比解线性方程组复杂得多，因为该方程组中的运算并不是简单的乘与加运算，而是取小与取大运算。

模糊关系方程是法国 E · Sanchez 早在 1976 年研究医疗诊断系统提出的，并且他最一般地证明了，对任意模糊关系方程若有解则必有最大解。因此，其解集合的上端情况比较清楚，较难的是其下端的情况。一般地说，模糊关系方程若有解，则可能有多个极小解。有关模糊关系方程的具体解法也有多种，下面仅介绍比较选择法。

6.6.2　解模糊关系方程的比较选择法

模糊综合评价实际上是已知权分配向量$\underset{\sim}{\boldsymbol{A}}$ 和单因素评价矩阵$\underset{\sim}{\boldsymbol{R}}$，求综合评价的结果$\underset{\sim}{\boldsymbol{B}}$，这是通过合成运算不难办到的。相反，已知$\underset{\sim}{\boldsymbol{R}}$ 及$\underset{\sim}{\boldsymbol{B}}$ 求$\underset{\sim}{\boldsymbol{A}}$ 的问题，实质上是寻找一组最优或接近最优的权分配问题，这就是给出模糊关系方程解的过程。

下面介绍采用比较选择法求解模糊关系方程，虽然这并不是一种好方法，但从中可以看出求解模糊关系方程的基本思路。

首先人为假定 s 个权分配方案$\underset{\sim}{A}_1, \underset{\sim}{A}_2, \cdots, \underset{\sim}{A}_s$，分别求出它们的评价结果

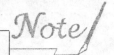

$$\underset{\sim}{B}_i = \underset{\sim}{A}_j \circ \underset{\sim}{\boldsymbol{R}} \quad j = 1,2,\cdots,s \tag{6-27}$$

然后按模糊集的择近原则，求出与$\underset{\sim}{B}$最贴近的模糊集$\underset{\sim}{B}_{j_0}$，即

$$(\underset{\sim}{B}_{j_0},\underset{\sim}{\boldsymbol{B}}) = \max_j(\underset{\sim}{B}_j,\underset{\sim}{\boldsymbol{B}}) \tag{6-28}$$

其中$(\underset{\sim}{B}_j,\underset{\sim}{\boldsymbol{B}})$是$\underset{\sim}{B}_j$与$\underset{\sim}{\boldsymbol{B}}$的贴近度。在贴近度中找出一个最接近的结果，该结果所对应的权分配方案即为较理想方案，下面举例加以说明。

例1 对电视机从图像、音质、稳定性三方面来综合评价。经过对某型号电视机经顾客评价后，评价好的人占80%，评价不太好的人占20%，没有人评价很好，也没有人评价不好。于是，已知的评价集为

$$V = \{很好,好,不太好,不好\}$$

单因素评价矩阵$\boldsymbol{R}$为

$$\boldsymbol{R} = \begin{bmatrix} 0.2 & 0.7 & 0.1 & 0 \\ 0 & 0.4 & 0.5 & 0.1 \\ 0.2 & 0.3 & 0.4 & 0.1 \end{bmatrix}$$

对电视机的模糊综合评价结果已知为

$$\underset{\sim}{\boldsymbol{B}} = (0,0.8,0.2,0)$$

现问顾客对图像、音质、稳定性三个因素的权是如何分配的？

解 根据经验，提出下述4种可能的权分配方案为

$$\underset{\sim}{A}_1 = (0.2,0.5,0.3)$$
$$\underset{\sim}{A}_2 = (0.5,0.3,0.2)$$
$$\underset{\sim}{A}_3 = (0.2,0.3,0.5)$$
$$\underset{\sim}{A}_4 = (0.7,0.25,0.05)$$

计算出相应的评价结果分别为

$$\underset{\sim}{B}_1 = \underset{\sim}{A}_1 \circ \underset{\sim}{\boldsymbol{R}} = (0.2,0.4,0.5,0.1)$$
$$\underset{\sim}{B}_2 = \underset{\sim}{A}_2 \circ \underset{\sim}{\boldsymbol{R}} = (0.2,0.5,0.3,0.1)$$
$$\underset{\sim}{B}_3 = \underset{\sim}{A}_3 \circ \underset{\sim}{\boldsymbol{R}} = (0.2,0.3,0.4,0.1)$$
$$\underset{\sim}{B}_4 = \underset{\sim}{A}_4 \circ \underset{\sim}{\boldsymbol{R}} = (0.2,0.7,0.25,0.1)$$

再计算它们与$\underset{\sim}{B}$的贴近度分别为

$$(\underset{\sim}{B}_1,\underset{\sim}{\boldsymbol{B}}) = (0.4 + 1 - 0.1)/2 = 0.65$$
$$(\underset{\sim}{B}_2,\underset{\sim}{\boldsymbol{B}}) = (0.5 + 1 - 0.1)/2 = 0.7$$
$$(\underset{\sim}{B}_3,\underset{\sim}{\boldsymbol{B}}) = (0.3 + 1 - 0.1)/2 = 0.6$$
$$(\underset{\sim}{B}_4,\underset{\sim}{\boldsymbol{B}}) = (0.7 + 1 - 0.5)/2 = 0.825$$

不难看出 $$(\underset{\sim}{B}_4,\underset{\sim}{B}) = \max_{1\leqslant j\leqslant 4}(\underset{\sim}{B}_j,\underset{\sim}{B}) = 0.825$$

所以$\underset{\sim}{A}_4 = (0.7, 0.25, 0.05)$是较符合实际的权分配方案，但这种方法并不理想。可以证明在$\underset{\sim}{B}$与$\underset{\sim}{R}$满足一定条件下，有方法可以求出最佳$\underset{\sim}{A}$。

总之，综合评价问题涉及许多实际问题，模糊综合评价为综合评价提供了新的工具。同样模糊综合评价的逆问题，也有着普遍的实用价值。专家的经验和技术往往归结为头脑中对诸因素有一个很好的权分配，模糊综合评价的数学模型，有助于总结专家的经验，并通过适当形式武装电脑，使电脑变得更加聪明，并造福于人类。

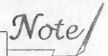

第7章 模糊聚类分析

人们认识事物是从分类开始的,任何一门科学都是通过分类来建立概念,通过不断分类,发现类之间的联系而总结出规律。因此,分类是识别和建立模型的基础。分类是指对事物按要求分成若干类,聚类分析是按照一定标准对事物进行分类的数学方法。通过建立事物间模糊相似关系对事物的分类方法,称为模糊聚类分析。

本章介绍了分类、聚类分析的基本概念与方法,重点阐述了系统聚类法、动态聚类法,基于模糊等价关系的聚类法,基于模糊相似关系聚类的传递闭包法、最大树法、编网法,以及模糊划分聚类法。

7.1 分类与聚类分析

在实际生活中往往需要将一些事物按一定的标准进行分类。例如,商店分成若干类型,商店中商品要分门别类摆放,产品质量要分类,交通信号要分类,等等。

“分类”从字面上解释是这样的:“分”是指分辨、区别的意见,“类”指许多相似或相同事物的综合。通俗地讲,将我们研究的对象——称之为样本,按它们的性质、用途等分成许多相似的部分,称之为分类。

康托所创立的经典集合论,就是以某种属性对事物加以分类的,通过对事物分类,有助于对事物进行比较与分析。有比较才能鉴别,才能更深刻地认识事物本质特征,从而为进一步做出正确判断和推理奠定基础。

对事物按一定要求和规律进行分类的数学方法,称为聚类分析。聚类分析是数理统计中研究“物以类聚”的一种多元分析方法,它通过数学工具定量地确定、划分样品的亲疏关系,从而客观地、合理地分型划类。

聚类分析方法有着广泛的实际应用,但许多客观事物之间的界限往往不一定很清晰,使传统的基于数理统计原理的聚类分析方法遇到了困难。例如,天气阴与晴转多云之间就没有绝对的界限,多具有模糊性,这就需要借助于模糊数学手段描述和处理分类中的大量模糊性,从而形成了模糊聚类分析方法。基于建立模糊相似关系对客观事物进行分类的方法,称为模糊聚类分析。

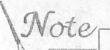

实际上,聚类分析的用途不止限于分类,它还可以用来进行判别分析和预

测。例如，在天气预报中，将历史上的天气形势作为样本先进行分类，对于将来预报的天气用聚类方法判别它属于历史上的哪一类天气，从而有助于更好地做出预报。

7.2　系统聚类法与逐步聚类法

在研究模糊聚类分析方法之前，有必要介绍一下经典的分类方法。主要包括系统聚类法和逐步聚类法。

7.2.1　系统聚类法

设 n 个待分类的样本分别为 $x_1, x_2, \cdots, x_n$。每个样本都具有 s 种特性，将这些特性数量化并用数字来描述，这样对每一个样本就对应着一组描述其各种特性的一组数：$y_1, y_2, \cdots, y_s$，其中 y_j 表示描述样本第 j 个特性的数，称这组数为样本的 s 个指标。

不同的样本 x_i 所对应的 s 个指标也是不同的，x_{ij} 表示第 i 个样本的第 j 个指标。表 7-1 所示为 n 个样本 $x_1, x_2, \cdots, x_n$ 的各种指标。

表 7-1　n 个样本与 s 个特性的关系

样本 \ 指标	y_1	y_2	y_3	$\cdots$	y_s
x_1	x_{11}	x_{12}	x_{13}	$\cdots$	x_{1s}
x_2	x_{21}	x_{22}	x_{23}	$\cdots$	x_{2s}
$\vdots$	$\vdots$	$\vdots$	$\vdots$	$\vdots$	$\vdots$
x_n	x_{n1}	x_{n2}	x_{n3}	$\cdots$	x_{ns}

由表 7-1 可见，样本 x_i 可以由行矩阵 $(x_{i1}, x_{i2}, \cdots, x_{is})$ 描述，记为

$$x_i = (x_{i1}, x_{i2}, \cdots, x_{is})$$

为刻画样本之间接近程度，需引入广义的距离和相似系数两个概念。

(1) 广义欧氏距离

设给定样本 $x_i = (x_{i1}, x_{i2}, \cdots, x_{is})$ 和 $x_j = (x_{j1}, x_{j2}, \cdots, x_{js})$，定义它们之间的欧氏距离为

$$\| x_i - x_j \| = \sqrt{(x_{i1} - x_{j1})^2 + (x_{i2} - x_{j2})^2 + \cdots + (x_{is} - x_{js})^2} = \sqrt{\sum_{k=1}^{s} (x_{ik} - x_{jk})^2} \tag{7-1}$$

用欧氏距离可以综合地反映出两个样本之间的每个指标之间差异的大

小,还可以用广义夹角余弦刻画两个样本之间接近的程度。

(2) 广义夹角余弦

设样本 x_i 与 x_j 的广义夹角 α 的范围为 $0 \leqslant \alpha \leqslant 180°$,定义 α 的广义夹角余弦为

$$\cos\alpha = \frac{(x_i, x_j)}{\| x_i \| \cdot \| x_j \|} \tag{7-2}$$

其中

$$(x_i, x_j) = x_{i1}x_{j1} + x_{i2}x_{j2} + \cdots + x_{is}x_{js} = \sum_{k=1}^{s} x_{ik}x_{jk}$$

$$\| x_i \| = \sqrt{x_{i1}^2 + x_{i2}^2 + \cdots + x_{is}^2} = \sqrt{\sum_{k=1}^{s} x_{ik}^2} \tag{7-3}$$

$$\| x_j \| = \sqrt{x_{j1}^2 + x_{j2}^2 + \cdots + x_{js}^2} = \sqrt{\sum_{k=1}^{s} x_{jk}^2}$$

广义夹角余弦 $\cos\alpha$ 值的大小反映了两个样本之间差异,其值越接近 1,则差异越小;反之,越接近 -1,则差异越大。通常又称 $\cos\alpha$ 为两样本间的相似系数。关于相似系数还有其他形式,如指数相似系数,数量积及算术平均最小法等。

下面通过举例说明系统聚类的步骤及分类过程。

例 1　给定五个样本 x_1, x_2, x_3, x_4, x_5,它们均只有一项指标。设它们的指标分别为 1,2,4.5,6 和 8。试用系统聚类法将它们分类。

解　(1) 计算各样本之间的距离

由题意可得$(x_1, x_2, x_3, x_4, x_5) = (1,2,4,5,6,8)$,于是可求得

$\| x_1 - x_2 \| = \sqrt{(2-1)^2} = 1$　　$\| x_2 - x_3 \| = \sqrt{(4.5-2)^2} = 2.5$

$\| x_1 - x_3 \| = \sqrt{(4.5-1)^2} = 3.5$　　$\| x_2 - x_4 \| = \sqrt{(6-2)^2} = 4$

$\| x_1 - x_4 \| = \sqrt{(6-1)^2} = 5$　　$\| x_2 - x_5 \| = \sqrt{(8-2)^2} = 6$

$\| x_1 - x_5 \| = \sqrt{(8-1)^2} = 7$　　$\| x_3 - x_4 \| = \sqrt{(6-4.5)^2} = 1.5$

$\| x_3 - x_5 \| = \sqrt{(8-4.5)^2} = 3.5$　　$\| x_4 - x_5 \| = \sqrt{(8-6)^2} = 2$

将距离最近的两样本归为一类,显然 $\| x_1 - x_2 \|$ 最小,故将 x_1、x_2 归为一类,记为 G_1。

(2) 把 G_1 看做新样本,并取样本 x_1 与 x_2 的指标平均值 1.5 看成样本 G_1 的指标。

(3) 计算 G_1、x_3、x_4、x_5 之间的距离,求得结果是 x_3 与 x_4 间距离 1.5 为最

小。将 x_3 与 x_4 归为一类，并记为 G_2。

(4) 把 G_2 看做新样本，求 G_2 中样本 x_3 与 x_4 的指标平均值 5.25，作为样本 G_2 的指标。

(5) 再计算样本 G_1、G_2、x_5 之间的距离，求得结果以 G_2 与 x_5 间距离 2.75 为最小。将样本 G_2 与 x_5 归为一类并记为 G_3。

(6) 将 G_1 与 G_3 归为一类记为 G_5，至此分类结束。

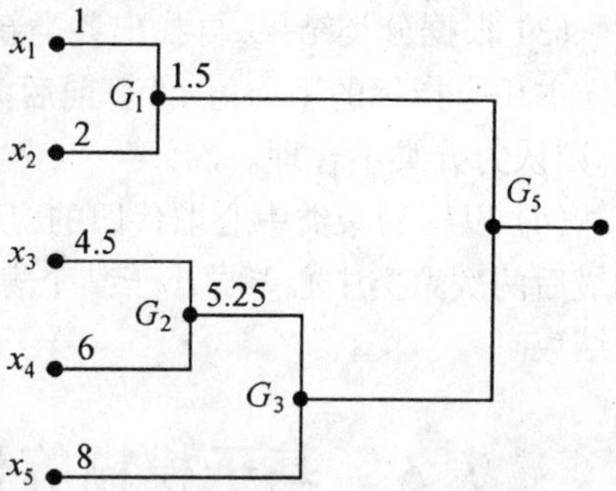

图 7-1　系统聚类过程的分类图

上述分类过程如图 7-1 所示。不难看出，如果希望把样本 x_1、x_2、x_3、x_4、x_5 分成二类，则 x_1 与 x_2 为一类，其余为一类；若想分三类，则 x_1、x_2 一类，x_3、x_4 一类，x_5 为一类。

系统聚类法的优点是一次形成分类，缺点是当样本多时计算量较大。

7.2.2　逐步聚类法 —— 动态聚类法

为克服系统聚类法计算量大的缺点，提出了逐步聚类法。这种方法先将样本进行粗分类，然后按某种最优原则逐步反复修改，直至得到最终合理分类结果为止，故又称动态聚类法。

逐步聚类法的动态聚类步骤如下：

(1) 选择某一类样本的核心，作为“聚类中心”，它可能并不是任何一个样本，但它的指标却代表该类的特征。因此，聚类中心可以视为假想的某一类标准理想样本。

常用下述方法选择初始聚类中心：

① 人为选择：根据人们对问题了解和先验知识，选择某些具有代表性的样本作为聚类中心。

② 随机选择：在人们对样本一无所知情况下，采用随机抽样的方法，任意选择一批数量的样本作为聚类中心。

③ 重心法：人为地将样本分成若干类，求出每一类的重心，将这些重心作为初始聚类中心。

④ 密度法：人为地选定两数 d_1 和 d_2，以每个样本为球心，d_1 为半径，作球面，落在球内的样本数称为样本的密度。选择密度最大的样本为第一聚类中心，选择与第一聚类中心距离大于 d_2，且密度为次大的样本为第二聚类中心。

依此类推,可得到聚类中心。

(2) 根据所选定的一批聚类中心,将样本向最近的聚类中心聚集,从而将样本分类。

(3) 根据分类结果,再找出各类新的聚类中心,它的各项指标为该类中所有样本相应指标的平均值。计算前后两组聚类中心的差异,若差异大于某个阈值,则认为分类不合理。

(4) 以新的聚类中心取代旧的,反复进行修改分类,并判断其合理性,直到最后两次聚类中心差异小于某个规定的阈值,则认为分类合理,至此分类过程结束。

7.3 基于模糊等价关系的动态聚类法

在第 2 章曾介绍过将满足自反性、对称性和传递性的模糊关系称为模糊等价关系,应用模糊等价关系可以进行模糊聚类分析。应用这种方法要把统计指标选择的具有代表性、较强的分辨性,进行模糊聚类分析的方法分以下三个步骤:

(1) 将样本数据标准化,也称正规化

将第 i 个变量 x_{ij} 进行标准化后变换为

$$x_{ij}' = \frac{x_{ij} - \bar{X}_i}{s_i} \quad j = 1,2,\cdots,m \tag{7-4}$$

其中,x_{ij} 为原变量的测量值,$\bar{X}_i$ 和 s_i 分别为 x_{ij} 的样本平均值与样本标准差,即

$$\bar{X}_i = \frac{1}{m}\sum_{j=1}^{m} x_{ij} \tag{7-5}$$

$$s_i = \sqrt{\frac{1}{m-1}\sum_{j=1}^{m}(x_{ij} - \bar{X}_i)^2} \tag{7-6}$$

若把样本数据极值标准化,利用下式

$$x_{ij}' = \frac{x_{ij} - \min\{x_{ij}\}}{\max\{x_{ij}\} - \min\{x_{ij}\}} \tag{7-7}$$

其中,$\min\{x_{ij}\}$、$\max\{x_{ij}\}$ 分别为同一因子测量值的最小值、最大值。利用上式处理的 x_{ij}' 值已被压缩到[0,1] 闭区间内,便于对数据进行聚类分析。

(2) 计算出表征被分类对象间相似程度的相似系数 r_{ij},从而建立论域 U 上的相似关系矩阵$\underset{\sim}{R}$。计算相似系数的方法很多,前面已介绍了几种方法。

(3) 用上述方法建立起来的相似关系 $\underset{\sim}{R}$,一般只满足自反性和对称性,不满足传递性。故 $\underset{\sim}{R}$ 还不是模糊等价关系,需要将 $\underset{\sim}{R}$ 改造成模糊等价关系 R^*,这

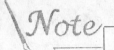

里 R^* 不同于 $\underset{\sim}{R}$，但 R^* 是包含 R 的最小传递闭包。

对相似矩阵 $\boldsymbol{R}$ 可通过平方法求其传递闭包，即

$$\boldsymbol{R} \to \boldsymbol{R}^2 \to \boldsymbol{R}^4 \to \cdots \boldsymbol{R}^{2k} = \boldsymbol{R}^*$$

$$2^{k-1} < n \leqslant 2^k$$

即

$$k - 1 < \log_2 n \leqslant k$$

用上述平方法，至多只需要 $[\log_2 n] + 1$ 步便可求得 R^*，这里 $[x]$ 表示 X 所包含的最大整数。

实际上，$\boldsymbol{R}^*$ 为包含 $\boldsymbol{R}$ 的最小的模糊等价矩阵，取 $\boldsymbol{R}^*$ 的 λ 截矩阵可以证明，所得的 $\boldsymbol{R}_\lambda^*$ 仍为等价关系。利用 $\boldsymbol{R}^*$ 对 X 进行动态聚类，这样的模糊聚类方法又称为传递闭包法。

例 2　一个环境单元的污染状况可由污染物在空气、水分、土壤、作物四个要素中含量的超限度来评价。设有五个单元，它们的污染状况按空气、水分、土壤、作物顺序排列如下：

第一单元：(5,5,3,2)　　$x_1 = (5,5,3,2)$

第二单元：(2,3,4,5)　　$x_2 = (2,3,4,5)$

第三单元：(5,5,2,3)　　$x_3 = (5,5,2,3)$

第四单元：(1,5,3,1)　　$x_4 = (1,5,3,1)$

第五单元：(2,4,5,1)　　$x_5 = (2,4,5,1)$

试根据上述污染状况，将 5 个单元加以分类。

解　第一步，将给定样本数据进行标准化处理，这里就用所谓"绝对值减数方法"，即

$$r_{ij} = \begin{cases} 1 & i = j \\ 1 - c\sum_{k=1}^{m} | x_{ik} - x_{jk} | & i \neq j \end{cases} \tag{7-8}$$

其中，选取 $c = 0.1, m = 5, i、j = 1,2,3,4,5$。

第二步，根据式(7-8)求出 r_{ij}，建立模糊相似关系矩阵 $\underset{\sim}{\boldsymbol{R}}$ 为

$$\underset{\sim}{\boldsymbol{R}} = \begin{bmatrix} 1 & 0.1 & 0.8 & 0.5 & 0.3 \\ 0.1 & 1 & 0.1 & 0.2 & 0.4 \\ 0.8 & 0.1 & 1 & 0.3 & 0.1 \\ 0.5 & 0.2 & 0.3 & 1 & 0.6 \\ 0.3 & 0.4 & 0.1 & 0.6 & 1 \end{bmatrix}$$

显然，$\underset{\sim}{\boldsymbol{R}}$ 满足自反性、对称性，但不满足传递性，它还不是模糊等价关系，须对其进行改造。

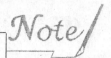

第三步，使用平方法改造$\underset{\sim}{R}$，先对$\underset{\sim}{R}$ 自乘得

$$\underset{\sim}{R}\circ\underset{\sim}{R}=\underset{\sim}{R}^2=\begin{bmatrix}1&0.3&0.8&0.5&0.5\\0.3&1&0.2&0.4&0.4\\0.8&0.2&1&0.5&0.3\\0.5&0.4&0.5&1&0.6\\0.5&0.4&0.3&0.6&1\end{bmatrix}$$

再平方变为

$$\underset{\sim}{R}^2\circ\underset{\sim}{R}^2=\underset{\sim}{R}^4=\begin{bmatrix}1&0.4&0.8&0.5&0.5\\0.4&1&0.4&0.4&0.4\\0.8&0.4&1&0.5&0.5\\0.5&0.4&0.5&1&0.6\\0.5&0.4&0.5&0.6&1\end{bmatrix}$$

再自乘可得 $$\underset{\sim}{R}^4\circ\underset{\sim}{R}^4=\underset{\sim}{R}^8=\underset{\sim}{R}^4$$

因此，选定$\underset{\sim}{R}^4$ 为模糊等价矩阵$\underset{\sim}{R}^*$。

第三步，选取 $\lambda=0.5$，则$\underset{\sim}{R}^*$ 的 λ 截矩阵变为

$$\boldsymbol{R}_{0.5}^*=\begin{bmatrix}1&0&1&1&1\\0&1&0&0&0\\1&0&1&1&1\\1&0&1&1&1\\1&0&1&1&1\end{bmatrix}$$

由 $\boldsymbol{R}_{0.5}$ 不难看出，五个单元的污染况状可分为两类，即第一、三、四、五单元为一类，第二单元为另外一类。

若取 $\lambda=0.6$ 时，则

$$\boldsymbol{R}_{0.6}^*=\begin{bmatrix}1&0&1&0&0\\0&1&0&0&0\\1&0&1&0&0\\0&0&0&1&1\\0&0&0&1&1\end{bmatrix}$$

此时分成三类：第一、第三单元为第一类，第二单元为第二类，第四、五单元为第三类。

若取 $\lambda=0.8$ 时，则

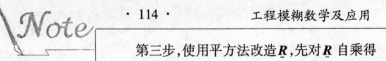

$$R_{0.8}^{*}=\begin{bmatrix}1&0&1&0&0\\0&1&0&0&0\\1&0&1&0&0\\0&0&0&1&0\\0&0&0&0&1\end{bmatrix}$$

则分成四类:第一、第三单元为一类,第二、第四、第五单元各为一类。

若取 $\lambda=1$、$\lambda=0.4$ 时,则 $\boldsymbol{R}_1^*=I,\boldsymbol{R}_{0.4}^*=E$。于是前者把这五个单元各自分为一类共五类,而后者把这五个单元归为一类。

$$\boldsymbol{R}_1^*=\begin{bmatrix}1&&&&\\&1&&&\\&&1&&\\&&&1&\\&&&&1\end{bmatrix}=I$$

$$\boldsymbol{R}_{0.4}^*=\begin{bmatrix}1&1&1&1&1\\1&1&1&1&1\\1&1&1&1&1\\1&1&1&1&1\\1&1&1&1&1\end{bmatrix}=E$$

上述分类过程如图 7-2 所示,不难看出,分类结果与 λ 取值大小有关,λ 取值越大,分类就多,也就分得越细。当 λ 低到某一值时所有样本均归为一类。因此,我们可根据实际问题的需要,调整 λ 的值以获得恰当的分类结果。

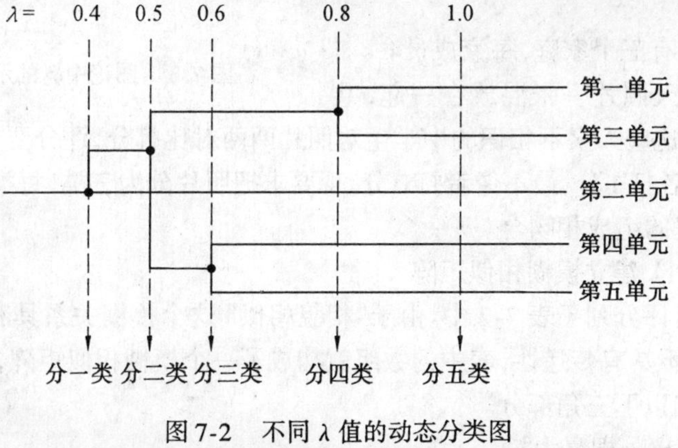

图 7-2　不同 λ 值的动态分类图

7.4 基于模糊相似关系的聚类分析

基于模糊等价关系的矩阵分析，往往是先建立起模糊相似关系矩阵，然后通过平方法应用传递闭包对其改造，会遇到矩阵的多次自乘运算，工作量较大。为此，人们研究由模糊相似矩阵直接聚类的最大树法（吴望名，1979）、编网法（赵汝怀，1980），这两种方法均避开矩阵自乘运算，具有使用方便、直观易懂的优点。

7.4.1 模糊聚类的最大树法

最大树法主要是应用图论中“树”的概念。在模糊图论中，定义一个模糊图$\underset{\sim}{R}$是一个二元组$(V,\underset{\sim}{R})$，其中V是顶点（样本）的集合，$\underset{\sim}{R}$是V上的一个模糊关系。

“树”是一个特殊的图，它有n个顶点，$n-1$条边，是连通的，但不包含闭合回路。如图 7.3 所示，顶点集合为$\{V_1, V_2, \cdots, V_{10}, V_{11}\}$，共有 10 条边，连接两顶点边上介于 0 ~ 1 间的数，即为权值，其值大小表明该两顶点相关联的程度。

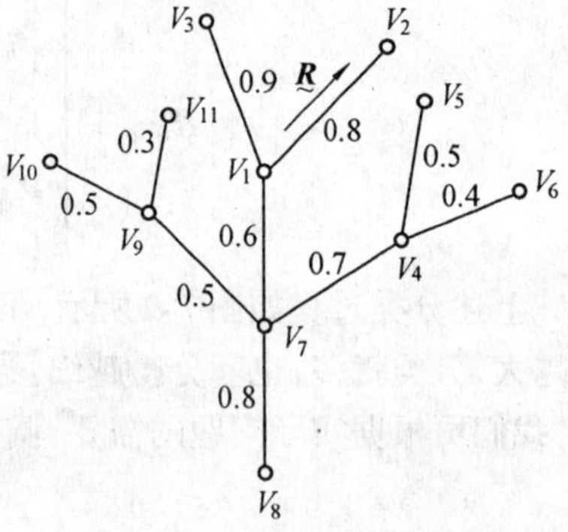

图 7.3 图论中树的示意

下面以日本学者 Tamura 对三个家庭照片聚类的例子来说明最大树法聚类的步骤。

例 3 有三个家庭，每家成员 4 ~ 7 人，今取每人照片一张混放在一起，共 16 张。由和这些人素不相识的中学生对照片两两对比打分，评分要在 0 到 1 之间，最相像者打 1 分，最不像者打 0 分。现要求把照片分为三类，每类 4 ~ 7 人，与三人家庭的组成相吻合。

解 (1) 建立模糊相似矩阵

将所有评分列于表 7-2 中。由于“相貌相似”这个模糊关系具有自反性和对称性，但不具有传递性，表中的数组就构成了一个模糊相似矩阵，因其对称，故只需列出以下三角部分。

(2) 画出一棵最大树

应用最大树法，就是要构造一个特殊的图，以所有被分类的对象为顶点，本问题顶点共 16 个，即 $V=\{1,2,3,\cdots,15,16\}$。

表 7-2 16 张照片的模糊相似矩阵表

r_{ij}	1	2	3	4	5	6	7	8	9	10	11	12	13	14	15	16
1	1															
2	0	1														
3	0	0	1													
4	0	0	0.4	1												
5	0	0.8	0	0	1											
6	0.5	0	0.2	0.2	0	1										
7	0	0.8	0	0	0.4	0	1									
8	0.4	0.2	0.2	0.5	0	0.8	0	1								
9	0	0.4	0	0.8	0.4	0.2	0.4	0	1							
10	0	0	0.2	0.2	0	0	0.2	0	0.2	1						
11	0	0.5	0.2	0.2	0	0	0.8	0	0.4	0.2	1					
12	0	0	0.2	0.8	0	0	0	0	0.4	0.8	0	1				
13	0.8	0	0.2	0.4	0	0.4	0	0.4	0	0	0	0	1			
14	0	0.8	0	0.2	0.4	0	0.8	0	0.2	0.2	0.6	0	0	1		
15	0	0	0.4	0.8	0	0.2	0	0	0.2	0	0	0.2	0.2	0	1	
16	0.6	0	0	0.2	0.2	0.8	0	0.4	0	0	0	0	0.4	0.2	0.4	1

当 $r_{ij} \neq 0$ 时，顶点 i 与顶点 j 就可以连一条边。具体画最大树的方法如下：

首先选顶点集中的某一个 i，然后按 r_{ij} 从大到小的顺序依次连边，并不需产生回路，直到全部顶点都被连通为止。这样就得到一棵最大树，是一棵赋权的树。由于具体连法不同，最大树不惟一。

具体画时，选 $i = 1$ 作为顶点，由表 7-2 中 $r_{ij} = 1$ 这一列中，权值最大的两个依次是 13,16。因 13 这一行除 $r_{13,1} = 0.8$ 外，其余都很小，故不连。16 对应这行 $r_{16,6} = 0.8$ 最大，故将 16 与 6 连上。在 6 这列上 $r_{8,6} = 0.8$ 最大，再将 6 与 8 连上。依此原则继续连下去，直至得到一棵连通 16 个顶点的最大树，如图 7-4 所示。

(3) 求最大树的 λ 水平截集，进行聚类。

首先取 $\lambda = 0.5$，可截得三棵子树，其顶点集分别为

$V_1 = \{13,1,16,6,8,4,9,15,12,10\}$

$V_2 = \{3\}$

$V_3 = \{5,2,7,11,14\}$

因 $V_2 = \{3\}$ 自己成一类，V_1 中包括10人，不符合题意，说明 λ 值选取不合适。

再选 $\lambda = 0.6$，最大树被截得四棵树，如图 7-4 所示，即

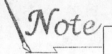

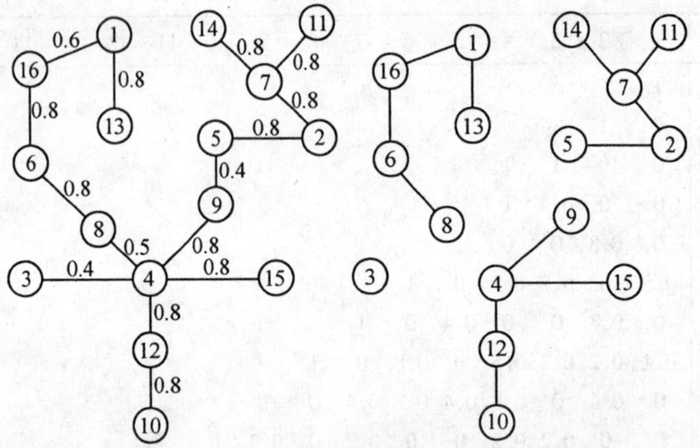

图 7-4　最大树、最大树的截集

$V_1 = \{13,1,16,6,8\}$

$V_2 = \{9,4,15,12,10\}$

$V_3 = \{3\}$

$V_4 = \{11,7,14,2,5\}$

显然，V_1、V_2、V_4 符合 4 ~ 7 人要求，而 V_3 独成一类。实际上“3” 并不是这三个家庭成员，是试验者故意加上去的，已被最大树方法识别出来，将其删去。至此便应用最大树法按相貌完成了聚类工作。

应该指出，虽然最大树并不惟一，但取截集合所得的子树是一样的。这种最大树聚类方法也可应用于设备运输等问题。

7.4.2　基于模糊相似矩阵的编网法

编网法同最大树法一样，也是从直接由模糊相似矩阵 R 出发，取 $\lambda \in [0,1]$，作截矩阵 R_λ，并将对角线上填入元素的符号，在对角线下方，以节点符号“$*$”代替 R_λ 中的“1”，而“0” 被略去不写。

由节点“$*$”从水平方向和垂直方向分别向对角线引经线和纬线，这一过程称为“编网”。经过同一节点的经线、纬线可看成被打上了结而被系在一起。通过“打结” 而能被相连接起来的点，即同属于一类，从而实现分类。

下面仍以照片分类问题为例，利用编网法进行分类。首先，由表 7-2 给定的数据出发，选取 $\lambda = 0.6$，得到截矩阵 $R_{0.6}$ 为

$$
\boldsymbol{R}_{0.6}=\begin{array}{r}1\\2\\3\\4\\5\\6\\7\\8\\9\\10\\11\\12\\13\\14\\15\\16\\ \\ \end{array}\!\!\begin{array}{l}\left[\begin{array}{cccccccccccccccc}
1 & & & & & & & & & & & & & & & \\
0 & 1 & & & & & & & & & & & & & & \\
0 & 0 & 1 & & & & & & & & & & & & & \\
0 & 0 & 0 & 1 & & & & & & & & & & & & \\
0 & 1 & 0 & 0 & 1 & & & & & & & & & & & \\
0 & 0 & 0 & 0 & 0 & 1 & & & & & & & & & & \\
0 & 1 & 0 & 0 & 0 & 0 & 1 & & & & & & & & & \\
0 & 0 & 0 & 0 & 0 & 1 & 0 & 1 & & & & & & & & \\
0 & 0 & 0 & 1 & 0 & 0 & 0 & 0 & 1 & & & & & & & \\
0 & 0 & 0 & 0 & 0 & 0 & 0 & 0 & 0 & 1 & & & & & & \\
0 & 0 & 0 & 0 & 0 & 0 & 1 & 0 & 0 & 0 & 1 & & & & & \\
0 & 0 & 0 & 1 & 0 & 0 & 0 & 0 & 0 & 1 & 0 & 1 & & & & \\
1 & 0 & 0 & 0 & 0 & 0 & 0 & 0 & 0 & 0 & 0 & 0 & 1 & & & \\
0 & 1 & 0 & 0 & 0 & 0 & 1 & 0 & 0 & 0 & 1 & 0 & 0 & 1 & & \\
0 & 0 & 0 & 1 & 0 & 0 & 0 & 0 & 0 & 0 & 0 & 0 & 0 & 0 & 1 & \\
1 & 0 & 0 & 0 & 0 & 1 & 0 & 0 & 0 & 0 & 0 & 0 & 0 & 0 & 0 & 1
\end{array}\right]\\
\begin{array}{cccccccccccccccc}
\;1 & 2 & 3 & 4 & 5 & 6 & 7 & 8 & 9 & 10 & 11 & 12 & 13 & 14 & 15 & 16
\end{array}\end{array}
$$

然后按编网方法进行编网,将对角线上的"1"换以被分类对象的序号,其余的"1"换成为"＊","0"被略去不写,把节点"＊"用经线、纬线连接起来,如图 7-5 所示。

不难看出,所得分类结果为

{1,6,8,13,16}(用直线连接)

{2,5,7,11,14}(用曲线连接)

{4,9,10,12,15}(用虚线连接)

{3} 自成一类

这个分类结果同最大树法分类结果相同。

如果仍通过改造模糊相似矩阵 R^* 的方法,对上述 16 张照片分类得到动态聚类图,如图 7-6 所示。

7.5　基于模糊划分的聚类方法

在分类问题中,有时被分类的样本预先确定应该分成几类,解决这样分类问题的基本思想是,先粗略地给出一个初步的分类,再用数学计算的方法进行反复修改,达到要求为止。

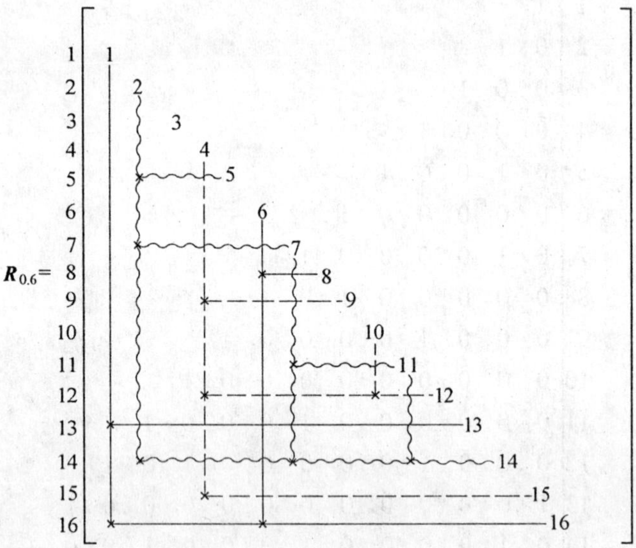

图 7-5 对 $\boldsymbol{R}_{0.6}$ 进行编网结果

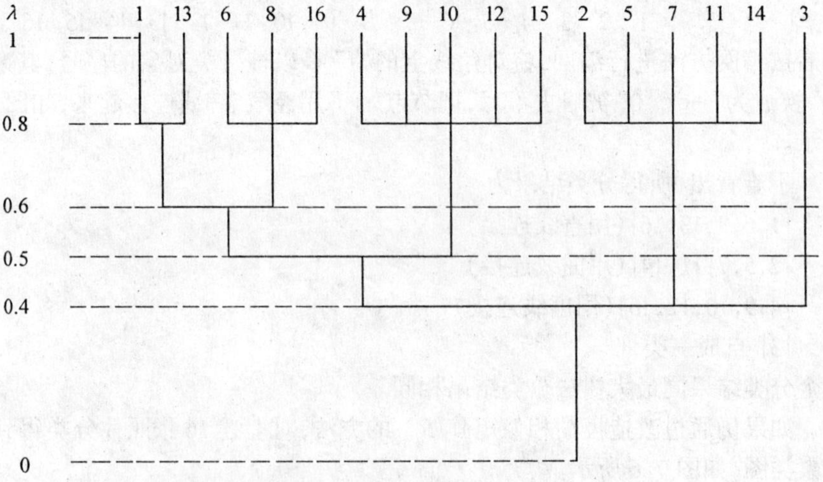

图 7-6 16 张照片动态聚类图

7.5.1 硬划分与聚类中心

1. 分类矩阵

设样本集合为

$$X = \{x_1, x_2, \cdots, x_n\}$$

每一个样本 x_i 有 s 个指标，因此每个样本 x_i 可写成向量

$$x_i = (x_{i1}, x_{i2}, \cdots, x_{is})$$

如果规定把样本集 X 中的样本分成 c 类，则对应每一种分法可用一个 c 行 n 列的布尔矩阵来表示。例如下列矩阵 $\boldsymbol{U}$ 就表示一种分类。

$$\boldsymbol{U} = \begin{matrix} \\ 1 \\ 2 \\ 3 \\ \vdots \\ c \end{matrix}\begin{matrix} \begin{matrix} x_1 & x_2 & x_3 & \cdots & x_n \end{matrix} \\ \begin{bmatrix} 0 & 0 & 0 & \cdots & 1 \\ 1 & 0 & 0 & & \vdots \\ 0 & 1 & 0 & & \vdots \\ \vdots & \vdots & \vdots & & \vdots \\ 0 & 0 & 1 & \cdots & 0 \end{bmatrix} \end{matrix}$$

上述矩阵 $\boldsymbol{U}$ 的第一列中只有第二个元素为 1，其余均为 0。表明样本 x_1 属于第二类。同理，x_2 属于第三类，x_3 属于第 c 类。一般情况下

$$u_{ij} = \begin{cases} 0 & \text{表示第 } j \text{ 个样本不属于第 } i \text{ 类} \\ 1 & \text{表示第 } j \text{ 个样本属于第 } i \text{ 类} \end{cases}$$

这样一来，给出一种分类就可以得到一个对应的矩阵 $\boldsymbol{U}$，称 $\boldsymbol{U}$ 为分类矩阵。显然，不同的分类对应着不同的划分矩阵。然而，并非所有矩阵都能对应着一种分类，仅当矩阵 $\boldsymbol{U}$ 满足下述性质时，才能对应一种分类。

① $\boldsymbol{U}$ 为布尔矩阵，即它的元素 $u_{ij} = 0$ 或 $1, i = 1,2,\cdots,c, j = 1,2,\cdots,n$。

② 第 i 个样本 x_i 只能属于其中的某一类，而不能同时属于两类以上，即

$$\sum_{i=1}^{c} u_{ij} = u_{1j} + u_{2j} + \cdots + u_{cj} = 1, \quad j = 1,2,\cdots,n$$

③ 每一类至少含有一个样本，即

$$\sum_{j=1}^{c} u_{ij} = u_{i1} + u_{i2} + \cdots + u_{in} > 0, \quad i = 1,2,\cdots,c$$

例如把样本集 $X = \{x_1, x_2, x_3, x_4, x_5, x_6\}$ 分成三类时，矩阵 $\boldsymbol{U}_1$ 和矩阵 $\boldsymbol{U}_2$ 不一样，虽然它们都把样本分成三类，但分类结果却是不同的。

$$\begin{matrix} & \begin{matrix} x_1 & x_2 & x_3 & x_4 & x_5 & x_6 \end{matrix} \\ \boldsymbol{U}_1 = & \begin{bmatrix} 1 & 0 & 0 & 0 & 0 & 0 \\ 0 & 1 & 1 & 0 & 0 & 0 \\ 0 & 0 & 0 & 1 & 1 & 1 \end{bmatrix} \end{matrix} \longrightarrow \left.\begin{matrix} \{x_1\} \\ \{x_2, x_3\} \\ \{x_4, x_5, x_6\} \end{matrix}\right\} \text{分成三类}$$

$$\boldsymbol{U}_2 = \begin{bmatrix} 0 & 0 & 1 & 1 & 0 & 0 \\ 0 & 1 & 0 & 0 & 1 & 0 \\ 1 & 0 & 0 & 0 & 0 & 1 \end{bmatrix} \longrightarrow \left.\begin{matrix} \{x_3, x_4\} \\ \{x_2, x_5\} \\ \{x_1, x_6\} \end{matrix}\right\} \text{分成三类}$$

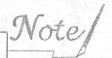

一般有 n 个样本分到 c 类中去，只有有限种分类。因而，就对应着有限个分类矩阵，将全体分类矩阵所构成的集合称为划分空间。为从划分空间中挑选出最佳的分类矩阵，需要引进聚类中心的概念

2. 聚类中心

聚类中心是一种人为假想的理想样本，第 j 类样本的聚类中心 V_j 是这一类所有样本的一个中心，它对应的各个指标是该类所对应指标的平均值。

若第 j 类样本的聚类中心为

$$V_j = (v_{j1}, v_{j2}, \cdots, v_{js})$$

则

$$v_{jk} = \frac{\sum_{i=1}^{n} u_{ji} x_{ik}}{\sum_{i=1}^{n} u_{ji}} \quad k = 1,2,\cdots,s \tag{7-9}$$

其中，分母为属于第 i 类样本的个数，而分子为属于第 j 类所有样本的第 k 个指标的和。

不难看出，聚类中心一般并不是一个实际的样本，而是一个虚拟的理想样本，可以视为该类的一个模式样本，它的指标综合地反映了该类指标的特性。

在一个合理的分类中，每一类中的样本与该类的聚类中心的距离平方应越小越好。若用 $J(U,V)$ 表示所有样本到它所属类的聚类中心距离平方和，则

$$J(U,V) = \sum_{j=1}^{c} \sum_{i=1}^{n} u_{ij} \| x_i - V_j \|^2 \tag{7-10}$$

式中，$\sum_{i=1}^{n} u_{ij} \| x_i - V_j \|^2$ 表示第 j 类中所有样本到它们的聚类中心 V_j 的加权距离平方和，权就是 x_{ij} 属于 j 类的从属程度。为了得到最佳分类，应使 $J(U,V)$ 达到最小值。

7.5.2　软划分与最佳软划分

1. 软划分 —— 模糊划分

在分类过程中，样本可以清晰地分类的情况通过硬划分加以分类。但有些样本的分类难以明确地属于或不属于某一类，而只能给出某个样本隶属于某一类的程度，例如样本集 $X = \{x_1, x_2, x_3, x_4, x_5\}$ 要分成三类，可以通过模糊矩阵

$$\boldsymbol{U} = \begin{bmatrix} 0.2 & 0.6 & 0.3 & 0.8 & 0.2 \\ 0.7 & 0.1 & 0.2 & 0.1 & 0.1 \\ 0.1 & 0.3 & 0.5 & 0.1 & 0.7 \end{bmatrix}$$

来表示如下的软分类

$$A_1 = \{0.2/x_1, 0.6/x_2, 0.3/x_3, 0.8/x_4, 0.2/x_5\}$$
$$A_2 = \{0.7/x_1, 0.1/x_2, 0.2/x_3, 0.1/x_4, 0.1/x_5\}$$
$$A_3 = \{0.1/x_1, 0.3/x_2, 0.5/x_3, 0.1/x_4, 0.7/x_5\}$$

一般说来，若 X 有 n 个样本要分成 c 类，则它的软划分矩阵的形式为

$$\boldsymbol{U} = \begin{array}{c} \\ 1 \\ 2 \\ 3 \\ \vdots \\ c \end{array} \begin{array}{c} \begin{array}{ccccc} x_1 & x_2 & x_3 & \cdots & x_n \end{array} \\ \begin{bmatrix} u_{11} & u_{12} & u_{13} & \cdots & u_{1n} \\ u_{21} & u_{22} & u_{23} & \cdots & u_{2n} \\ u_{31} & u_{32} & u_{33} & \cdots & u_{3n} \\ \vdots & \vdots & \vdots & & \vdots \\ u_{c1} & u_{c2} & u_{c3} & \cdots & u_{cn} \end{bmatrix} \end{array}$$

上述的 $c \times n$ 阶软划分矩阵，应具有如下特性

(1) $0 \leqslant u_{ij} \leqslant 1 \quad i = 1,2,\cdots,c; j = 1,2,\cdots,n$

(2) $\sum_{i=1}^{c} u_{ij} = 1 \quad j = 1,2,\cdots,n$

这表明每一样本属于各类的隶属度之和为 1。

(3) $\sum_{j=1}^{n} u_{ij} > 0 \quad i = 1,2,\cdots,n$

这一表明每一类模糊集不可能是空集。

软划分矩阵会有无穷多个，它们的全体被称为软划分空间。虽然软划分矩阵有无穷多个，但它的最佳划分却比较容易求得。

衡量软划分最佳分类的标准，一是样本与聚类中心的距离平方和最小，二是同时考虑样本与每一类的聚类中心的距离，因为一个样本是按不同的隶属度属于各类的。因此，将每个样本 x_i 与各类聚类中心 V_j 的带权距离平方和加起来，就得到所有样本带权距离平方和的计算公式

$$J(U,V) = \sum_{i=1}^{n} \sum_{j=1}^{c} u_{ij} \| x_i - V_j \|^2 \tag{7-11}$$

可以证明，为了得到最佳软划分，要求适当的软划分矩阵 U 与聚类中心 V_i 采用如下计算公式

$$u_{ij} = \frac{1}{\sum_{k=1}^{c} \left(\frac{\| x_j - V_i \|}{\| x_j - V_k \|} \right)^{\frac{2}{m-1}}} \tag{7-12}$$

其中参数 m 是考虑加强 x_i 对各类隶属度的对比度，而 V_i 为

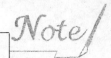

$$V_i = \frac{\sum_{k=1}^{n}(u_{ik})^m x_k}{\sum_{k=1}^{n}(u_{ik})^m} \tag{7-13}$$

在式(7-13)中

$$V_i = (v_{i1}, v_{i2}, \cdots, v_{is}) \quad i = 1,2,\cdots,c$$

$$x_k = (x_{k1}, x_{k2}, \cdots, x_{ks}) \quad k = 1,2,\cdots,n$$

因此,式(7-13)实际上是 s 个等式的缩写形式。

2. 最佳软划分矩阵的计算步骤

(1) 人为给出一个初始划分矩阵 $\boldsymbol{U}_0$,它可以硬划分也可以软划分。

(2) 根据初始划分矩阵 $\boldsymbol{U}_0$,利用式(7-13)计算出聚类中心 V_i。

(3) 再利用式(7-12)和已算出的 V_i,计算出新的软划分矩阵 $\boldsymbol{U}$。

(4) 判断 $\max\{|u_{ij} - u_{ij}^0|\}$ 是否小于预先给定的一个很小的正数 ε(根据分类精度的需要 ε 可取 $10^{-2}, 10^{-3}, 10^{-4}$ 等),若小于 ε,则计算结束;否则回到第(2)步,再根据已算出的 $\boldsymbol{U}$ 算出新的聚类中心,经过反复迭代计算,直至得到最佳软划分矩阵。

理论上可以证明,在 $m > 1, V_i \neq x_k$ 的条件下,一定可以算出近似最佳软划分。这一计算过程可通过计算机完成,其计算量的大小与精度 ε 选取有关,ε 取得越小精度越高,计算量也越大。

经过计算得到最佳软划分矩阵后,一般还要求有对应的硬划分,通常有两种方法:一是直接方法,即将 $\boldsymbol{U}$ 中每一列的元素中最大者取为 1,其余全部取为 0,实际上这是将样本划归为隶属度最大的那一类;二是二次分类法,即把得到的聚类中心存在计算机中,将样本重新逐个输入,并与每个聚类中心进行比较,看其与哪个聚类中心最接近就属于哪一类。即若

$$\| x_i - V_{j0} \| = \min_j \{ \| x_i - x_j \| \} \tag{7-14}$$

则 x_i 属于 j_0 类。一般说来,上述两种方法所得结果基本是一致的。

上面介绍的方法要预先知道将样本分成多少类,如果所确定的分类数不合理,就难以有合理的分类,因而须重新确定类数,再重新计算。在这方面它不如利用模糊等价关系进行分类,但它可以求得聚类中心,即可得到各类模式样本,这往往是人们需要的。因此,有时两种分类方法可以混合使用,将第一种方法分类结果作为第二种方法的初始分类,经反复迭代最终得到更好的分类结果。

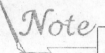

第8章　模糊模式识别

模式通常指事物的标准形式、样本。模式识别就是将待识别的对象特征信息与给定样本特征信息比较、匹配，并给出对象所属模式类的判断。模糊模式识别过程，实质上是利用计算机模拟人脑形象思维方式和模糊逻辑思维方式，对事物模式加以识别的过程。从动态系统角度上，模式识别是一种辨识数据结构的过程。模式识别涉及许多新学科、新领域，从人类基因图谱识别，到军用卫星遥感图像识别等，其应用范围非常广泛。

本章重点阐述模式识别系统的组成，模式识别的原理，模糊模式识别的最大隶属原则、择近原则，多特征模糊模式识别方法，基于句法的模糊模式识别等内容。

8.1　模式识别的基本概念

模式识别中的模式一词来源于古法文 Patron，按英文 Pattern 原意指典范，式样、样品等。通常，模式指某种事物的标准形式、样本。对于不同的事物也有着不同的模式：如讨论图形的模式多指标准的图形，讨论产品指样品，讨论人物指典型人物等。

在现代生活和科学技术等领域，模式识别问题不胜枚举。我们读远方家人亲笔信及熟悉一个朋友的面孔都是某个模式识别过程，公安人员识别指纹，军事目标的识别，电子信息对抗中的干扰信息的识别等。

在当代信息化、数字化社会，模式识别就是利用计算机模拟人的形象思维方法对客观事物进行识别和分类。模式识别实质上是利用计算机辨识数据结构的过程。分类和模式识别二者之间有许多相似之处，但又有区别。从本质上看，分类是建立(或寻求确定)数据结构，而模式识别则是试图获取新的数据并将其归入由分类处理所得到的某一种类型之中。

简言之，分类是定义模式，而模式识别则是将数据进行归类。也可以说模式识别是一种有模式的分类问题，而聚类分析是一种无模式的分类问题。分类过程和模式识别过程都需要建立反馈回路，一方面用以寻找更好的数据分割方法，另一方面用于解决模式匹配错误以实现有效的归类。

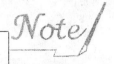

现实中的许多模式识别问题，都在很大程度上包含着模糊性信息，因此应

用模糊集合论解决模式识别问题,有着广泛的应用。

8.2 模式识别的原理

8.2.1 模式识别系统的结构

一个模式识别系统通常是利用计算机来实现的,因此,除计算机之外,它一般由以下几部分组成:

1. 传感器部分

感知器,有时又称探头、测试头、感应头,用以将各种待识别对象的模式转变为电信号。因此,根据识别对象,如目标、景物、图像、人物、文字、语音等的种类、性质不同,传感器的形式、原理也不一样,但它们大都基于物理学、电子学、光电子等原理,如利用微波、电磁感应、光电效应、红外线、α、β 射线等。

传感器部分在模式识别系统中起着至关重要的作用,因此,它的性能直接影响着识别系统的质量。一般要求它具有足够高的灵敏度、精度、保真性、稳定性及抗扰能力。

2. 信号预处理部分

由传感器输出的信号一般比较微弱,波形不规则等,因此,不能直接使用。必须对这一信号进行必要的加工、处理,如通过放大、去噪、整形、转换为数字信号等,将信号进行“正规化”处理,可供识别使用。因此,信号预处理部分又称前置处理。

上述传感器和信号处理两部分的主要任务是向识别系统提供待识别对象尽可能多的原始数据(信息)。

3. 特征分析部分

通过传感器与信号处理后的原始数据的特征分析,是获取用于识别和分类的最佳信息的方法,这种信息是通过对原始数据的进一步处理和优化而得到的,并以最小数目的特征值表示。

特征分析包括特征标定、特征选择和特征提取三部分。

特征标定是提出原始特征值的过程,这项工作通常由专门技术人员根据特定传感器特性和实际测到的结果进行标定。

特征选择是从原始的 P 个特征值中选择 s 个特征值构成最佳子集的过程。因此,设计人员必须选择那些反映待识别对象的各种最重要而又本质的、可区别于他事物的特征作为最佳特征子集。

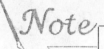

特征提取表示将原始具有 P 个特征值的 P 维特征空间转换为 s 维空间的过程。在转换过程中原 P 空间的有用信息得到最佳保存，其作用并得到加强。

特征提取的另一种方法是由工程师根据经验采用试探性标定和(或)提取。例如用传感器测量压力时，可选择所记录压力测量值的斜率，增加或减小的面积(脉冲或能量)，甚至压力波形的变换等。这样可用特征分析来检验特征提取的有效性，以利于评价特征质量。也可以通过计算机对有规则的数据进行判断，来评价特征提取的质量。

4. 识别分类部分

在基于数值模式识别的统计方法中，每一个输入观测可表示为一个多维向量(特征向量)，该向量的每一个分量表示一个特征。

根据从待识别对象提取的特征信息量，按照某种设计的分类原则，对输入的模式进行聚类分析，一般认为把具有相似特征的不同输入观测值可以归入一类，而不同特征的输入观测值分到不同的类别。

8.2.2　模式识别的原理

由上述模式识别系统的组成及识别过程不难看出，模式识别过程实际上是先把被识别对象特征信息数字化，进而得到一个多维数据向量，通过辨识其数据结构并根据定义的模式对其进行归类。

8.3　一维模糊模式识别的方法

模糊模式识别方法分为直接法和间接法两种。直接法是指直接基于隶属度最大原则的识别方法，而间接法是基于贴近度择近原则的识别方法。

8.3.1　基于最大隶属原则的模式识别

对单个模糊模式识别称为一维模糊模式识别。假设已有一些典型的模式存储在计算机知识库中，如果给我们一个尚未分类的新数据样本，那么如何确定该样本的模式呢?

设用论域 U 上的模糊集 $\underset{\sim}{A}_1, \underset{\sim}{A}_2, \cdots, \underset{\sim}{A}_m$ 表示已有的典型模式。现假定有一个新的数据样本，它是用清晰的单元素集 x_0 描述的，利用最大隶属原则，则该新数据样本应该用最接近它的相似模式表达为

$$\mu_{\underset{\sim}{A}_i}(x_0) = \max\{\mu_{\underset{\sim}{A}_1}(x_0), \mu_{\underset{\sim}{A}_2}(x_0), \cdots, \mu_{\underset{\sim}{A}_m}(x_0)\} \tag{8-1}$$

其中 $x_0 \in \underset{\sim}{A}_i$，而$\underset{\sim}{A}_i$ 则是在x_0 点处最接近的隶属关系的集合。式(8-1) 表示的最大隶属原则如图 8-1 所示，显然有

$$\mu_{\underset{\sim}{A}_2}(x_0) = \max\{\mu_{\underset{\sim}{A}_1}(x_0), \mu_{\underset{\sim}{A}_2}(x_0), \mu_{\underset{\sim}{A}_3}(x_0)\}$$

因此，用单元素 x_0 描述的新数据样本用其最接近的典型模式$\underset{\sim}{A}_2$ 表示。

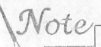

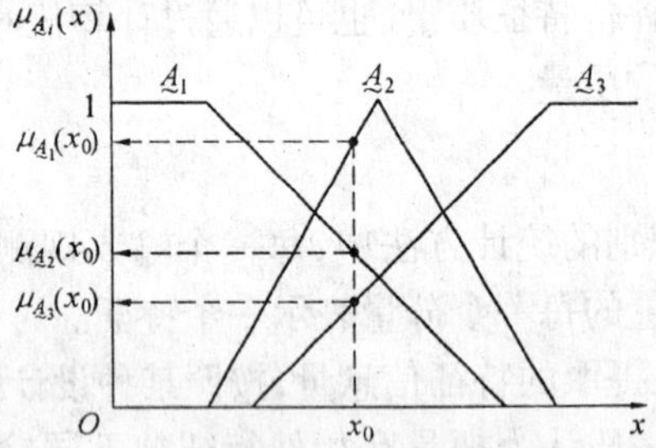

图 8-1　最大隶属原则

最大隶属原则在识别中有广泛的应用，如用机器自动识别染色体或进行白血球分类问题，往往归结为对一些简单几何图形的识别，可以最大隶属原则进行识别。下面以三角形为例应用最大隶属原则识别三角形的类型。

按三角形分类有五种模式：等腰三角形、直角三角形、等边三角形、等腰直角三角和一般三角形。在三角形识别中，设 A、B、C 为三角形的三个内角，且 $A \geqslant B \geqslant C$，设 U 是三个角的全集，则

$$U = \{(A,B,C) \mid A \geqslant B \geqslant C \geqslant 0; A + B + C = 180°\}$$

为应用最大隶属原则对三角形进行模糊模式识别，定义以下五种模糊子集分别表示五种三角形类型；并给出它们的隶属函数，如表 8-1 所示。

表 8-1　五种三角形类型的模糊集表示及其隶属函数

三角形类型	模糊子集表示	隶　属　函　数
近似等腰三角形	$\underset{\sim}{I}(A,B,C)$	$\underset{\sim}{I}(A,B,C) = 1 - \frac{1}{60°}\min\{A - B, B - C\} = \begin{cases}1 & (A = B, A = C \text{或} B = C)\\ 0 & (A = 120°, B = 60°, C = 0°)\end{cases}$
近似直角三角形	$\underset{\sim}{R}(A,B,C)$	$\underset{\sim}{R}(A,B,C) = 1 - \frac{1}{90°}\mid A - 90° \mid = \begin{cases}1 & (A = 90°)\\ 0 & (A = 180°)\end{cases}$
近似等边三角形	$\underset{\sim}{E}(A,B,C)$	$\underset{\sim}{E}(A,B,C) = 1 - \frac{1}{180°}\max\{A - B, A - C\} = \begin{cases}1 & A = B = C = 60°\\ 0 & A = 180°, B \text{或} C = 0°\end{cases}$

续表 8-1

三角形类型	模糊子集表示	隶　属　函　数
近似直角等腰三角形	$\underset{\sim}{IR}(A,B,C)$	$\underset{\sim}{IR}(A,B,C) = \underset{\sim}{I}(A,B,C) \wedge \underset{\sim}{R}(A,B,C) = \min\left\{1 - \frac{1}{60^\circ}\min(A-B,B-C),\ 1-\frac{1}{90^\circ}\mid A-90^\circ\mid\right\}$
一般三角形	$\underset{\sim}{G}(A,B,C)$	$\underset{\sim}{G}(A,B,C) = \overline{\underset{\sim}{I}\cup\underset{\sim}{R}\cup\underset{\sim}{E}} = \overline{\underset{\sim}{I}}\cap\overline{\underset{\sim}{R}}\cap\overline{\underset{\sim}{E}} = \min\{1-\mu_{\underset{\sim}{I}}(A,B,C),\ 1-\mu_{\underset{\sim}{R}}(A,B,C), 1-\mu_{\underset{\sim}{E}}(A-B-C)\} = \frac{1}{180^\circ}\min\{3(A-B),3(B-C),\ 2\mid A-90^\circ\mid, A-C\}$

例 1　某三角形 $\triangle ABC$ 的内角分别为 $A = 85^\circ, B = 50^\circ, C = 45^\circ$，采用最大隶属原则，判断此三角形应属于哪一类三角形。

解　应用表 8-1 给出的隶属函数公式，计算给定的 $\triangle ABC$ 隶属于各类三角形的隶属度，即

$$\mu_{\underset{\sim}{I}}(A,B,C) = 1 - \frac{1}{60^\circ}\min\{85^\circ - 50^\circ, 50^\circ - 45^\circ\} = \frac{11}{12} = 0.916$$

$$\mu_{\underset{\sim}{R}}(A,B,C) = 1 - \frac{1}{90^\circ}\mid 85^\circ - 90^\circ\mid = \frac{17}{18} = 0.944$$

$$\mu_{\underset{\sim}{E}}(A,B,C) = 1 - \frac{1}{180^\circ}\max\{85^\circ - 50^\circ, 85^\circ - 45^\circ\} = \frac{7}{9} = 0.778$$

$$\mu_{\underset{\sim}{IR}}(A,B,C) = \mu_{\underset{\sim}{I}}(A,B,C) \wedge \mu_{\underset{\sim}{R}}(A,B,C) = 0.916 \wedge 0.944 = 0.916$$

$$\mu_{\underset{\sim}{G}}(A,B,C) = \overline{\mu_{\underset{\sim}{I}} \vee \mu_{\underset{\sim}{R}} \vee \mu_{\underset{\sim}{E}}} = \overline{0.916 \vee 0.994 \vee 0.778} = \overline{0.944} = 0.056$$

由计算结果可以看出 $\mu_{\underset{\sim}{R}}(A,B,C) = 0.944$ 为最大隶属度，所以 $\triangle ABC$ 近似为直角三角形。

8.3.2　基于择近原则的模式识别

基于上述最大隶属原则识别方法，通过将一个给定的新样本与已知的若干典型模式对比，选取最大隶属度的那个典型模式作为新样本的模式类。这类问题如果隶属函数建立的好，用直接方法是较容易的，构建隶属函数是其难点。

模式识别中的间接方法是研究同一论域中模型与被识别的对象均为模糊

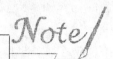

的情况。

设给定论域 U 上的模糊子集 $\underset{\sim}{A}_1,\underset{\sim}{A}_2,\cdots,\underset{\sim}{A}_n$ 及另一个模糊子集 $\underset{\sim}{B}$，若贴近度 $(\underset{\sim}{B},\underset{\sim}{A}_i)$ 为

$$(\underset{\sim}{B},\underset{\sim}{A}_i)=\bigvee_{1\leqslant i\leqslant n}(\underset{\sim}{B},\underset{\sim}{A}_i) \tag{8-2}$$

则认为 $\underset{\sim}{B}$ 与 $\underset{\sim}{A}_i$ 最贴近，且把 $\underset{\sim}{B}$ 归入 $\underset{\sim}{A}_i$ 模式，这一原则称为择近原则。

8.4　多特征模糊模式识别

8.4.1　多特征模式识别的择近原则

设 $\underset{\sim}{A}_1,\underset{\sim}{A}_2,\cdots,\underset{\sim}{A}_n$ 是 n 个已知模式，若 $\underset{\sim}{B}$ 与 $\underset{\sim}{A}_i$ 最贴近，则把 $\underset{\sim}{B}$ 归为 $\underset{\sim}{A}_i$ 模式，这个原则称为择近原则，它只适用于一维模糊模式识别。

设有 n 个模式，每个模式由 m 个特性来刻画，于是有 $n\times m$ 个表示模式不同特性的模糊集合

$$[A_{ij}]_{n\times m}\quad i=1,2,\cdots,n;j=1,2,\cdots,m$$

待识别的样本 $\underset{\sim}{B}$ 的 m 个特性模糊集为

$$\{\underset{\sim}{B}_j\}\quad j=1,2,\cdots,m$$

若存在

$$S_{i_0}=\bigvee_{1\leqslant i\leqslant n}[\bigwedge_{1\leqslant j\leqslant m}(\underset{\sim}{A}_{ij},\underset{\sim}{B}_j)] \tag{8-3}$$

则判定样本 $\underset{\sim}{B}$ 最贴近第 i_0 个模式，即 $\underset{\sim}{B}$ 属于第 i_0 类模式。

若两个正态模糊集 $\underset{\sim}{A}_1$、$\underset{\sim}{A}_2$，它们的隶属函数分别为

$$\mu_{\underset{\sim}{A}_1}(x)=\mathrm{e}^{-\left(\frac{x-a_1}{b_1}\right)^2}\quad(b_1>0)$$

$$\mu_{\underset{\sim}{A}_2}(x)=\mathrm{e}^{-\left(\frac{x-a_2}{b_2}\right)^2}\quad(b_2>0)$$

可以求得

$$\underset{\sim}{A}_1\cdot\underset{\sim}{A}_2=\mathrm{e}^{-\left(\frac{a_1-a_2}{b_1+b_2}\right)^2}\quad(a_1>a_2)$$

$$\underset{\sim}{A}_1\odot\underset{\sim}{A}_2=0$$

于是 $\underset{\sim}{A}_1$ 与 $\underset{\sim}{A}_2$ 的贴近度为

$$(\underset{\sim}{A}_1,\underset{\sim}{A}_2)=\frac{1}{2}[\mathrm{e}^{-\left(\frac{a_1-a_2}{b_1+b_2}\right)^2}+1] \tag{8-4}$$

例 2　设有五种小麦优良品种分别是早熟、矮秆、大粒、高肥丰产、中肥丰产。现对五种小麦优良品种分别采用抽取百粒重这一特性，用数理统计方法可知它们为正态模糊集，如表 8-2 所示。分别用模糊集 $\underset{\sim}{A}_1$、$\underset{\sim}{A}_2$、$\underset{\sim}{A}_3$、$\underset{\sim}{A}_4$、$\underset{\sim}{A}_5$ 表示。每

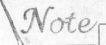

种小麦又要考察五种特性，即抽穗期、株高、有效穗数、主穗粒数、百粒重，分别用$\underset{\sim}{B}_1$、$\underset{\sim}{B}_2$、$\underset{\sim}{B}_3$、$\underset{\sim}{B}_4$、$\underset{\sim}{B}_5$ 表示。

表 8-2　五种优良品种小麦的模糊集表示

品种 \ $a,b,\mu_{\underset{\sim}{A}_i}(x)$	a	b	$\mu_{\underset{\sim}{A}_i}(x)=\mathrm{e}^{-\left(\frac{x-a}{b}\right)^2}$
早熟($\underset{\sim}{A}_1$)	3.7	0.3	$\mathrm{e}^{-\left(\frac{x-3.7}{0.3}\right)^2}$
矮杆($\underset{\sim}{A}_2$)	2.9	0.3	$\mathrm{e}^{-\left(\frac{x-2.9}{0.3}\right)^2}$
大粒($\underset{\sim}{A}_3$)	5.0	0.3	$\mathrm{e}^{-\left(\frac{x-5.0}{0.3}\right)^2}$
高肥丰产($\underset{\sim}{A}_4$)	3.9	0.3	$\mathrm{e}^{-\left(\frac{x-3.9}{0.3}\right)^2}$
中肥丰产($\underset{\sim}{A}_5$)	3.7	0.3	$\mathrm{e}^{-\left(\frac{x-3.7}{0.3}\right)^2}$

如果有一不知品种的小麦亲本$\underset{\sim}{B}$，用统计方法测得其参数数学期望 $a=3.43$，方差 $b=0.28$，于是

$$\mu_{\underset{\sim}{B}}(x)=\mathrm{e}^{-\left(\frac{x-3.43}{0.28}\right)^2}$$

利用式(8-4) 计算可得

$$(\underset{\sim}{B},\underset{\sim}{A}_1)=0.91,\ (\underset{\sim}{B},\underset{\sim}{A}_2)=0.72,\ (\underset{\sim}{B},\underset{\sim}{A}_3)=0.50,$$
$$(\underset{\sim}{B},\underset{\sim}{A}_4)=0.76,\ (\underset{\sim}{B},\underset{\sim}{A}_5)=0.89$$

若按择近原则小麦亲本$\underset{\sim}{B}$ 最接近于$\underset{\sim}{A}_1$，应属于早熟品种。一般仅根据百粒重一项指标判别其品种是不合理的，要同时考察五种特性。

如果同时考虑小麦的五种特性，则对于每一个品种（模式）小麦的每一个特性都是 X 上的一个模糊子集。表8-3给出了五种小麦、五种特性构成的25个模糊集，其中$\underset{\sim}{A}_{ij}$ 表示第 i 类品种的第 j 个特性所对应的模糊子集。

表 8-3　五种小麦、五种特性构成的模糊集

品种 \ 特性	抽穗期	株　高	有效穗粒	主穗粒数	百粒重
早熟$\underset{\sim}{A}_1$	$\underset{\sim}{A}_{11}$	$\underset{\sim}{A}_{12}$	$\underset{\sim}{A}_{13}$	$\underset{\sim}{A}_{14}$	$\underset{\sim}{A}_{15}$
矮杆$\underset{\sim}{A}_2$	$\underset{\sim}{A}_{21}$	$\underset{\sim}{A}_{22}$	$\underset{\sim}{A}_{23}$	$\underset{\sim}{A}_{24}$	$\underset{\sim}{A}_{25}$
大粒$\underset{\sim}{A}_3$	$\underset{\sim}{A}_{31}$	$\underset{\sim}{A}_{32}$	$\underset{\sim}{A}_{33}$	$\underset{\sim}{A}_{34}$	$\underset{\sim}{A}_{35}$
高肥丰产$\underset{\sim}{A}_4$	$\underset{\sim}{A}_{41}$	$\underset{\sim}{A}_{42}$	$\underset{\sim}{A}_{43}$	$\underset{\sim}{A}_{44}$	$\underset{\sim}{A}_{45}$
中肥丰产$\underset{\sim}{A}_5$	$\underset{\sim}{A}_{51}$	$\underset{\sim}{A}_{52}$	$\underset{\sim}{A}_{53}$	$\underset{\sim}{A}_{54}$	$\underset{\sim}{A}_{55}$

显然，对一个待识别的小麦亲本$\underset{\sim}{B}$ 有五个模糊集：$\underset{\sim}{B}_1$、$\underset{\sim}{B}_2$、$\underset{\sim}{B}_3$、$\underset{\sim}{B}_4$、$\underset{\sim}{B}_5$，其中$\underset{\sim}{B}_j$ 是亲本$\underset{\sim}{B}$ 属于第 j 个特性的模糊子集。为了应用择近原则识别亲本$\underset{\sim}{B}$，须计算出所有的贴近度$(\underset{\sim}{A}_{ij},\underset{\sim}{B}_j)$，$i=1,2,\cdots,5$；$j=1,2,\cdots,5$，其结果如表 8-4 所示。

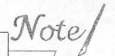

表 8-4　亲本$\underset{\sim}{B}$的五个特性与五个品种间的贴近度

品种＼贴近度	$(\underset{\sim}{A}_{11},\underset{\sim}{B}_1)$	$(\underset{\sim}{A}_{12},\underset{\sim}{B}_2)$	$(\underset{\sim}{A}_{13},\underset{\sim}{B}_3)$	$(\underset{\sim}{A}_{14},\underset{\sim}{B}_4)$	$(\underset{\sim}{A}_{15},\underset{\sim}{B}_5)$	S_i
早　熟	0.25	0.50	0.50	0.12	0.50	0.12
矮　杆	0.50	0.30	0.44	0.49	0.50	0.30
大　粒	0.50	0.50	0.39	0.45	0.49	0.39
高肥丰产	0.50	0.38	0.32	0.42	0.52	0.32
中肥丰产	0.50	0.49	0.48	0.49	0.50	0.48

设想若亲本$\underset{\sim}{B}$属于第 i 类，则它的每个特性都应该与该类相应的特性接近，为此引入参数 S_i 表示$\underset{\sim}{B}$第 i 类的每一特性贴近度的最小值，即

$$S_i = \bigwedge_{1 \leqslant j \leqslant 5} (\underset{\sim}{A}_{ij}, \underset{\sim}{B}_j) \quad i = 1,2,\cdots,5$$

S_i 值已列于表 8-4 中最后一行。再根据多特征模式识别的择近原则，应用式(8-3)，则有

$$S_{i_0} = \bigvee_{1 \leqslant i \leqslant 5} S_i$$

在本例中有

$$S_5 = \bigvee_{1 \leqslant i \leqslant 5} S_i = \vee(0.12, 0.30, 0.39, 0.32, 0.48) = 0.48$$

所以小麦亲本 B 识别为第五类品种，即为中肥丰产型小麦。

8.4.2　多特征模式识别的加权贴近度法

多特征模式识别的择近原则在上面已经介绍了，考虑到在模式识别中某些特征重要程度的差异，引进标准化的加权因子 w_j 对较重要的特征给与较大的加权，加权系数 w_i 满足

$$\sum_{j=1}^{m} w_j = 1 \tag{8-5}$$

设已知模式$\underset{\sim}{A} = \{\underset{\sim}{A}_1, \underset{\sim}{A}_2, \cdots, \underset{\sim}{A}_n\}$，定义具有 m 个特征的新样本，作为一个由相互独立的模糊子集组成的模糊集$\underset{\sim}{B} = \{\underset{\sim}{B}_1, \underset{\sim}{B}_2, \cdots, \underset{\sim}{B}_m\}$。因新样本由 m 个特征表示，故每一个已知模式$\underset{\sim}{A}_i$也用 m 个特征表示为一个模糊类：$\underset{\sim}{A}_i = \{\underset{\sim}{A}_{i1}, \underset{\sim}{A}_{i2}, \cdots, \underset{\sim}{A}_{im}\}$，$i = 1,2,\cdots,c$，其中 c 代表 c 类。

考虑到对重要特征的加权，因此，对于 c 种已知模式贴近度的计算应按下式

$$(\underset{\sim}{B}, \underset{\sim}{A}_i) = \sum_{j=1}^{m} w_j (\underset{\sim}{B}_j, \underset{\sim}{A}_{ij}) \tag{8-6}$$

求取其中最大贴近度

$$(\underset{\sim}{B},\underset{\sim}{A}_j) = \max\{(\underset{\sim}{B},\underset{\sim}{A}_i)\} \tag{8-7}$$

则新样本最接近$\underset{\sim}{A}_j$。

可以发现，当模糊集合$\underset{\sim}{B} = \{\underset{\sim}{B}_1,\underset{\sim}{B}_2,\cdots,\underset{\sim}{B}_m\}$简化为一个确定的单样本集合时，即$\underset{\sim}{B} = \{x_1,x_2,\cdots,x_m\}$，于是式(8-6)、(8-7)可分别简化为

$$\mu_{\underset{\sim}{A}_i}(x) = \sum_{j=1}^{m} w_j \cdot \mu_{\underset{\sim}{A}_{ij}}(x_j) \tag{8-8}$$

$$\mu_{\underset{\sim}{A}_j}(x) = \max_{1\leq i\leq c}\{\mu_{\underset{\sim}{A}_i}(x)\} \tag{8-9}$$

故单样本 x 最接近模式$\underset{\sim}{A}_j$。

例 3　考虑一个具有两个特征模式识别问题，已知模式可以从图 8-2、8-3 的三维图像表示。设有一个新模式$\underset{\sim}{B}$，试通过与其他已知模式比较来识别接近哪种已知模式。

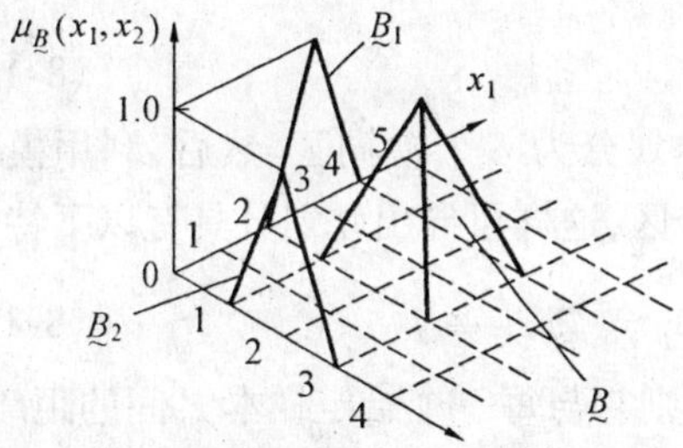

图 8-2　新模式$\underset{\sim}{B}$及投影$\underset{\sim}{B}_1$和$\underset{\sim}{B}_2$

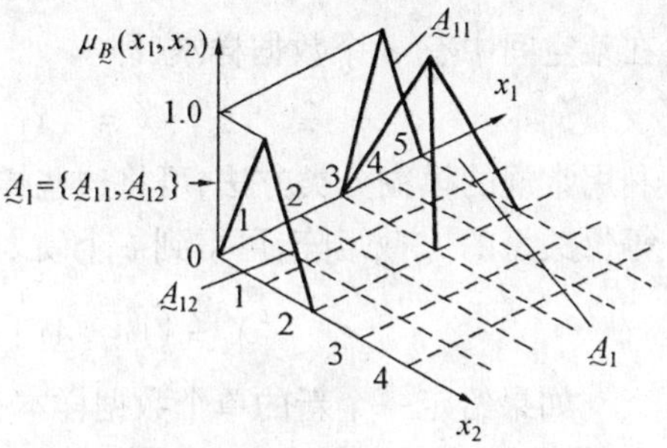

图 8-3　已知模式$\underset{\sim}{A}_1$及其投影$\underset{\sim}{A}_{11}$和$\underset{\sim}{A}_{12}$

解　新模式$\underset{\sim}{B}$可以用它相互独立的投影$\underset{\sim}{B}_1$和$\underset{\sim}{B}_2$所构成的向量表示，即$\underset{\sim}{B} = \{\underset{\sim}{B}_1, \underset{\sim}{B}_2\}$，其中$\underset{\sim}{B}_1$、$\underset{\sim}{B}_2$均被定义在各自的论域空间 X_1 和 X_2 上。这两个投影的共同作用产生了一个棱锥形的三维模式，如图 8-2 所示。

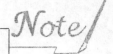

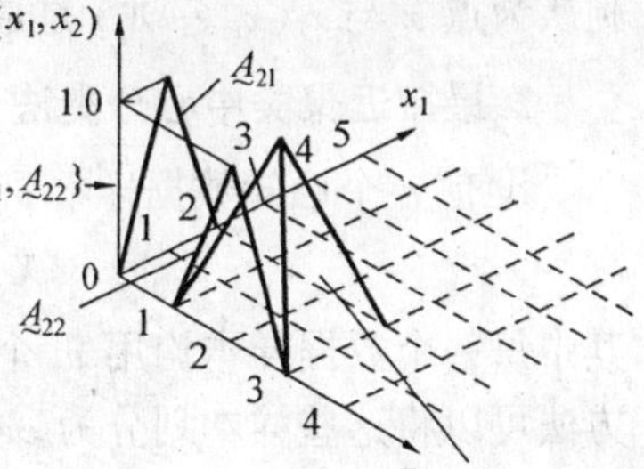

图 8-4　已知模式$\underset{\sim}{A}_2$及其投影$\underset{\sim}{A}_{21}$和$\underset{\sim}{A}_{22}$

已知模式$\underset{\sim}{A}_1$和$\underset{\sim}{A}_2$也可以由各自相互独立的两个投影$\underset{\sim}{A}_{11}$、$\underset{\sim}{A}_{12}$及$\underset{\sim}{A}_{21}$、$\underset{\sim}{A}_{22}$来表示，分别如图 8-3、8-4 所示，已知模式的投影也都定义在 X_1、X_2 上。

考虑到对两个已知模式加权，设 $w_1 = 0.3, w_2 = 0.7$，将新模式$\underset{\sim}{B}$与两个已知模式$\underset{\sim}{A}_1$、$\underset{\sim}{A}_2$分别通过式(8-6)计算其加权贴近度得

$$(\underset{\sim}{B},\underset{\sim}{A}_1) = w_1(\underset{\sim}{B}_1,\underset{\sim}{A}_{11}) + w_2(\underset{\sim}{B}_2,\underset{\sim}{A}_{12})$$

$$(\underset{\sim}{B},\underset{\sim}{A}_2) = w_1(\underset{\sim}{B}_1,\underset{\sim}{A}_{21}) + w_2(\underset{\sim}{B}_2,\underset{\sim}{A}_{22})$$

然后利用式(8-7),即

$$(\underset{\sim}{B},\underset{\sim}{A}_i) = \max\{(\underset{\sim}{B},\underset{\sim}{A}_1),(\underset{\sim}{B},\underset{\sim}{A}_2)\}$$

将新模式归类到它所最接近的已知模式$\underset{\sim}{A}_i$中。在此将较繁的数字计算结果略去,感兴趣的读者可作为练习自己去完成。

8.4.3　多特征模式识别的其他方法

下面介绍两种只用于单个清晰数据样本的识别方法。

1.最相邻分类法

设每一个数据样本有 m 个特征,每一个样本 x_i 是一个特征向量

$$x_i = \{x_{i1},x_{i2},\cdots,x_{im}\} \tag{8-10}$$

在某空间中有 n 个数据样本,即

$$X = \{x_1,x_2,\cdots,x_n\} \tag{8-11}$$

利用常规的模糊分类方法,可将这些样本划分为 c 个模糊区。然后,利用模糊等价关系的 λ 截矩阵,可得到 c 个硬划分区,这样可导出硬划分具有以下特性

$$X = \bigcup_{i=1}^{c} A_i,\underset{\sim}{A}_i \cap A_j = \varnothing,i \neq j \tag{8-12}$$

如果给定一个新的单个数据样本 x,则它与每一个给定样本 x_i 间的距离 d 若满足

$$d(x,x_i) = \min_{1\leqslant k\leqslant n}\{d(x,x_k)\} \tag{8-13}$$

则认为点 x 与 $x_i(x_i \in A_j)$ 是最邻近的,故它们同属一类。

2.最接近聚类中心分类法

设有 n 个已知数据样本

$$X = \{x_1,x_2,\cdots,x_n\}$$

其中每一个数据样本均用 m 个特征来表示。利用第 7 章介绍的模糊划分聚类方法可以将这些样本划分为 c 类,这些类都有各自的聚类中心,则含有 c 个聚类中心的向量 V 为

$$V = \{v_1,v_2,\cdots,v_c\}$$

如果给定一个新的单个数据样本 x,若它与各类样本聚类中心的距离满足

$$d(x,v_i) = \min_{1\leqslant k\leqslant c}\{d(x,v_k)\}$$

则根据最接近聚类中心分类法,认为 x 可分到模糊区 $\underset{\sim}{A}_i$ 中。

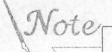

8.5　基于模糊语法和句法的模式识别

8.5.1　句法识别的基本概念

在图像识别、指纹识别、染色体分析、军事目标分析等许多问题中，被识别对象结构上的信息在描述模式中起着至关重要的作用。因为这一大类被识别对象的特征不仅多半与在平面、曲面、空间上多自由度复杂分布有关，而且不同特征之间存在着结构上复杂的约束关系。所以，这些对象所固有的结构化了的信息，在对其进行识别时必须加以考虑并加以利用。

当模式比较复杂而且其数目很大时，将每一种模式都定义为一类，将使得识别过程变得极其复杂，难以用传统的统计方法加以识别。为了解决这一类识别问题，提出了将每一个模式按某种原则分成若干个子模式和模式基元，利用模式的结构与语言句法之间的相似性，将这些子模式按照形式语言的语法规则联系起来，每一种模式可看做是一个字符串或句子，一种语言则是由字符、句子等的任意集合。

句法识别是研究将形式语言理论用于解决结构性模式识别问题而提出的。

考虑有 c_1 和 c_2 两种模式类的情况，并且有一个模式集能完全描述两个模式类中的模式，称其为模式基元。这样的问题可以用形式语言理论中的结点加以识别。设模式基元集用 V_r 表示，则每一种模式可看做一个字符串或句子。假定可找到产生字符串集合规则 G_1 和 G_2，能使 $L(G_1)$ 和 $L(G_2)$ 完全地和模式类 c_1 和 c_2 相对应字符串相同。若在 $L(G_i)(i=1,2)$ 中存在某个未知模式的字符串时，则可将未知模式分到 C_i 模式类中。如果一个未知字符串不是来自 $L(G_1)$，则要自动假设来自 $L(G_2)$。这种确定未知识别模式对应的字符串是否在给定的语法上，并使其与给定语法完全正确地对应，称为句法分析，也称语法分析。

将句法分析应用于 m 类模式识别问题，可以做如下概括：根据 m 种类是否占满模式空间，可选 $(m-1)$ 或 m 种语法。若未知字符串属于 $L(G_i)$，则将该模式分到 $C_i(i=1,2,\cdots,m-1)$ 类，否则分到 C_m 中；若某个未知字符串由对应它的 C_i 进行语法分析，则可识别为该模式来自 $C_i(i=1,2,\cdots,m)$，否则该模式被认为噪声并被拒绝。

实际中遇到的大多数模式都是有噪声或有失真的，所以一个有噪声的字符串模式难以被一个模式语法识别，难免会出现不同类别模式却是相同的模糊情况。为此,要研究用形式语法、模糊语法解决这一类问题。

8.5.2　形式语法

一种语言都是由最小的语言单元,按照一定的规则组合而成的,这种规则称为该种语言语法。例如,在英语中,词是由字母按某种规定的规则组合而成,词与词之间构成词组、句子等都是按照规定的语法组成的。

下面研究对"The athlete jumped high."这个英语简单句子进行语法分析的一种规则,可以描述如下:

< sentence >→< noun phrase >< verb phrase >

< noun phrase >→< article >< noun >

< verb phrase >→< verb >< adverb >

< article >→ The

< noun >→ athlete

< verb >→ jumped

< adverb >→ high

其中用符号 → 表示能够写成。

如果用 V_T 表示语言单个样本(最小单元)的某种集合,V_N 是包含单个样本集合的集合,字符 P 和 S 表示 $\alpha \to \beta$ 类型产生规则的有限集合,其中 α、β 是 $V = V_N \cup V_T$ 中的字符串,α 至少是 V_N 的一个字符串,且 $S \in V_N$ 是一个被识别的句子或目标。

V_N, V_r 及 P、S 在上面的例子中分别为

V_N = {< sentence >, < noun phrase >, < verb phrase >, < article >, < noun >, < verb > < abverb >}

V_T = {the, athlete, jumped, high}

P = 运算规则的集合

S = < sentence >

总结上述短语的形式语法,可以表示为一种 4 元组

$$G = (V_N, V_T, P, S) \tag{8-13}$$

其中,V_N 和 V_T 分别为 G 的非结尾词汇和结尾词汇。

8.5.3　模糊语法和句法模式识别

当模式具有不确定性时,采用形式语法识别存在很多困难,因此,必须应用模糊语法。模糊语言是指一个字符串的模糊子集,在这种语言中的每一个字

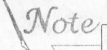

符串的隶属度表示隶属于这个语法的程度。而一个未知模式的隶属于语法描述类别中的隶属等级按最大 - 最小组合规则计算。

设 V_T^* 表示字母表 V_T 有限字符串的集合，也包括空字符串。于是，V_T 上的一个模糊语言则定义为 V_T^* 上的一个模糊子集，于是模糊语言 FL 是一个模糊集，即

$$FL = \sum_{x \in V_T^*} \frac{\mu_{FL}(x)}{x} \tag{8-14}$$

其中 $\mu_{FL}(x)$ 是字符串 x 隶属于模糊语言 FL 的等级。

在一般情况下，一个模糊语法可看成产生一个 V_r^* 的模糊子集规则的集合。一个模糊语法 FG 可描述为

$$FG = (V_N, V_T, P, S, J, \mu) \tag{8-15}$$

其中 $J = \{r_i \mid i = 1,2,\cdots,n$，且 n 是 P 的维数$\}$，即为产生规则的数目；$\mu : J \rightarrow [0,1]$，$\mu(r_i)$ 表示 P 中规则 r_i 的隶属度。

一个模糊语法可以按下述方式产生一个模糊语言 $L(FG)$。

若字符串 $x \in V_T^*$，仅当它从 S 中推导出来，且在 $L(FG)$ 中的隶属度值 $\mu_{L(FG)}(x) > 0$ 时，则字符串一定在 $L(FG)$ 中。其中

$$\mu_{L(FG)}(x) = \max_{1 \leqslant k \leqslant m}\left[\min_{1 \leqslant k \leqslant l_k} \mu(r_i^k)\right] \tag{8-16}$$

式中，m 是该 x 在 FG 中推导次数；l_k 是 k 个导出链的长度；$k = l(1)m$；r_i^k 是第 k 个导出链第 i 次推导的标记，$i = 1,2,\cdots,l_k$。对所有 $x \in V_T^*$，$\mu_{L(FG)}(x)$ 等于从 S 到 x 的最强导出链的强度。

例 4　假设 $FG_1 = (\{A,B,S\},\{a,b\},P,S,\{1,2,3,4\},u)$，其中 J、P 和 u 分别为

规则 1：$S \rightarrow AB$　　对应的 $\mu(1) = 0.8$

规则 2：$S \rightarrow aSb$　　对应的 $\mu(2) = 0.2$

规则 3：$S \rightarrow a$　　对应的 $\mu(3) = 1$

规则 4：$S \rightarrow b$　　对应的 $\mu(4) = 1$

则模糊语言 $FL_1 = \{x \mid x = a^n b^n, n = 1,2,\cdots\}$，于是有

$$\mu_{FL_1}(ab) = \begin{cases} 0.8 & n = 1 \\ 0.2 & n \geqslant 2 \end{cases}$$

由上述规则不难看出，根据规则 1，第 1 次产生 ab；第 2 次利用规则 2 将规则 1 得出的结果 ab 代替 S 便产生 $aabb$；第 3 次产生 $aaabbb$ 等，按 n 递归进行。

上述模糊语言法可用于一类范围更广的模式识别问题。

第9章 模糊故障诊断

故障诊断是通过研究故障与征兆之间的关系对复杂系统(设备)的运行状态进行监测、诊断与预报。由于各种机械、电子及自动化等系统日趋复杂化,其运行状态与环境等都存在着许多模糊性信息,难以用精确模型描述故障与征兆之间的关系。而模糊集合论中的隶属函数和模糊关系矩阵都善于定量地刻画这种不确定性,因此模糊故障诊断获得了广泛的应用。

本章重点阐述了模糊故障诊断的基本原理、故障诊断的模糊模型及其建立,模糊故障诊断的最大隶属原则、择近原则,以及基于模糊等价关系的聚类诊断等方法。

9.1 故障与诊断

诊断学(diagnostics)一词源于希腊文,意指鉴别、确定、断定。最早的诊断学莫过于医疗诊断。在人类文明的初级阶段,医疗诊断活动占有主导地位。随着人类文明的进步和大规模工业化生产的发展,各种机器、机械、电子产品、电力系统等都被广泛地使用,因此,在使用、运行过程中难免会出现一些异常状态,称之为故障。如果对这些故障不能及时做出故障诊断并加以排除,会给设备乃至大的生产过程造成损失。这样一来,诊断学的范围就从传统的医疗诊断扩展到工业设备、生产过程及自动化系统等领域。可以说,从人们的日常生活,到卫星上天、火星探测都离不开故障诊断。

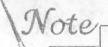

对于机器、设备等简单产品的故障诊断,早期主要靠运行、维修人员凭简单仪表和个人直觉、经验来完成。然而,随着当代科学技术的飞速进步,使得各种机器、电子产品、生产过程等不断地朝着精密化、大型化、高速化、自动化、智能化及复杂化方向发展。一般来说,一台机器或一个系统其运行复杂程度越高,它所能达到的精确程度就会越低,所能出现故障现象的模糊性就会越强。在这种情况下,采用传统的基于精确信息的诊断方法遇到了极大的困难。应该说,在许多情况下,机器或系统都运行在一个模糊环境中,运行中各种状态和参数都相互影响,难以用精确数学方法进行描述。为了从故障出现的模糊现象中获取有价值的信息,就需要应用模糊数学方法,依据模糊症状进行状态识别,再进行模糊推理,并做出故障诊断。这样的故障诊断方法称为模糊故

障诊断。

模糊故障诊断是一种基于知识的诊断系统，因为在诊断过程中对模糊症状、模糊现象等的描述要借助于有经验的操作者或专家的直觉经验、知识等。模糊故障诊断过程，从对模糊信息的获取，到利用模糊信息进行模糊推理，到最后做出诊断，就如同中医大夫根据病人的模糊症状进行准确诊断一样。因此，模糊故障诊断方法，近年来已经成为故障诊断领域的研究热点，并正在机械、冶金、化工、汽车、电力、电子、航天及核工业等领域获得广泛应用。

9.2 模糊故障诊断原理

9.2.1 故障信息的模糊性及复杂性

故障诊断的对象十分广泛，为了叙述方便本章将被诊断的对象统称为机器。因此，机器在这里是泛指机器、复杂机械、生产线、电子产品及自动化系统等。

各种机器的正常运行都需要一定的环境条件，如环境温度、湿度、大气压、电压等，而环境条件也不是一成不变的，环境条件的变化对于正常运行的机器造成了干扰。而各种环境因素对机器的影响往往相互作用，难以精确描述和测量，例如，压缩机组、汽轮发电机组等高速旋转的机械在连续运行过程中，由于受到工艺参数、负荷变化、介质变化、环境温差等因素的影响，其运行状态及故障因素都会具有不确定性，具体表现为随机性和模糊性。对于随机性可用概率统计等方法分析处理，而对于模糊性必须应用模糊数学方法加以处理。

一台机器当出现故障时，往往有先兆，而故障的先兆往往具有模糊性，也就是说很难确切地判断出是哪一个部件出了问题，因为越是复杂的机器，其内部各部分之间相互作用、相互影响、相互制约就越明显。从非线性科学与复杂系统的角度来研究复杂机器的运行过程，更能揭露其故障发生发展的本质。所谓非线性是指机器内部各组成部分之间相互作用往往不是线性关系，而这些相互作用的非线性因素越多，不确定因素越多，这个机器的运行状态就变得越复杂，出故障的可能性就越显著增加。这是为什么呢？非线性科学与复杂系统理论认为，一个复杂的非线性系统，其内部存在的许多微小的非线性因素之间的相互作用，可能对系统的正常运行造成不可预测的严重后果，这种故障后果往往具有突发性和破坏性的特点。例如，某电厂 20 MW 大型汽轮发电机组这个庞然大物，由于其中一个小部件出了问题，导致高温高压蒸汽与高速旋转的汽轮机之间、汽轮机与发电机之间、发电机与励磁机之间、发电机与负荷之间,以及各部分之间产生了一系列的相互作用,当操作人员还来不及反应和及时处理的 10 ~ 15 s 内,整个机组崩溃了,造成重大经济损失。像这样机组崩溃而造成的重大事故虽不多见,但它给人们留下的教训却是深刻的。

为了保证机器高效、安全运行,避免出现故障而造成事故,必须对故障信息的模糊性和复杂性给予足够的重视。

9.2.2 模糊故障诊断的原理

模糊故障诊断的过程原理上类同于中医大夫给患者诊断病症的过程。中医大夫诊病的过程是利用形象思维对疾病症状模式识别的过程。医生通过"望、闻、问、切"等手段感知与自身积累的经验相结合,在头脑中形成了各种病症对应的模式类。医生认为如果患者有某种病,则必然出现该种病所具有的病症;反之,如果某种疾病的症状都在病人身上出现,那么就确诊为该病人患有这种疾病。当然有些病症会来自不同的疾病,例如:"发烧"、"头痛"等。这种情况就为医生诊断带来困难。如何处理和把握各种病症与疾病之间关系的模糊性,是医生诊断疑难病所面临的重要问题。医生既有理论,又有丰富的临床经验,才能对各种疑难病人做出正确的诊断。

对机器的故障诊断如同诊病一样,某飞机制造厂总工程师,对投入试飞的飞机,只要用耳朵仔细听一下起飞全过程的声音,就能知道该飞机是否正常,有无异常,有故障大致出现在什么部位等。由此可见,在对机器进行模糊故障诊断的过程中,专家的知识与经验就显得格外重要。在专家对机器故障进行诊断的过程中,故障类同于某种疾病,而故障现象类同于病症。故障诊断专家根据故障现象诊断机器出现何种故障的推理过程,类似于医生诊病的思维过程。同样,故障诊断专家也要善于处理不同种类故障和多种故障现象(症状)之间的模糊关系问题,这往往是做出正确故障诊断的关键。

模糊故障诊断的实施可以由领域专家完成,也可以由故障诊断专家系统来完成。如何用模糊数学方法表示诊断专家的知识和经验,并模拟诊断专家的思维方法进行模糊故障诊断,就构成了模糊故障诊断研究的重要内容。

9.3 故障诊断的模糊模型

模糊故障诊断方法是利用模糊集合论中的隶属函数和模糊关系矩阵来描述故障与征兆之间的模糊关系,进而实现对故障的预报和诊断。为此,需要建立一台机器故障诊断的模糊数学模型。

设一台机器(一个系统)中所有可能发生的各种故障原因的集合为

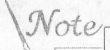

$$Y = \{y_1, y_2, \cdots, y_n\} \tag{9-1}$$

其中 n 为故障原因种类的总数。由 n 个故障原因所引起的各种征兆集合为

$$X = \{x_1, x_2, \cdots, x_m\} \tag{9-2}$$

其中 m 为故障征兆种类的总数。

由于故障征兆界线的不分明性，因此通过建立隶属函数来表征各种征兆隶属于各种故障原因的程度。可见构造隶属函数是实现模糊诊断方法的前提。

设观测到的一征兆群样本为$(x_1, x_2, \cdots, x_m)$，同时得出此样本中各分量元素 x_i 对征兆 X_i 的隶属度 $\mu_{X_i}(x_i)$，于是故障征兆就可以用模糊向量表示为

$$\boldsymbol{X} = (\mu_{X_1}(x_1), \mu_{X_2}(x_2), \cdots, \mu_{X_m}(x_m)) \tag{9-3}$$

假设该征兆样本是由故障原因 y 产生的，y 对各种故障原因的隶属度为 $\mu_{Y_i}(y)$，同样故障原因用模糊向量表示为

$$\boldsymbol{Y} = (\mu_{Y_1}(y), \mu_{Y_2}(y), \cdots, \mu_{Y_m}(y)) \tag{9-4}$$

因为在故障原因与征兆之间存在因果关系，所以，根据模糊推理合成原则，利用式(3-26)可得 Y 与 X 之间的模糊关系方程为

$$\boldsymbol{Y} = \boldsymbol{X} \circ \boldsymbol{R} \tag{9-5}$$

其中 $\boldsymbol{R}$ 为模糊关系矩阵，它可表示为

$$\boldsymbol{R} = \begin{bmatrix} r_{11} & r_{12} & \cdots & r_{1n} \\ r_{21} & r_{22} & \cdots & r_{2n} \\ \vdots & \vdots & & \vdots \\ r_{m1} & r_{m2} & \cdots & r_{mn} \end{bmatrix} = (r_{ij})_{m \times n} \tag{9-6}$$

其中，矩阵 $\boldsymbol{R}$ 的元素 $r_{ij} \in [0,1], i = 1,2,\cdots,m; j = 1,2,\cdots,n$。

模糊关系矩阵 $\boldsymbol{R}$ 为 $m \times n$ 维矩阵，其中行表示故障征兆，而列表示故障原因。矩阵元素 r_{ij} 表示第 i 种征兆 x_i 对第 j 种故障原因的隶属度，即

$$r_{ij} = \mu_{y_j}(x_i) \tag{9-7}$$

由于模糊关系方程式(9-5)不难看出，对于某台机器如果已经观测得到了故障征兆群样本$(x_1, x_2, \cdots, x_m)$，即故障征兆模糊向量 $\boldsymbol{X}$ 已知，又根据现场运行数据及诊断专家的经验已经事先构造好了模糊关系矩阵 $\boldsymbol{R}$。那么，就可以求得故障原因模糊向量 $\boldsymbol{Y}$，进而对各种故障原因进行分析与综合做出故障诊断结果。

显然，模糊关系矩阵 $\boldsymbol{R}$ 在故障诊断中起着重要作用，它体现了对某一类机器设备故障诊断经验的总结。因此，又将模糊关系矩阵 $\boldsymbol{R}$ 称为模糊诊断关系矩阵，简称为模糊诊断矩阵。

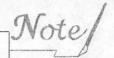

9.4 模糊诊断信息的获取

构建模糊诊断矩阵,实际上是要找出各种故障征兆与各种产生故障征兆原因之间的模糊关系,具体来说是要落实到矩阵的每个元素上面,每个元素 r_{ij} 定量地给出了第 i 种征兆从属于第 j 种故障原因的程度。为此,必须首先确定反映这种从属关系的隶属函数。

9.4.1 确定隶属函数

确定隶属函数的方法有多种。在本书 1.5.1 中已介绍了模糊统计法、例证法及专家经验法。这里再介绍一种二元对比排序法。

二元对比排序法是一种确定隶属函数的实用方法。在故障诊断中常出现不同故障原因导致出现相同征兆,为确定产生同一征兆的故障原因的先后次序,需要用二元对比法排序。

二元对比排序法又可分为多种形式,这里介绍其中最简便的择优比较法。

设有 n 个故障原因($y_1, y_2, \cdots, y_n$)引起同一征兆 x_j 发生,请足够多有经验的专业人员,依次对 n 个故障原因进行两两对比,评定出哪一个原因最可能导致 x_i 征兆的发生。根据多次记录结果,以各种原因优先出现的总次数多少排序。

例 1 某型号柴油机冒浓烟,征兆(x_j)的可能原因有 6 个:y_1(活塞环积炭卡死),y_2(柴油供给量过大),y_3(喷油雾化不良),y_4(喷油过迟),y_5(机油面太高),y_6(气缸压力不足)。试用二元择优比较法确定原因,确定征兆的从属顺序。

按照择优比较法,选 100 名专业人员请他们将 6 种原因两两分别进行对比,把他认为两个原因中最可能造成冒浓烟的那一个记下来,作为一次试验,每人重复两遍,试验 60 次。最后将 100 名专业人员进行 3 000 次试验结果列入表 9-1。

由表 9-1 结果可以看出 y_3 出现的次数最多,即 $y_3 = 619$,故排在第 1 位,依次为 y_4, y_1, y_5, y_2, y_6。以排在首位出现的总次数为基数,去除相应原因出现的总次数,即可得到隶属度为

$$\mu_{1i} = \frac{\sum y_j}{\sum y_3} \tag{9-8}$$

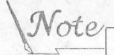

表 9-1　6 种故障原因择优次数表

Y_{ij}	y_1	y_2	y_3	y_4	y_5	y_6	$\sum y_i$	排序	μ_{ij}
y_1	0	125	95	70	104	90	484	3	0.781
y_2	75	0	99	85	80	110	449	5	0.725
y_3	105	101	0	113	140	160	619	1	1
y_4	130	115	87	0	150	80	562	2	0.908
y_5	96	120	60	50	0	130	456	4	0.736
y_6	110	90	40	120	70	0	430	6	0.695

依此，通过择优比较法确定征兆 x_j 对于故障原因 y_i 的隶属函数，用模糊向量形式表示为

$$\mu_Y(x_j) = (0.781, 0.725, 1, 0.908, 0.736, 0.695)$$

建立隶属函数还可以根据专家的经验数据，下面举例说明。

例 2　水轮发电机组温度异常故障征兆为：冷却介质进出口温差 A'，冷却水进口温差 B'，冷却介质与冷却水入口温差 C'，发电机电流 D'，定子绕组温度 E'，铁芯温度 F'，发电机温度 G'，冷却介质出口温度 H'，冷却介质进口温度 J'，冷却水流量 Q'。

根据水力发电厂规程及专家的经验，上述征兆观测值的正常范围分别为：$A' \in (20,35)$℃，$B' \in (5,20)$℃，$C' \in (5,15)$℃，$D' < 9\,430$ A，$E' < 85$℃，$H' \in (50,70)$℃，$J' \in (15,35)$℃，$Q' \in (3,4.5)\text{kg/cm}^2$。

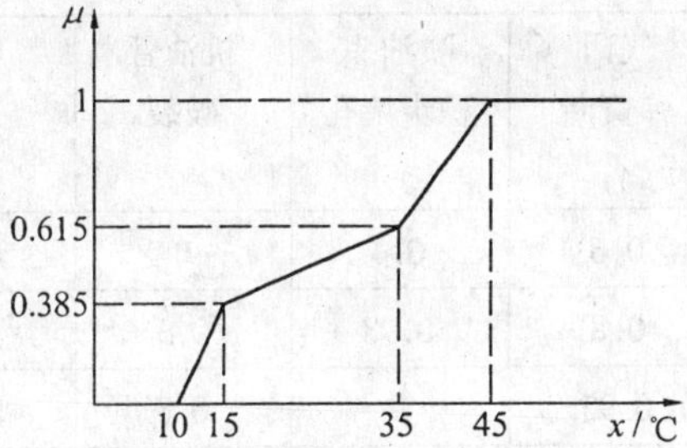

图 9-1　冷却介质进口温度的隶属函数

依据上述数据和专家经验，可建立冷却介质进口温度的隶属函数为

$$\mu(x) = \begin{cases} 0.077x - 0.77 & x \in [10,15] \\ 0.011\,5x + 0.212\,5 & x \in [15,35] \\ 0.038\,5x - 0.732\,5 & x \in [35,45] \\ 1 & x \geqslant 45 \end{cases}$$

其隶属函数曲线如图 9-1 所示。

同理其他各征兆信息的隶属函数也可以类似地确定。

9.4.2 构建模糊诊断矩阵

构建模糊诊断矩阵，一方面需要现场实际运行过程中的大量数据作为基础，另一方面要依据专家经验知识，只有将二者有机地结合，即将来自观测的定量信息与来自专家经验的定性信息综合集成，才有助于构建一个合理可行的模糊诊断矩阵。

例 3 某型号柴油机"负荷转速不足"的 5 个主要原因是：y_1（气门弹簧断），y_2（喷油头积炭堵孔），y_3（机油管破裂），y_4（喷油过迟），y_5（喷油泵驱动键滚键）。6 个征兆分别为：x_1（排气过热），x_2（振动），x_3（扭矩急降），x_4（机油压过低），x_5（机油耗量大），x_6（转速上不去）。

根据对柴油机的运行经验资料和运行机理分析，确定每一征兆 x_i 分别对于每个原因 y_j 的隶属度 $\mu_{y_j}(x_i)$，$i=1,2,\cdots,6$；$j=1,2,\cdots,5$。依次将每一个隶属度填入表中，可得到模糊诊断矩阵如表 9-2 所示。

考虑到同一种故障原因，可能产生多种故障征兆；而同一种故障征兆，又可能来自多种故障原因。因此，在故障原因与故障征兆之间的因果关系错综复杂。为了更好地从征兆寻找出故障原因，需要根据故障原因与征兆之间关联的紧密程度，确定相应的加权系数，既可以用上面确定隶属函数的方法得到权系数，又可以利用计算机通过自学习过程，不断地修改权系数。

表 9-2 柴油机故障诊断矩阵

原因 j / 征兆 i	气门弹簧断 y_1	喷油头积炭堵孔 y_2	机油管破裂 y_3	喷油过迟 y_4	喷油泵驱动键滚键 y_5
排气过热 x_1	0.6	0.4	0	0.98	0
振动 x_2	0.8	0.98	0.3	0	0
扭矩急降 x_3	0.95	0	0.8	0.3	0.98
机油压过低 x_4	0	0	0.98	0	0
机油耗量大 x_5	0	0	0.9	0	0
转速上不去 x_6	0.3	0.6	0.9	0.98	0.95

我们知道，一台机器、机械设备乃至一个系统经过长时间连续运行，由于自身部件的磨损、老化等原因会引起性能参数变化，再加上环境条件的变化，即使是同一型号机器也会出现性能参数有差异。这样就造成了故障原因与故

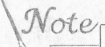

障征兆之间关系的不确定性。为了减少这种不确定性的影响，就应该对已建立的模糊诊断矩阵加以修正，通过计算机自学习方法可以适应机器长时间运行而导致性能参数的变化，可以提高模糊诊断的适应能力和准确率。

9.5　模糊故障诊断方法

9.5.1　基于最大隶属原则的故障诊断

最大隶属原则是一种常用的方法，在8.3.1节已讲述了它在模式识别中的应用。在此仅举例说明在故障诊断中的应用。

例4　设例3中柴油机出现故障的征兆有3个：x_3（扭矩急降），x_4（机油压过低），x_5（机油耗量大），试用最大隶属原则诊断故障原因。

解　因为给定柴油机6个征兆中有3个存在，用1表示征兆出现，用0表示无征兆出现，所以得到征兆向量为

$$\boldsymbol{X} = (x_1, x_2, x_3, x_4, x_5, x_6) = (0,0,1,1,1,0)$$

又由表9-2可得模糊诊断矩阵 $\boldsymbol{R}$，于是根据模糊推理合成规则可求得故障原因向量为

$$\boldsymbol{Y} = \boldsymbol{X} \circ \boldsymbol{R} = (0,0,1,1,1,0) \circ \begin{array}{c} \begin{matrix} y_1 & y_2 & y_3 & y_4 & y_5 \end{matrix} \\ \begin{bmatrix} 0.6 & 0.4 & 0 & 0.98 & 0 \\ 0.8 & 0.98 & 0.3 & 0 & 0 \\ 0.95 & 0 & 0.8 & 0.3 & 0.98 \\ 0 & 0 & 0.98 & 0 & 0 \\ 0 & 0 & 0.9 & 0 & 0 \\ 0.3 & 0.6 & 0.9 & 0.98 & 0.95 \end{bmatrix} \end{array} =$$

$$(0.95,0,0.98,0.3,0.98)$$

上述结果出现了两个最大值，即 $\mu_{y_3} = \mu_{y_5} = 0.98$，为了做出可靠的诊断结论，可在这种情况下采用连乘法。先将模糊诊断矩阵中的0元素均取一个很小值，如取0.1，然后按列把有关元素值连乘，再通过比较乘积相对值的大小，取其最大者作为诊断结果。

首先求出相对 y_1, y_2, y_3, y_4, y_5 各列的元素连乘积，它们分别为

$$\mu_{y_1} = \mu_{31} \times \mu_{41} \times \mu_{51} = 0.95 \times 0.1 \times 0.1 = 0.009\,5$$

$$\mu_{y_2} = \mu_{32} \times \mu_{42} \times \mu_{52} = 0.1 \times 0.1 \times 0.1 = 0.001$$

$$\mu_{y_3} = \mu_{33} \times \mu_{43} \times \mu_{53} = 0.8 \times 0.98 \times 0.8 = 0.706$$

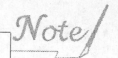

$$\mu_{y_4} = \mu_{34} \times \mu_{44} \times \mu_{54} = 0.3 \times 0.1 \times 0.1 = 0.003$$

$$\mu_{y_5} = \mu_{35} \times \mu_{45} \times \mu_{55} = 0.98 \times 0.1 \times 0.1 = 0.009\,8$$

然后,求上述连乘积之和

$$\sum_{j=1}^{5} \mu_{yj} = 0.009\,5 + 0.001 + 0.706 + 0.003 + 0.009\,8 = 0.729\,3$$

最后求得

$$\mu_{yj} = \max\left[\mu_{yj} / \sum_{j=1}^{5} \mu_{yj}\right] = \mu_{y3} / \sum_{j=1}^{5} \mu_{yj} = \frac{0.706}{0.729\,3} = 0.96$$

所以诊断结果为 y_3,是机油管破裂导致出现上述征兆。

在应用最大隶属原则过程中,常规定一个阈值水平 $\lambda \in [0,1]$,当 $\alpha = \max(\mu_{A1}(u), \mu_{A2}(u), \cdots, \mu_{An}(u)) < \lambda$ 时,说明提供的故障信息不足,在补足信息后当 $\alpha' \geqslant \lambda$ 时,则按最大隶属原则诊断。

9.5.2 基于择近原则的故障诊断

关于择近原则,已用于 8.3.2 节模式识别中,将其应用于故障诊断原则上是相同的。下面举例说明择近原则在汽轮发电机组状态监测与故障诊断中的应用。

例 5 对某厂一台 50 MW 汽轮发电机组的运行状态进行监测是以轴的振动信号来反映机组运行中所处的状态。在一年中,对该机组分别离线测试了 6 次,动态信号来自机组安装的涡流传感器,6 次测试反映机组 6 个状态,即获得 6 个样本。每个样本用 10 个指标表示时域、频域参量。表 9-3 给出了 6 个样本 10 种指标的机组振动信号特征值计算数据。

表 9-3 机组振动信号特征值计算数据

编号	样本 指标	1	2	3	4	5	6
1	波形偏差	23.45	73.67	99.54	83.70	24.37	154.56
2	均方差	194.59	295.32	264.15	156.66	185.94	183.34
3	自相关系数	0.982 5	0.992 9	0.995 1	0.948 5	0.984 1	0.962 7
4	一倍频幅值	251.56	382.41	317.95	172.30	224.79	162.87
5	二倍频幅值	22.87	102.89	96.53	107.56	103.31	148.92
6	三倍频幅值	20.17	25.70	30.31	34.53	29.01	57.86
7	四倍频幅值	5.93	40.74	28.64	26.27	15.75	42.77
8	五倍频幅值	5.70	29.92	10.69	10.68	17.15	11.86
9	六倍频幅值	4.06	32.49	17.20	23.52	13.88	33.15
10	分频幅值	18.45	2.00	4.11	23.60	10.62	10.78

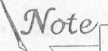

表 9-3 中特征值波形偏差是指对时域波形峰 - 峰值的平均值中点偏离波形均值的大小，它反映了轴承刚度不均匀、不同频率分量的相位不同等因素；均方差、自相关系数、一倍频至六倍频幅值、分频幅值等与一般常规定义相同。这里的分频是指小于一倍频的频率分量。均方差表示动态信号波动的大小；自相关系数是取 $\tau > 50\Delta T$ 后最大值的平均，表示噪声衰减程度或故障周期分量占总能量的比重；一倍频幅值至六倍频幅值分别表示机组转子不平衡、轴系不对中、轴瓦松动、轴承内油膜涡动、轴承支撑刚度不均匀和非线性振动。

根据表 9-3 数据建立特征值的模糊子集，按照机组的实际情况选择相应的隶属函数。

(1) 属于波形偏差小模糊子集的隶属函数为

$$\mu_1(u) = \begin{cases} 0 & u \leqslant 0 \\ e^{-0.0002u^2} & u > 0 \end{cases}$$

其中 u 是表 9-3 中的波形偏差值。

(2) 属于相关性好的模糊子集的隶属函数为

$$\mu_2(u) = \begin{cases} 0 & u \leqslant 0.9 \\ 0 & u > 1.0 \\ 10u - 9 & 0.9 < u \leqslant 1.0 \end{cases}$$

其中 u 是表 9-3 中的自相关系数值。

(3) 属于诸频率幅值小和均方差小(波动小) 模糊子集的隶属函数为

$$\mu_3(u) = \begin{cases} 0 & u \leqslant a_1 \\ \dfrac{a_2 - u}{a_2 - a_1} & a_1 \leqslant u \leqslant a_2 \\ 1 & u > a_2 \end{cases}$$

其中 u 是表 9-3 中 1 至 6 倍频幅值、分频幅值及均方差值。a_1、a_2 是根据要求设定的下限和上限值。

计算所得汽轮发电机组各个样本特征值的隶属函数列于表 9-4 中。

表 9-4　各样本特征值(状态) 的隶属函数

模糊子集 \ 样本	1	2	3	4	5	6	隶属函数
波形偏差小	0.9	0.34	0.14	0.25	0.88	0.01	$e^{-0.0002u^2}$
波动(方差) 小	0.68	0.35	0.45	0.81	0.71	0.72	$(400-u)/(400-100)$
相 关 性 好	0.29	0.93	0.96	0.49	0.84	0.63	$10u-9$
一倍频幅值小	0.62	0.29	0.46	0.82	0.69	0.84	$(500-u)/(500-100)$

续表 9-4

模糊子集＼样本	1	2	3	4	5	6	隶属函数
二倍频幅值小	0.89	0.49	0.52	0.46	0.48	0.26	$(200-u)/200$
三倍频幅值小	0.66	0.57	0.50	0.42	0.52	0.04	$(60-u)/60$
四倍频幅值小	0.88	0.18	0.43	0.47	0.69	0.14	$(50-u)/50$
五倍频幅值小	0.87	0.34	0.76	0.76	0.62	0.74	$(45-u)/45$
六倍频幅值小	0.90	0.19	0.57	0.41	0.65	0.17	$(40-u)/40$
分频幅值小	0.39	0.93	0.24	0.21	0.65	0.64	$(30-u)/30$

下面通过计算贴近度评价机组运行状态。根据机组运行情况，各指标值小于某一个值或等于零，则认为机组各指标完全符合要求，从属于表 9-4 中各模糊子集的隶属度均为 1，这就是说存在着一个理想的标准样本，机组各个状态的实测样本与这个标准样本的贴近度，可用来评定机组运行状态的综合效果。表 9-5 是根据三种贴近度计算方法，对 6 个状态下的样本与标准样本贴近度的计算结果。

表 9-5　各状态与理想状态的贴近度

贴近度＼状态	1	2	3	4	5	6
	1986 年 10 月 4 日	1987 年 1 月 11 日	1987 年 1 月 22 日	1987 年 4 月 25 日	1987 年 5 月 23 日	1987 年 10 月 21 日
格贴近度	0.45	0.47	0.48	0.41	0.44	0.42
贴近度 Ⅱ	0.71	0.41	0.50	0.51	0.67	0.42
贴近度 Ⅲ	0.70	0.45	0.55	0.43	0.79	0.48

由表 9-5 可以看出，贴近度 Ⅱ 和贴近度 Ⅲ 的计算结果比较一致。格贴近度的计算结果反映不出机组各个运行状态的差异，显然与实际情况不符。因为对格贴近度来讲，当两个样本隶属度交集的最大值$\underset{\sim}{A} \cdot \underset{\sim}{B}$（内积）和并集的最小值$\underset{\sim}{A} \odot \underset{\sim}{B}$（外积）相同时，不管特征值的性质或形状的差别如何，都有相同的贴近度值。所以，格贴近度只对同一类型的模糊集合才有效。

由贴近度 Ⅱ、贴近度 Ⅲ 的计算结果表明状态 1 和状态 5 与理想状态的接近程度较大，状态 2 和状态 6 较差，状态 3 和 4 居中。这也表明 1986 年 10 月 4 日前和 1987 年 5 月 23 日前是刚检修后的运行状态，工作良好，机组运行状态正常。状态 2 是因机组发生漏氢故障，造成机组运行状态恶化。状态 6 的贴近度值较小，表明运行状态不好（分析表明，瓦座松动轴承支撑刚度不匀，轴系对中不良)。状态 3 贴近度值小于状态 1 和状态 5 的相应值,表明 1987 年 1 月 22 日前的检修工作没有达到 1986 年 10 月 4 日前和 1987 年 5 月 23 日前的质量水平。状态 4 的贴近度值和状态 3 的接近,表明状态 4 仍维持在状态 3 的水平上。

9.5.3　基于模糊等价关系的聚类诊断

在上章模糊模式识别中,研究将对象特征信息与给定样本特征模式比较、匹配,并判断出对象所属的模式类。根据这样的思想,如果已知的样本模式是一些故障模式,这样就可以用模糊聚类的方法识别出故障的种类,从而达到故障诊断的目的。

在前面已学过的模糊聚类分析和模糊模式识别的基础上,研究模糊聚类诊断就比较容易了。模糊聚类诊断需要掌握历史上足够数量的同种或同类机器各次诊断与故障排除的档案记录资料,以此作为先验故障标准样本,以便把待诊断的故障样本与其相对照,把本次故障和最接近的过去已诊断过的故障聚为一类。

在模糊聚类诊断中,选择好能综合反映样本(对象)各方面特征的指标,对于正确诊断具有重要作用。通过对故障特征的样本进行聚类分析,才能对机器的状态和故障原因做出综合判断。

下面仍通过汽轮发电机组(同例 5)的观测样本说明模糊聚类诊断的方法。

(1) 选择分类对象的指标

汽轮发电机组的观测样本数 $n = 6$,记为$(x_1, x_2, x_3, x_4, x_5, x_6)$,每个样本的指标数 $n = 10$,令 $x_i = (x_{i1}, x_{i2}, \cdots, x_{i10})$,其中 $x_{i1}, x_{i2}, \cdots, x_{i10}$ 分别表示波形偏差、均方差、自相关系数、一倍频幅值、…、六倍频幅值、分频幅值(同表 9-3 中的 10 个指标)。由表 9-3 可以得到 6 个样本的指标数据,如

$$x_1 = (x_{11}, x_{12}, \cdots, x_{110}) = (23.45, 194.59, 0.9285, 251.56, 22.87, 20.17, 5.93, 5.70, 4.06, 18.45)$$

(2) 求相似系数 r_{ij}

采用贴近度法计算相似系数 $r_{ij} = N_2(\underset{\sim}{X}_i, \underset{\sim}{X}_j)$,可得 6 × 6 维相似矩阵

$$\boldsymbol{R} = \begin{bmatrix} 1 & 0.41 & 0.56 & 0.60 & 0.73 & 0.42 \\ 0.41 & 1 & 0.61 & 0.49 & 0.58 & 0.48 \\ 0.56 & 0.61 & 1 & 0.72 & 0.67 & 0.51 \\ 0.60 & 0.49 & 0.72 & 1 & 0.67 & 0.63 \\ 0.73 & 0.58 & 0.67 & 0.67 & 1 & 0.56 \\ 0.42 & 0.48 & 0.51 & 0.63 & 0.56 & 1 \end{bmatrix}$$

显然 $\boldsymbol{R}$ 满足自反性、对称性,但不满足传递性,仅是一个模糊相似矩阵,需要

通过平方法求 R 的传递闭包,将其改造成一个模糊等价矩阵。

(3) 求模糊等价矩阵 $\boldsymbol{R}^*$

先将 $\boldsymbol{R}$ 平方得

$$\boldsymbol{R}^2 = \boldsymbol{R} \circ \boldsymbol{R} = \begin{bmatrix} 1 & 0.58 & 0.67 & 0.67 & 0.73 & 0.60 \\ 0.58 & 1 & 0.61 & 0.61 & 0.61 & 0.56 \\ 0.67 & 0.61 & 1 & 0.72 & 0.67 & 0.63 \\ 0.67 & 0.61 & 0.72 & 1 & 0.67 & 0.63 \\ 0.73 & 0.61 & 0.67 & 0.67 & 1 & 0.63 \\ 0.60 & 0.56 & 0.63 & 0.63 & 0.63 & 1 \end{bmatrix}$$

将 $\boldsymbol{R}^2$ 再平方得

$$\boldsymbol{R}^4 = \boldsymbol{R}^2 \circ \boldsymbol{R}^2 = \begin{bmatrix} 1 & 0.61 & 0.67 & 0.67 & 0.73 & 0.63 \\ 0.61 & 1 & 0.61 & 0.61 & 0.61 & 0.61 \\ 0.67 & 0.61 & 1 & 0.72 & 0.67 & 0.61 \\ 0.67 & 0.61 & 0.72 & 1 & 0.67 & 0.63 \\ 0.73 & 0.61 & 0.67 & 0.67 & 1 & 0.63 \\ 0.63 & 0.61 & 0.63 & 0.63 & 0.63 & 1 \end{bmatrix}$$

显然 $\boldsymbol{R}^4$ 已满足传递性,为一模糊等价矩阵,故选 $\boldsymbol{R}^* = \boldsymbol{R}^4$。

(4) 在模糊等价矩阵 $\boldsymbol{R}^*$ 上对 U 分类

选取不同的 λ 值,求得不同的 λ 水平截矩阵 $\boldsymbol{R}_\lambda^*$

当 $\lambda = 1$ 时,$\boldsymbol{R}^*$ 的 λ 截矩阵为

$$\boldsymbol{R}_1^* = \begin{bmatrix} 1 & & & & & \\ & 1 & & & & \\ & & 1 & & & \\ & & & 1 & & \\ & & & & 1 & \\ & & & & & 1 \end{bmatrix}$$

当 $\lambda = 0.73$ 时,R^* 的 λ 截矩阵为

$$\boldsymbol{R}_{0.73}^* = \begin{bmatrix} 1 & 0 & 0 & 0 & 1 & 0 \\ 0 & 1 & 0 & 0 & 0 & 0 \\ 0 & 0 & 1 & 0 & 0 & 0 \\ 0 & 0 & 0 & 1 & 0 & 0 \\ 1 & 0 & 0 & 0 & 1 & 0 \\ 0 & 0 & 0 & 0 & 0 & 1 \end{bmatrix}$$

分类结果为 5 类:$\{x_1, x_5\}, \{x_2\}, \{x_3\}, \{x_4\}, \{x_6\}$。

当 $\lambda = 0.72$ 时，$\boldsymbol{R}^*$ 的 λ 截矩阵为

$$\boldsymbol{R}_{0.72}^* = \begin{bmatrix} 1 & 0 & 0 & 0 & 1 & 0 \\ 0 & 1 & 0 & 0 & 0 & 0 \\ 0 & 0 & 1 & 1 & 0 & 0 \\ 0 & 0 & 1 & 1 & 0 & 0 \\ 1 & 0 & 0 & 0 & 1 & 0 \\ 0 & 0 & 0 & 0 & 0 & 1 \end{bmatrix}$$

分别结果变为 4 类：$\{x_1, x_5\}$，$\{x_3, x_4\}$，$\{x_2\}$，$\{x_6\}$。

当 $\lambda = 0.67$ 时，$\boldsymbol{R}^*$ 的 λ 截矩阵为

$$\boldsymbol{R}_{0.67}^* = \begin{bmatrix} 1 & 0 & 1 & 1 & 1 & 0 \\ 0 & 1 & 0 & 0 & 0 & 0 \\ 1 & 0 & 1 & 1 & 1 & 0 \\ 1 & 0 & 1 & 1 & 1 & 0 \\ 1 & 0 & 1 & 1 & 1 & 0 \\ 0 & 0 & 0 & 0 & 0 & 1 \end{bmatrix}$$

分别结果变为 3 类：$\{x_1, x_3, x_4, x_5\}$，$\{x_2\}$，$\{x_6\}$。

当 $\lambda = 0.63$ 时，$\boldsymbol{R}^*$ 的 λ 截矩阵为

$$\boldsymbol{R}_{0.63}^* = \begin{bmatrix} 1 & 0 & 1 & 1 & 1 & 1 \\ 0 & 1 & 0 & 0 & 0 & 0 \\ 1 & 0 & 1 & 1 & 1 & 1 \\ 1 & 0 & 1 & 1 & 1 & 1 \\ 1 & 0 & 1 & 1 & 1 & 1 \\ 1 & 0 & 1 & 1 & 1 & 1 \end{bmatrix}$$

分别结果变为 2 类：$\{x_1, x_3, x_4, x_5, x_6\}$，$\{x_2\}$。

将上述类过程总结到一起，如图 9-2 所示，从动态聚类图上可以直观地反映各状态先后归类的动态过程，这有利于分析故障状态的演化情况。

由聚类结果可看出，x_1 与 x_2 始终聚为一类，表明这两个样本状态运行良好，而状态 x_2 始终与其他 5 种状态格格不入，这说明摩擦漏氢故障在 1986 年 10 月 4 日时尚未出现，并在 1987 年 1 月 22 日后也没有再出现过。因此，可将摩擦漏氢故障发生期限确定在 1986 年 10 月 4 日至 1987 年 1 月 11 日之间，这为机组操作和检修人员提供了查证的范围，也表明 1986 年 10 月 4 日前的检修并没有直接导致摩擦漏氢故障。

有关模糊故障诊断方法，还有基于相似关系的聚类诊断法、基于模糊时序模型的诊断方法等，有兴趣读者可参阅有关文献。

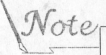

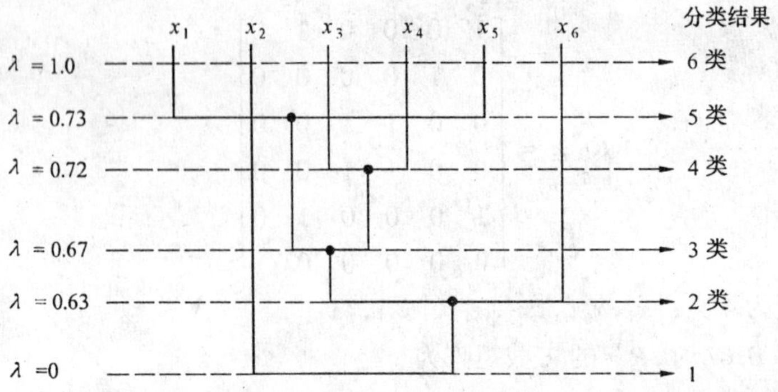

图 9-2　汽轮发电机组 6 个样本动态聚类图

9.6　多级模糊综合故障诊断

对于日益复杂的系统，面临着产生的故障原因也在增多，多故障原因往往存在着层次性、关联性。因此，用一级模糊故障诊断难以得到合理的结果，需要应用多级模糊综合故障诊断。

9.6.1　多类故障原因综合评判

一个复杂系统的故障原因是多种类型的，由于对故障原因重视程度不同而对其赋不同权值，当故障因素多时，权值差异甚小，而模糊矩阵合成运算先取小后取大，综合评判时的取小运算会丢失大量单故障原因评价信息，难以求得合理的评判结果。

为克服上述问题，采用先将故障原因按性质分类，使每类中的故障原因数目减少，然后按类进行综合评判，再按不同类之间进行综合评判。具体过程分以下 5 个步骤：

第 1 步，对故障原因分类

设故障原因分为 m 类，则原因集 U 分为 m 个故障原因子集

$$U=\{u_1,u_2,\cdots,u_m\} \tag{9-9}$$

每个故障子集 u_i 又可分为 n 个故障原因，即

$$u_i=\{u_{i1},u_{i2},\cdots,u_{ij},\cdots,u_m\} \tag{9-10}$$

其中 u_{ij} 为第 i 类故障原因集的第 j 个故障原因，$i=1,2,\cdots,m$；$j=1,2,\cdots,n$。

第 2 步，确定权重集

设 i 类原因 u_i 的权值为 $a_i(i=1,2,\cdots,m)$，则故障原因类权重集为

$$\underset{\sim}{\boldsymbol{A}} = (a_1, a_2, \cdots, a_m) \tag{9-11}$$

在故障原因类中，可按故障原因影响程度不同，而对每个元素赋不同的权值。如对 i 类中的第 j 个元素 u_{ij} 的权值为 $a_{ij}(i=1,2,\cdots,m;j=1,2,\cdots,n)$，则原因权重集为

$$\underset{\sim}{\boldsymbol{A}}_i = (a_{i1}, a_{i2}, \cdots, a_{in}) \tag{9-12}$$

第 3 步，建立征兆集

尽管故障类别和故障原因多种多样，但它们引起的故障征兆只能组成一个集合，设故障征兆共有 p 个，则征兆集为

$$\boldsymbol{V} = \{v_1, v_2, \cdots, v_p\} \tag{9-13}$$

其中 v_k 表示第 k 个征兆，$k=1,2,\cdots,p$。

第 4 步，一级模糊综合故障评判

按单故障原因类先进行综合评判，再按第 i 类中第 j 个元素 u_{ij} 进行评判，评判对象隶属于征兆集中第 k 个元素的隶属度为 $r_{ijk}(i=1,2,\cdots,m;j=1,2,\cdots n;k=1,2,\cdots,p)$，则一级模糊综合故障评判的单原因评判矩阵为

$$\underset{\sim}{\boldsymbol{R}}_i = \begin{bmatrix} r_{i11} & r_{i12} & \cdots & r_{i1p} \\ r_{i21} & r_{i22} & \cdots & r_{i2p} \\ \vdots & \vdots & & \vdots \\ r_{in1} & r_{in2} & \cdots & r_{inp} \end{bmatrix} \quad i = 1,2,,\cdots m \tag{9-14}$$

其中 $\underset{\sim}{\boldsymbol{R}}_i$ 的第 j 行，表示第 i 类中的第 j 个故障原因 u_{ij} 的评判结果。$\underset{\sim}{\boldsymbol{R}}_i$ 矩阵的行数由故障原因集中的元素个数决定，而其列数同征兆集中的元素个数。于是第 i 类故障原因的模糊综合评判集 $\underset{\sim}{\boldsymbol{B}}_i$ 为

$$\underset{\sim}{\boldsymbol{B}}_i = \underset{\sim}{\boldsymbol{A}}_i \circ \underset{\sim}{\boldsymbol{R}}_i = (a_{i1}, a_{i2}, \cdots, a_{in}) \circ \begin{bmatrix} r_{i11} & r_{i12} & \cdots & r_{i1p} \\ r_{i21} & r_{i22} & \cdots & r_{i2p} \\ \vdots & \vdots & & \vdots \\ r_{in1} & r_{in2} & \cdots & r_{inp} \end{bmatrix} = (b_{i1}, b_{i2}, \cdots, b_{ip}) \tag{9-15}$$

其中，$b_{ik} = \bigvee\limits_{j=1}^{n}(a_{ij} \wedge r_{ijk})$，$i=1,2,\cdots,m;k=1,2,\cdots,p$。

第 5 步，二级模糊综合故障综合评判

在对一个故障类进行综合评判的基础上，还要对类之间进行综合评判，这就是二级模糊综合评判。

二级模糊综合评判的单原因评判，就是一级模糊综合评判的评判集 $\underset{\sim}{\boldsymbol{R}}$

$$\underset{\sim}{\boldsymbol{R}} = \begin{bmatrix} \underset{\sim}{B}_1 \\ \underset{\sim}{B}_2 \\ \vdots \\ \underset{\sim}{B}_m \end{bmatrix} = \begin{bmatrix} \underset{\sim}{A}_1 \circ \underset{\sim}{\boldsymbol{R}}_1 \\ \underset{\sim}{A}_2 \circ \underset{\sim}{\boldsymbol{R}}_2 \\ \vdots \\ \underset{\sim}{A}_m \circ \underset{\sim}{\boldsymbol{R}}_m \end{bmatrix} = [r_{ik}]_{m \times p} \tag{9-16}$$

其中 $r_{ik} = b_{ik}, i = 1,2,\cdots,m; k = 1,2,\cdots,p$。

二级模糊故障综合评判集$\underset{\sim}{\boldsymbol{B}}$ 为

$$\underset{\sim}{\boldsymbol{B}} = \underset{\sim}{\boldsymbol{A}} \circ \underset{\sim}{\boldsymbol{R}} = \underset{\sim}{A} \circ \begin{bmatrix} \underset{\sim}{A}_1 \circ \underset{\sim}{\boldsymbol{R}}_1 \\ \underset{\sim}{A}_2 \circ \underset{\sim}{\boldsymbol{R}}_2 \\ \vdots \\ \underset{\sim}{A}_m \circ \underset{\sim}{\boldsymbol{R}}_m \end{bmatrix} = (b_1, b_2, \cdots, b_p) \tag{9-17}$$

其中 $b_k = \bigvee\limits_{i=1}^{m}(a_i \wedge a_{ik}), k = 1,2,\cdots,p$。$b_k$ 即为二级模糊故障综合评判指标，它表示评判对象按故障原因类评判时，对征兆集中第 k 个元素的隶属度。

9.6.2 多层故障原因模糊综合评判

对于一个复杂系统来说，由于其自身结构的层次性，往往导致多故障原因之间也存在着层次关系。例如一个机电一体化的复杂系统，既有电力传动，又有液压传动，还有机械传动等，它们之间相互作用、相互影响。当出现故障时，只用一级模糊综合故障评判，很难考虑到原因的层次。因此，必须从低层开始对各故障原因进行综合评判，由低层到高层逐层计算，每一层都赋以权重集，最后得出总的诊断结果。即使是多级模糊故障综合诊断，也只有一个征兆集。

9.6.3 故障原因模糊时的综合评判

一般情况，故障原因也会有不同程度的模糊性。对于这种情况需要把每个故障原因按程度分成若干个等级，如分为好、较好、一般、差及较差 5 个等级。每个故障原因的等级都是论域上的模糊子集，对单故障原因的等级集进行评判，求得单故障原因评判后，再用多故障原因综合评判方法对所有故障原因进行综合评判。

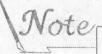

第 10 章　模糊逻辑控制

模糊自动控制是以模糊集合论、模糊语言变量及模糊逻辑推理为基础的一种计算机数字控制。从线性控制与非线性控制的角度分类,模糊控制是一种非线性控制。从控制器的智能性看,模糊控制属于智能控制的范畴,而且已经成为目前实现智能控制的一种重要而又有效的形式。

本章讲述了应用模糊语言变量、模糊关系及模糊推理实现模糊控制的最基本思想与方法。重点介绍了查询表式模糊控制器、解析式模糊控制器及自适应模糊控制的基本思想。

10.1　模糊控制的基本思想

在自动控制技术产生之前,人们在生产过程中只能采用手动控制方式。手动控制过程首先是通过观测被控对象的输出,其次是根据观测结果做出决策,然后手动调整输入,操作工人不断地观测→决策→调整,实现对生产过程的手动控制。这三个步骤分别是由人的眼-脑-手来完成的。后来,由于科学和技术的进步,人们逐渐采用各种测量装置(如测量仪表、检测装置、传感器等)代替人的眼,完成对被控制量的观测任务;利用各种控制器(如磁放大器,由直流运算放大器加阻容反馈网络构成的 PID 调节器等)部分地取代人脑的作用,实现比较、综合被控制量与给定量之间的偏差,控制器所给出的输出信号相当于手动控制过程中人脑的决策;使用各种执行机构(主要是电动的、气动的,如伺服电机、气动调节阀等)对被控对象(或生产过程)施加某种控制作用,这就起到了手动控制中手的调整作用。

上述由测量装置、控制器、被控对象及执行机构组成的自动控制系统,是人们所悉知的常规负反馈控制系统。图 10-1、10-2 分别给出了手动控制和负反馈控制的方框图。

经过人们长期研究和实践形成的经典控制理论,对于解决线性定常系统的控制问题是很有效的。然而,经典控制理论对于非线性时变系统难以奏效。随着计算机尤其是微机的发展和应用,自动控制理论和技术获得了飞跃的发展。基于状态变量描述的现代控制理论对于解决线性或非线性、定常或时变的多输入多输出系统问题,获得了广泛的应用。例如,在阿波罗登月舱的姿态

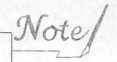

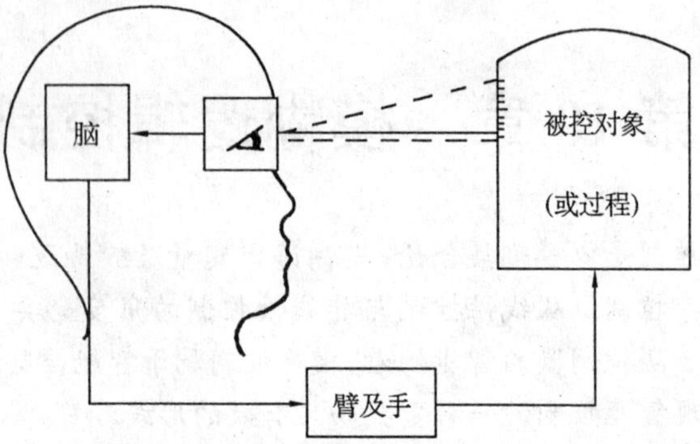

图 10-1　手动控制方框图

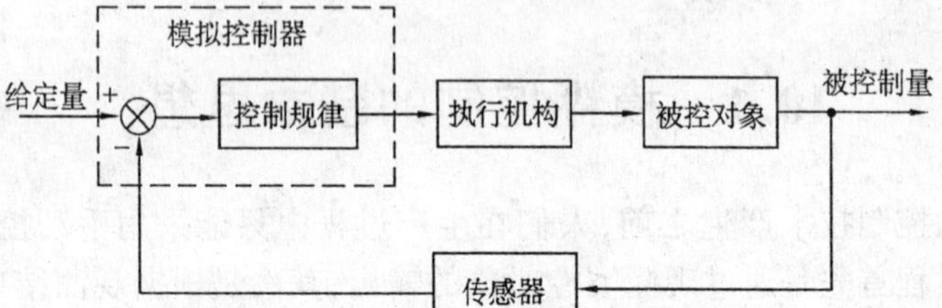

图 10-2　常规反馈控制系统方框图

控制、宇宙飞船和导弹的精密制导以及在工业生产过程中的控制等方面都得到了成功的运用。但是,无论采用经典控制理论还是现代控制理论设计一个控制系统,都需要事先知道被控制对象(或生产过程)精确的数学模型,然后根据数学模型以及给定的性能指标,选择适当的控制规律,进行控制系统设计。然而,在许多情况下被控对象(或生产过程)的精确数学模型很难建立。例如,有些对象难以用一般的物理和化学方面的规律来描述,有的影响因素很多,而且相互之间又有交叉耦合,使其模型十分复杂,难于求解以至于没有实用价值。还有一些生产过程缺乏适当的测试手段,或者测试装置不能进入被测试区域,致使无法建立过程的数学模型。像建材工业生产中的水泥窖、玻璃窖,化工生产中的化学反应过程,轻工生产中的造纸过程,食品工业生产中的各种发酵过程,还有为数众多的炉类,如炼钢炉的冶炼过程,退火炉温控制过程,工业锅炉的燃烧过程,等等。诸如此类的过程变量多,各种参数又存在不同程度的时变性,且过程具有非线性、强耦合等特点,因此建立这一类过程的精确数学模型困难很大,甚至是办不到的。这样一来,对于这类对象或过程就难以进行自动控制。

与此相反，对于上述难以自动控制的一些生产过程，有经验的操作人员进行手动控制，可以收到令人满意的效果。在这样的事实面前，人们又重新研究和考虑人的控制行为有什么特点，能否对无法构造数学模型的对象让计算机模拟人的思维方式，进行控制决策。

模糊数学的创始人，著名的控制论专家扎德教授列举过一个停车问题的例子，是非常富有启发性的。

所谓停车问题是要把汽车停在拥挤的停车场上两辆车之间的一个空隙处。

对于上述问题，从事控制理论研究者的解决方法是：令 ω 记车 C 上的一个固定参考点的位置，θ 记车 C 的方位，于是建立车的状态方程和运动方程分别为

$$x=(\omega,\theta) \tag{10-1}$$

$$\dot{x}=f(x,\boldsymbol{u}) \tag{10-2}$$

其中 $\boldsymbol{u}$ 为一个有约束的控制向量，其两个分量分别为前轮的角度 u_1 和车速 u_2。邻近两辆车定义为 x 执行中的约束，用集合 Ω 表示，而两辆停着的车之间的空隙定义为允许的终端状态的集合 Γ。这样，停车问题就转化为寻找一个控制 $\boldsymbol{u}(t)$，使其在满足各种约束的条件下把初始状态转移到终端状态 Γ 中去。

采用精确方法求解上述问题，由于约束条件过多，使得求解过程非常复杂，即使用一台大型计算机也难以胜任。

汽车司机是这样操纵的，先让车向前运动，前轮先向右而后向左，然后使车向后运动，前轮仍先向右而后向左，经过多次反复，车将横向移动一个所需要的距离，最后向前开停在空隙处。这样，汽车司机通过一些不精确的观察，执行一些不精确的控制，却达到了准确停车的目的。

控制论的创始人维纳在研究人与外界相互作用的关系时曾指出："人通过感觉器官感知周围世界，在脑和神经系统中调整获得的信息。经过适当的存贮、校正、归纳和选择（处理）等过程而进入效应器官反作用于外部世界（输出），同时也通过像运动传感器末梢这类传感器再作用于中枢神经系统，将新接受的信息与原贮存的信息结合在一起，影响并指挥将来的行动"。汽车司机驾驶汽车停车的例子，正如维纳所描述的那样，人不断地从外界（对象）获取信息，再存贮和处理信息，并给出决策反作于外界（输出），从而达到预期目标。

总结人的控制行为，正是遵循反馈及反馈控制的思想。人的手动控制决

策可以用语言加以描述，总结成一系列条件语句，即控制规则。运用微机的程序来实现这些控制规则，微机就起到了控制器的作用。于是，利用微机取代人可以对被控对象进行自动控制。

在描述控制规则的条件语句中的一些词，如“较大”、“稍小”、“偏高”等都具有一定的模糊性，因此用模糊集合来描述这些模糊条件语句，即组成了所谓的模糊控制器。1974年英国马丹尼首先设计了模糊控制器，并用于锅炉和蒸汽机的控制，取得了成功。模糊语言控制器、模糊控制论、模糊自动控制等概念，从此诞生了。

10.2　模糊控制系统的组成

前面已指出，模糊控制属于计算机数字控制的一种形式。因此，模糊控制系统的组成类同于一般的数字控制系统，其方框图如图10-3所示。

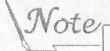

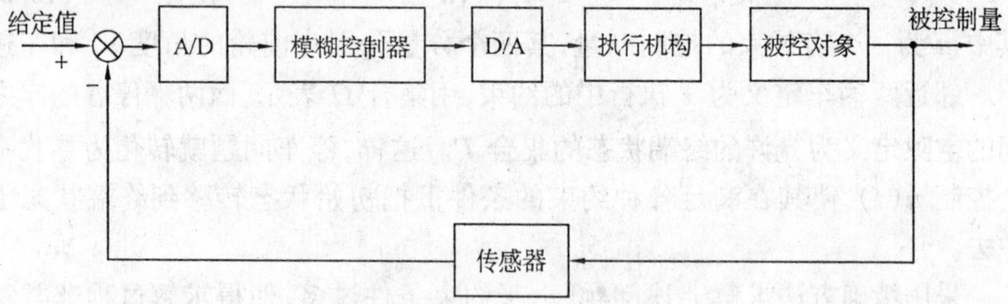

图10-3　模糊控制系统框图

模糊控制系统一般可以分为四个组成部分：

(1)模糊控制器　实际上是一台微计算机，根据控制系统的需要，既可选用系统机，又可选用单板机或单片机。

(2)输入/输出接口装置　模糊控制器通过输入/输出接口从被控对象获取数字信号量，并将模糊控制器决策的输出数字信号经过数模变换，将其转变为模拟信号，送给执行机构去控制被控对象。

在I/O接口装置中，除A/D、D/A转换外，还包括必要的电平转换线路。

(3)广义对象　包括被控对象及执行机构，被控对象可以是线性或非线性的、定常或时变的，也可以是单变量或多变量的、有时滞或无时滞的，以及有强干扰的多种情况。

还须指出，被控对象缺乏精确数学模型的情况适宜选择模糊控制，但也不排斥有较精确的数学模型的被控对象,也可以采用模糊控制方案。

(4)传感器　传感器是将被控对象或各种过程的被控制量转换为电信号(模拟的或数字的)的一类装置。被控制量往往是非电量,如温度、压力、流量、浓度、湿度等。传感器在模糊控制系统中占有十分重要的地位,它的精度往往直接影响整个控制系统的精度。因此,在选择传感器时,应注意选择精度高且稳定性好的传感器。

10.3　模糊控制的基本原理

10.3.1　一步模糊控制算法

模糊控制的基本原理可由图 10-4 表示,它的核心部分为模糊控制器,如图中虚线框中部分所示。模糊控制器的控制规律由计算机的程序实现,实现一步模糊控制算法的过程是这样的:微机经中断采样获取被控制量的精确值,然后将此量与给定值比较得到误差信号 E(在此取单位反馈)。一般选误差信号 E 作为模糊控制器的一个输入量。把误差信号 E 的精确量进行模糊量化变成模糊量,误差 E 的模糊量可用相应的模糊语言表示。至此,得到了误差 E 的模糊语言集合的一个子集 $\underset{\sim}{e}$($\underset{\sim}{e}$实际上是一个模糊向量)。再由 $\underset{\sim}{e}$和模糊控制规则 $\underset{\sim}{R}$(模糊关系)根据推理的合成规则进行模糊决策,得到模糊控制量 $\underset{\sim}{u}$为

$$\underset{\sim}{u} = \underset{\sim}{e} \circ \underset{\sim}{R} \tag{10-3}$$

式中 $\underset{\sim}{u}$为一个模糊量。

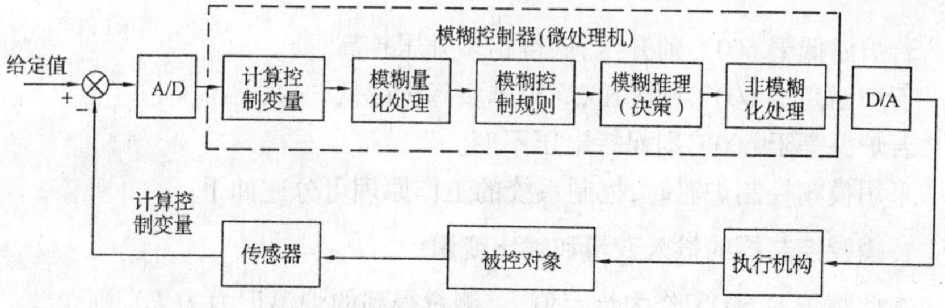

图 10-4　模糊控制原理框图

为了对被控对象施加精确的控制,还需要将模糊量 $\underset{\sim}{u}$转换为精确量,这一步骤在图 10-4 框图中称为非模糊化处理(亦称清晰化)。得到了精确的数字

控制量后,经数模转换变为精确的模拟量送给执行机构,对被控对象进行一步控制。然后,中断等待第二次采样,进行第二步控制……。这样循环下去,就实现了被控对象的模糊控制。

综上所述,模糊控制算法可概括为下述四个步骤:

(1)根据本次采样得到的系统的输出值,计算所选择的系统的输入变量;

(2)将输入变量的精确值变为模糊量;

(3)根据输入变量(模糊量)及模糊控制规则,按模糊推理合成规则计算控制量(模糊量);

(4)由上述得到的控制量(模糊量)计算精确的控制量。

10.3.2 模糊自动控制的基本原理

为了说明模糊控制系统的工作原理,介绍一个很简单的单输入单输出温控系统。

例如,某电热炉用于对金属零件的热处理,按热处理工艺要求需保持炉温600℃恒定不变。因为炉温受被处理零件多少、体积大小以及电网电压波动等因素影响,容易波动,所以设计温控系统取代人工手动控制。

如果电热炉的供电电压是经可控硅整流电源提供的,它的电压连续可调。当调整可控硅触发线路中的偏置电压,即改变了可控硅导通角 α,于是可控硅整流电源的电压可根据需要连续可调。当人工手动控制时,根据对炉温的观测值,手动调节电位器旋钮即可调节电热炉供电电压,达到升温或降温的目的。

人工操作控制温度时,根据操作工人的经验,控制规则可以用语言描述如下:

若炉温低于600℃则升压,低得越多升压越高;
若炉温高于600℃则降压,高得越多降压越低;
若炉温等于600℃则保持电压不变。

采用模糊控制炉温时,控制系统的工作原理可分述如下:

1.模糊控制器的输入变量和输出变量

在此将炉温600℃作为给定值 t_0,测量得到的炉温记为 $t(K)$,则误差

$$e(K) = t_0 - t(K) \tag{10-4}$$

作为模糊控制器的输入变量(作为输入变量不止误差 e 一个,比如还可有误差的变化等,为简单起见只选一个)。

模糊控制器的输出变量是触发电压 u 的变化,该电压直接控制电热炉的

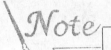

供电电压的高低。所以,又称输出变量为控制量。

2. 输入变量及输出变量的模糊语言描述

描述输入变量及输出变量的语言值的模糊子集为

$$\{负大, 负小, 0, 正小, 正大\}$$

通常采用如下简记形式

NB = 负大, *NS* = 负小, *O* = 零, *PS* = 正小, *PB* = 正大。

其中　*N* = Negative, *P* = Positive, *B* = Big, *S* = Small, *O* = Zero。

设误差 e 的论域为 X,并将误差大小量化为七个等级,分别表示为 −3, −2, −1, 0, +1, +2, +3,则有

$$X = \{-3, -2, -1, 0, 1, 2, 3\}$$

选控制量 u 的论域为 Y,并同 X 一样也把控制量的大小化为七个等级(也可以多于七个),即

$$Y = \{-3, -2, -1, 0, 1, 2, 3\}$$

图 10-5 给出了语言变量的隶属函数曲线,由此可以得到表 10-1 模糊变量 e 及 u 的赋值表。

表 10-1　模糊变量(e, u)的赋值表

量化等级 / 隶属度 / 语言变量	−3	−2	−1	0	1	2	3
PB	0	0	0	0	0	0.5	1
PS	0	0	0	0	1	0.5	0
O	0	0	0.5	1	0.5	0	0
NS	0	0.5	1	0	0	0	0
NB	1	0.5	0	0	0	0	0

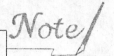

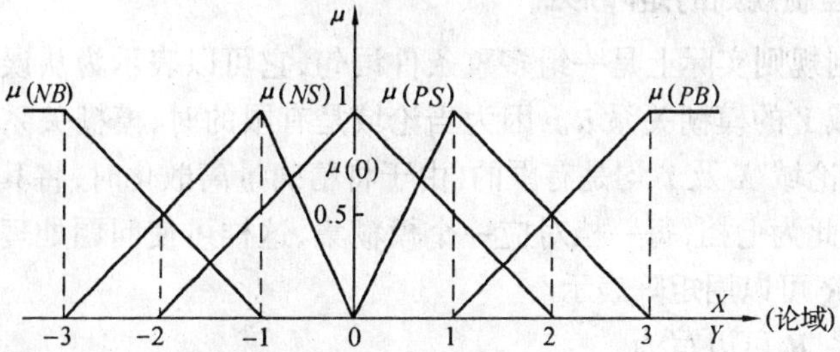

图 10-5　语言变量的隶属函数

3. 模糊控制规则的语言描述

根据手动控制策略,模糊控制规则可归纳如下:

(1)若 e 负大,则 u 正大;

(2)若 e 负小,则 u 正小;

(3)若 e 为零,则 u 为零;

(4)若 e 正小,则 u 负小;

(5)若 e 正大,则 u 负大。

上述控制规则也可用英文写成为如下形式:

(1) if　$e = NB$　then　$u = PB$

or

(2) if　$e = NS$　then　$u = PS$

or

(3) if　$e = O$　then　$u = O$

or

(4) if　$e = PS$　then　$u = NS$

or

(5) if　$e = PB$　then　$u = NB$

也可以用表格形式描述控制规则,表 10-2 即为上述的控制规则的表格化,也称为控制规则表。

表 10-2　控制规则表

e	NB	NS	O	PS	PB
u	PB	PS	O	NS	NB

4. 模糊控制规则的矩阵形式

模糊控制规则实际上是一组多重条件语句,它可以表示为从误差论域 X 到控制量论域 Y 的模糊关系 $\underset{\sim}{R}$。因为当论域是有限的时,模糊关系可以用矩阵来表示,而论域 X 及 Y 均是有限的(由于将精确量离散化时,将其分成有限的几档,如在此为七档,每一档对应一个模糊集,这样可使问题处理简化),所以模糊关系 $\underset{\sim}{R}$ 可以用矩阵表示。

模糊关系 $\underset{\sim}{R}$ 可以写为

$$\underset{\sim}{R} = (NB_e \times PB_u) + (NS_e \times PS_u) + (O_e \times O_u) + (PS_e \times NS_u) + (PB_e \times NB_u) \tag{10-5}$$

其中角标 e、u 分别表示误差和控制量。上式中

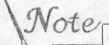

$$NB_e \times PB_u = (1,0.5,0,0,0,0,0) \times (0,0,0,0,0,0.5,1) = \begin{bmatrix} 0 & 0 & 0 & 0 & 0 & 0.5 & 1 \\ 0 & 0 & 0 & 0 & 0 & 0.5 & 0.5 \\ 0 & 0 & 0 & 0 & 0 & 0 & 0 \\ 0 & 0 & 0 & 0 & 0 & 0 & 0 \\ 0 & 0 & 0 & 0 & 0 & 0 & 0 \\ 0 & 0 & 0 & 0 & 0 & 0 & 0 \\ 0 & 0 & 0 & 0 & 0 & 0 & 0 \end{bmatrix}$$

$$NS_e \times PS_u = (0,0.5,1,0,0,0,0) \times (0,0,0,0,1,0.5,0) = \begin{bmatrix} 0 & 0 & 0 & 0 & 0 & 0 & 0 \\ 0 & 0 & 0 & 0 & 0.5 & 0.5 & 0 \\ 0 & 0 & 0 & 0 & 1 & 0.5 & 0 \\ 0 & 0 & 0 & 0 & 0 & 0 & 0 \\ 0 & 0 & 0 & 0 & 0 & 0 & 0 \\ 0 & 0 & 0 & 0 & 0 & 0 & 0 \\ 0 & 0 & 0 & 0 & 0 & 0 & 0 \end{bmatrix}$$

$$O_e \times O_u = (0,0,0.5,1,0.5,0,0) \times (0,0,0.5,1,0.5,0,0) = \begin{bmatrix} 0 & 0 & 0 & 0 & 0 & 0 & 0 \\ 0 & 0 & 0 & 0 & 0 & 0 & 0 \\ 0 & 0 & 0.5 & 0.5 & 0.5 & 0 & 0 \\ 0 & 0 & 0.5 & 1 & 0.5 & 0 & 0 \\ 0 & 0 & 0.5 & 0.5 & 0.5 & 0 & 0 \\ 0 & 0 & 0 & 0 & 0 & 0 & 0 \\ 0 & 0 & 0 & 0 & 0 & 0 & 0 \end{bmatrix}$$

$$PS_e \times NS_u = (0,0,0,0,1,0.5,0) \times (0,0.5,1,0,0,0,0) = \begin{bmatrix} 0 & 0 & 0 & 0 & 0 & 0 & 0 \\ 0 & 0 & 0 & 0 & 0 & 0 & 0 \\ 0 & 0 & 0 & 0 & 0 & 0 & 0 \\ 0 & 0 & 0 & 0 & 0 & 0 & 0 \\ 0 & 0.5 & 1 & 0 & 0 & 0 & 0 \\ 0 & 0.5 & 0.5 & 0 & 0 & 0 & 0 \\ 0 & 0 & 0 & 0 & 0 & 0 & 0 \end{bmatrix}$$

$$PB_e \times NB_u = (0,0,0,0,0,0.5,1) \times (1,0.5,0,0,0,0,0) =$$

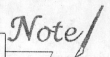

$$\begin{bmatrix} 0 & 0 & 0 & 0 & 0 & 0 & 0 \\ 0 & 0 & 0 & 0 & 0 & 0 & 0 \\ 0 & 0 & 0 & 0 & 0 & 0 & 0 \\ 0 & 0 & 0 & 0 & 0 & 0 & 0 \\ 0 & 0 & 0 & 0 & 0 & 0 & 0 \\ 0.5 & 0.5 & 0 & 0 & 0 & 0 & 0 \\ 1 & 0.5 & 0 & 0 & 0 & 0 & 0 \end{bmatrix}$$

将上述矩阵 $NB_e \times PB_u$、$NS_e \times PS_u$、$O_e \times O_u$、$PS_e \times NS_u$、$PB_e \times NB_u$ 代入(10-5)中,就可求出模糊控制规则的矩阵表达式为

$$\underset{\sim}{\boldsymbol{R}} = \begin{bmatrix} 0 & 0 & 0 & 0 & 0 & 0.5 & 1 \\ 0 & 0 & 0 & 0 & 0.5 & 0.5 & 0.5 \\ 0 & 0 & 0.5 & 0.5 & 1 & 0.5 & 0 \\ 0 & 0 & 0.5 & 1 & 0.5 & 0 & 0 \\ 0 & 0.5 & 1 & 0.5 & 0.5 & 0 & 0 \\ 0.5 & 0.5 & 0.5 & 0 & 0 & 0 & 0 \\ 1 & 0.5 & 0 & 0 & 0 & 0 & 0 \end{bmatrix}$$

5. 模糊推理

模糊控制器的控制作用取决于控制量,而控制量通过式(10-3)进行计算,即

$$\underset{\sim}{u} = \underset{\sim}{e} \circ \underset{\sim}{\boldsymbol{R}}$$

控制量 $\underset{\sim}{u}$ 实际上等于误差的模糊向量 $\underset{\sim}{e}$ 和模糊关系 $\underset{\sim}{\boldsymbol{R}}$ 的合成,当取 $\underset{\sim}{e} = PS$ 时,则有

$$\underset{\sim}{u} = \underset{\sim}{e} \circ \underset{\sim}{\boldsymbol{R}} = (0,0,0,0,1,0.5,0) \circ \begin{bmatrix} 0 & 0 & 0 & 0 & 0 & 0.5 & 1 \\ 0 & 0 & 0 & 0 & 0.5 & 0.5 & 0.5 \\ 0 & 0 & 0.5 & 0.5 & 1 & 0.5 & 0 \\ 0 & 0 & 0.5 & 1 & 0.5 & 0 & 0 \\ 0 & 0.5 & 1 & 0.5 & 0.5 & 0 & 0 \\ 0.5 & 0.5 & 0.5 & 0 & 0 & 0 & 0 \\ 1 & 0.5 & 0 & 0 & 0 & 0 & 0 \end{bmatrix} = (0.5,0.5,1,0.5,0.5,0,0)$$

6. 控制量的模糊量转化为精确量

上面求得的控制量 $\underset{\sim}{u}$ 为一模糊向量,它可写为

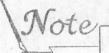

$$\underset{\sim}{u} = (0.5/-3) + (0.5/-2) + (1/-1) + (0.5/0) + (0.5/1) + (0/2) + (0/3)$$

对上式控制量的模糊子集按照隶属度最大原则,应选取控制量为“-1”级。即当误差 $\underset{\sim}{e} = PS$ 时,控制量 u 为“-1”级,具体地说当炉温偏高时,应降低一点电压。

实际控制时,“-1”级电压要变为精确量。“-1”这个等级控制电压的精确值根据事先确定的范围是容易计算得出的。通过这个精确量去控制电热炉的电压,使得炉温朝着减小误差方向变化。

7. 模糊控制器的响应表

模糊控制规则可由模糊矩阵 $\underset{\sim}{\boldsymbol{R}}$ 来描述,进一步分析模糊矩阵 $\underset{\sim}{\boldsymbol{R}}$ 可以看出,$\underset{\sim}{\boldsymbol{R}}$ 矩阵每一行正是对每个非模糊的观测结果所引起的模糊响应,这一概念是由汪培庄教授首先提出的。

为了清楚起见,再将上述求得的模糊矩阵 $\underset{\sim}{\boldsymbol{R}}$ 写成如下形式

$$\underset{\sim}{\boldsymbol{R}} = \begin{array}{c} X \quad \\ \\ -3 \\ -2 \\ -1 \\ 0 \\ 1 \\ 2 \\ 3 \end{array} \begin{array}{c} \begin{array}{cccccccc} Y & -3 & -2 & -1 & 0 & 1 & 2 & 3 \end{array} \\ \left[\begin{array}{ccccccc} 0 & 0 & 0 & 0 & 0 & 0.5 & \boxed{1} \\ 0 & 0 & 0 & 0 & 0.5 & \boxed{0.5} & 0.5 \\ 0 & 0 & 0.5 & 0.5 & \boxed{1} & 0.5 & 0 \\ 0 & 0 & 0.5 & \boxed{1} & 0.5 & 0 & 0 \\ 0 & 0.5 & \boxed{1} & 0.5 & 0.5 & 0 & 0 \\ 0.5 & \boxed{0.5} & 0.5 & 0 & 0 & 0 & 0 \\ \boxed{1} & 0.5 & 0 & 0 & 0 & 0 & 0 \end{array}\right] \end{array}$$

从模糊矩阵 $\underset{\sim}{\boldsymbol{R}}$ 中要获得非模糊观测结果引起的确切响应,采取在每一行中寻找峰域中心值的方法,如 $\underset{\sim}{\boldsymbol{R}}$ 矩阵中的元素所在的列对应论域 Y 中的等级,即为确切响应。

例如 $\underset{\sim}{\boldsymbol{R}}$ 中第五行第三列框中的元素是 1,说明它是该行峰域中心值。该元素所在的行为误差论域 X 中的 1 级,所在的列对应控制论域 Y 中的 -1 级。具体地说,当观测得到的误差正好为 1 级,模糊控制器所引起的响应刚好为 -1级时,即模糊控制器给出的控制量正好是 -1级。

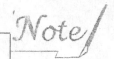

表 10-3 模糊控制表

e	-3	-2	-1	0	1	2	3
u	3	2	1	0	-1	-2	-3

对于每个非模糊的观测结果，均从 $\underset{\sim}{\boldsymbol{R}}$ 中确定一个确切响应，可以列成表 10-3，称这样的表为模糊控制器的响应表，也叫控制表。

为了进一步理解模糊控制器的动态控制过程，可参看图 10-6。图中横坐标 X 为误差 e 的论域，而纵坐标 Y 为控制量 u 的论域，它们仍取同样的七个等级，即

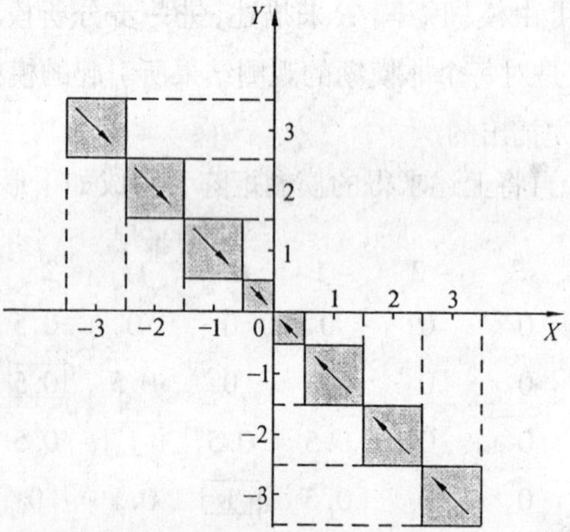

图 10-6 一维模糊控制器的动态响应域

$$X = Y = \{-3, -2, -1, 0, 1, 2, 3\}$$

图中阴影区表示模糊控制器的动态响应域，其中箭头方向指出了动态控制过程中误差的总趋向，最终进入 0 等级。

不难看出，模糊控制器的稳态误差与 X、Y 论域分档的级数有关，要提高控制精度，应适当增加分档的级数，或者采用不均匀分档的方法，即在误差较小的区域适当增加分档级数。

上述电热炉温控过程所采用的模糊控制器，是选用误差作为一个输入变量，这样的模糊控制器，它的控制性能还不能令人满意。举这例子的目的是，用一个最简单的模糊控制器来说明模糊自动控制系统的基本工作原理，为深入研究更复杂更高级的模糊控制器奠定基础。

10.4　模糊控制器的设计

模糊控制器最基本的形式是一种称为“查询表”方式的模糊控制器，这种控制器将模糊控制规则最终转化为一个查询表又称控制表，存储在计算机中供在线控制时使用。这种形式的模糊控制器具有结构简单，使用方便的特点，因此又称为简单模糊控制器。下面介绍一个简单模糊控制器的设计过程，这种设计思想原则上是设计其他形式模糊控制器的基础。

10.4.1　确定模糊控制器的结构

模糊控制器的结构设计指确定控制器的输入变量与输出变量。

在大量的控制问题中，消除被控对象或被控过程的输出偏差问题，是相当普遍的一大类控制问题。仿照人控制这类问题的经验，设计模糊控制器的结构，一般选择的输入变量为误差 E 及误差的变化 EC，输出变量为控制量 u，因此它是一个二维模糊控制器。

对误差 E，误差变化 EC 及控制量 u 的模糊集及其论域定义如下：

EC 和 u 的模糊集均为

$$\{NB, NM, NS, O, PS, PM, PB\}$$

它是一个语言变量名称的集合：{负大，负中、负小、零、正小、正中、正大}，其中，用英文字母 P、N 分别表示正、负，而用 B、M、S 分别代表大、中、小，O 表示零。

E 的模糊集为

$$\{NB, NM, NS, NO, PO, PS, PM, PB\}$$

E 和 EC 的论域均为

$$\{-6, -5, -4, -3, -2, -1, 0, 1, 2, 3, 4, 5, 6\}$$

它是语言变量 E 和 EC 离散值的集合，也称量化等级。

u 的论域为

$$\{-7, -6, -5, -4, -3, -2, -1, 0, 1, 2, 3, 4, 5, 6, 7\}$$

上述的误差模糊集选取八个元素，区分了 NO 和 PO，主要是着眼于提高稳态精度。

10.4.2　建立模糊控制规则

一类根据系统输出的误差及误差的变化趋势来消除误差的模糊控制规则

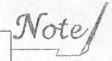

可以用下述 21 条模糊条件语句来描述：

(1) if $E = NB$ or NM and $EC = NB$ or NM then $u = PB$

or

(2) if $E = NB$ or NM and $EC = NS$ or O then $u = PB$

or

(3) if $E = NB$ or NM and $EC = PS$ then $u = PM$

or

(4) if $E = NB$ or NM and $EC = PM$ or PB then $u = O$

or

(5) if $E = NS$ and $EC = NB$ or NM then $u = PM$

or

(6) if $E = NS$ and $EC = NS$ or O then $u = PM$

or

(7) if $E = NS$ and $EC = PS$ then $u = O$

or

(8) if $E = NS$ and $EC = PM$ or PB then $u = NS$

or

(9) if $E = NO$ or PO and $EC = NB$ or NM then $u = PM$

or

(10) if $E = NO$ or PO and $EC = NS$ then $u = PS$

or

(11) if $E = NO$ or PO and $EC = O$ then $u = O$

or

(12) if $E = NO$ or PO and $EC = PS$ then $u = NS$

or

(13) if $E = NO$ or PO and $EC = PM$ or PB then $u = NM$

or

(14) if $E = PS$ and $EC = NB$ or NM then $u = PS$

or

(15) if $E = PS$ and $EC = NS$ then $u = O$

or

(16) if $E = PS$ and $EC = O$ or PS then $u = NM$

or

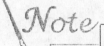

(17) if $E = PS$ and $EC = PM$ or PB then $u = NM$

or

(18) if $E = PM$ or PB and $EC = NB$ or NM then $u = O$

or

(19) if $E = PM$ or PB and $EC = NS$ then $u = NM$

or

(20) if $E = PM$ or PB and $EC = O$ or PS then $u = NB$

or

(21) if $E = PM$ or PB and $EC = PM$ or PB then $u = NB$

上述条件语句构成了描述众多被控过程的模糊模型,例如:卫星的姿态与作用力的关系;飞机或舰船航向与舵偏角的关系;工业锅炉中的压力与加热的关系,等等。因此,在条件语句中,误差 E、误差变化 EC 及控制量 u 对于不同的被控对象有着不同的物理意义。

10.4.3　确定模糊变量的赋值表

模糊变量误差 E、误差变化 EC 及控制量 u 的模糊集和论域确定后,须对模糊语言变量确定隶属函数,即所谓对模糊变量赋值,就是确定论域内元素对模糊语言变量的隶属度,如

$$PB_E = 0.1/3 + 0.4/4 + 0.8/5 + 1.0/6$$

模糊变量 E、EC 及 u 的赋值分别如表 10-4, 10-5 及 10-6 所示,它们是根据不同对象的实际情况具体确定的。

表 10-4　模糊变量 E 的赋值表

E \ μ \ e	−6	−5	−4	−3	−2	−1	−0	+0	+1	+2	+3	+4	+5	+6
PB	0	0	0	0	0	0	0	0	0	0	0.1	0.4	0.8	1.0
PM	0	0	0	0	0	0	0	0	0	0.2	0.7	1.0	0.7	0.2
PS	0	0	0	0	0	0	0	0.3	0.8	1.0	0.5	0.1	0	0
PO	0	0	0	0	0	0	0	1.0	0.6	0.1	0	0	0	0
NO	0	0	0	0	0.1	0.6	1.0	0	0	0	0	0	0	0
NS	0	0	0.1	0.5	1.0	0.8	0.3	0	0	0	0	0	0	0
NM	0.2	0.7	1.0	0.7	0.2	0	0	0	0	0	0	0	0	0
NB	1.0	0.8	0.4	0.1	0	0	0	0	0	0	0	0	0	0

表 10-5 模糊变量 EC 的赋值表

μ \ ec / EC	−6	−5	−4	−3	−2	−1	0	+1	+2	+3	+4	+5	+6
PB	0	0	0	0	0	0	0	0	0	0.1	0.4	0.8	1.0
PM	0	0	0	0	0	0	0	0	0.2	0.7	1.0	0.7	0.2
PS	0	0	0	0	0	0	0	0.9	1.0	0.7	0.2	0	0
O	0	0	0	0	0	0.5	1.0	0.5	0	0	0	0	0
NS	0	0	0.2	0.7	1.0	0.9	0	0	0	0	0	0	0
NM	0.2	0.7	1.0	0.7	0.2	0	0	0	0	0	0	0	0
NB	1.0	0.8	0.4	0.1	0	0	0	0	0	0	0	0	0

表 10-6 模糊变量 u 的赋值表

μ \ U / u	−7	−6	−5	−4	−3	−2	−1	0	+1	+2	+3	+4	+5	+6	+7
PB	0	0	0	0	0	0	0	0	0	0	0	0.1	0.4	0.8	1.0
PM	0	0	0	0	0	0	0	0	0	0.2	0.7	1.0	0.7	0.2	0
PS	0	0	0	0	0	0	0	0.4	1.0	0.8	0.4	0.1	0	0	0
O	0	0	0	0	0	0	0.5	1.0	0.5	0	0	0	0	0	0
NS	0	0	0	0.1	0.4	0.8	1.0	0.4	0	0	0	0	0	0	0
NM	0	0.2	0.7	1.0	0.7	0.2	0	0	0	0	0	0	0	0	0
NB	1.0	0.8	0.4	0.1	0	0	0	0	0	0	0	0	0	0	0

10.4.4 建立模糊控制表

上述描写模糊控制的 21 条模糊条件语句之间是或的关系，由第 1 条语句所确定的控制规则可以计算出 u_1。

由第 1 条语句所确定的模糊关系可以表示为

$$\boldsymbol{R} = [(NB_E + NM_E) \times PB_u] \cdot [(NB_{EC} + NM_{EC}) \times PB_u] \tag{10-6}$$

如果令此刻采样所得到的实际误差量为 e 且误差的变化为 ec，可以算出控制量为

$$u_1 = e \circ [(NB_E + NM_E) \times PB_u] \cdot ec \circ [(NB_{EC} + NM_{EC}) \times PB_u] \tag{10-7}$$

其中符号“$\circ$，+，×，·”分别表示模糊集合的“合成、并、直积、交”运算。

对于 e 及 ec 的隶属函数值对应于所量化的等级上取 1，其余均取为零值，这样可使式(10-7) 简化为

$$u_1 = \min_x \{\max[\mu_{NB_E}(i);\mu_{NM_E}(i)];\max[\mu_{NB_{EC}}(j);\mu_{NM_{EC}(j)}];\mu_{PB_u}(x)\} \tag{10-8}$$

式中，$\mu_{NB_E}(i)$、$\mu_{NM_E}(i)$ 是模糊集合 NB_E 和 NM_E 第 i 个元素(即令测量得到的误差为第 i 等级)的隶属度，而 $\mu_{NB_{CE}}(j)$、$\mu_{NM_{EC}}(j)$ 是模糊集合 NB_{EC} 和 NM_{EC} 第 j 个元素(令测量得到的误差变化为第 j 等级) 的隶属度。

同理，可以由其余各条语句分别求出控制量 $u_2,\cdots,u_{21}$，则控制量为模糊集合 u，表示为

$$u = u_1 + u_2 + \cdots + u_{21} \tag{10-9}$$

对于由式(10-9) 计算出的模糊控制量可以选用一种判决方法，如采用最大隶属度方法，将控制量由模糊量变为精确量。这一过程称为清晰化，又称非模糊化、解模糊等。

利用计算机可根据不同的 i 和 j 预先计算好控制量 u，制成如表 10-7 所示的控制表，作为“文件” 存储在计算机中。当进行实时控制时，便于根据输出的信息，从“文件” 中查询所需采取的控制策略。因此，该控制表又被称为查询表。

表 10-7　模糊控制表

E \ u \ EC	−6	−5	−4	−3	−2	−1	0	+1	+2	+3	+4	+5	+6
−6	7	6	7	6	7	7	7	4	4	2	0	0	0
−5	6	6	6	6	6	6	6	4	4	2	0	0	0
−4	7	6	7	6	7	7	7	4	4	2	0	0	0
−3	7	6	6	6	6	6	6	3	2	0	−1	−1	−1
−2	4	4	4	5	4	4	4	1	0	0	−1	−1	−1
−1	4	4	4	5	4	4	1	0	0	0	−3	−2	−1
−0	4	4	4	5	1	1	0	−1	−1	−1	−4	−4	−4
+0	4	4	4	5	1	1	0	−1	−1	−1	−4	−4	−4
+1	2	2	2	2	0	0	−1	−4	−4	−3	−4	−4	−4
+2	1	2	1	2	0	−3	−4	−4	−4	−3	−4	−4	−4
+3	0	0	0	0	−3	−3	−6	−6	−6	−6	−6	−6	−6
+4	0	0	0	−2	−4	−4	−7	−7	−7	−6	−7	−6	−7
+5	0	0	0	−2	−4	−4	−6	−6	−6	−6	−6	−6	−6
+6	0	0	0	−2	−4	−4	−7	−7	−7	−6	−7	−6	−7

关于图 10-4 中的模糊量化处理是指将输入的误差、误差变化值的精确量，从它们所在的连续取值范围(称基本论域) 转换为离散取值的模糊变量的论域内，可以采用成比例的变换方法，但须进行舍入处理，或称取整处理，因此

这一环节称为模糊量化处理,简称模糊化。

10.5 模糊控制规则的自调整与自适应

上一节介绍的查询表式模糊控制器是一种最基本、最简单的模糊控制形式,它已经在很多领域得到了应用,具有结构简单、实时性强、控制性能好等特点。但也存在控制规则不便于调整、稳态精度有待于提高等问题。为此,研究人员先后提出了多种形式的模糊控制器,下面简要概述如下。

10.5.1 解析式模糊控制器

人们长期习惯于通过解析形式描述某种规律或规则,于是提出了用解析式近似取代查询模糊控制表,这样的模糊控制规则的基本形式为

$$u = -< \alpha E + (1-\alpha)EC > \tag{10-10}$$

式中 E、EC 及 u 分别为误差、误差变化及控制的模糊变量;α 为加权系数,又称调整因子,且 $\alpha \in [0,1]$;符号 $\langle \cdot \rangle$ 表示取最近于“·”的整数;负号“-”表示控制作用总是力图阻止误差往大的方面变化,并进而消除误差。

解析描述的模糊控制规则实质上是让误差 E 及误差变化 EC 在控制过程中共同起作用,而根据被控动态过程的特性不同让它们二者起的作用也不同。当控制系统误差相对于误差变化大时,就要对误差 E 给与较大的加权,给误差变化 EC 较小的加权;反之,当误差变化相对于误差大时,则对误差变化 EC 给与较大的加权,给误差 E 较小的加权。这样做的目的是为了在控制过程中最大限度地发挥误差 E 及误差变化 EC 的控制作用,从而提高控制系统的性能。为了达到这样的目的,就需要不断地对加权系数 α 进行调整。

为了实现对 α 加权系数的调整,提出了许多方案,如根据系统的误差不同采用多调整因子,即

$$u = \begin{cases} -< \alpha_1 E + (1-\alpha_1)EC > & E = 0 \\ -< \alpha_2 E + (1-\alpha_2)EC > & E \pm 1 \\ \quad \cdots\cdots \qquad \cdots\cdots & \cdots \\ -< \alpha_n E + (1-\alpha_n)EC > & E \pm n \end{cases} \tag{10-11}$$

式中 $\alpha_1,\alpha_2,\cdots,\alpha_n$ 均为调整因子,其取值范围均为 0 与 1 之间。

合理选择多个调整因子的值使其控制性能好,就需要对多个 α 值进行优化,但一般优化算法复杂,不便于实时控制。一种具有多调整因子又可实时进行优化自调整形式的模糊控制规则为

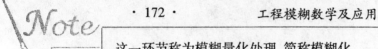

$$\begin{cases} u = -\langle \alpha E + (1-\alpha)EC \rangle \\ \alpha = \dfrac{|E|}{N}(\alpha_s - \alpha_0) + \alpha_0 \end{cases} \tag{10-12}$$

式中 E、EC 及 u 的论域为

$$\{E\} = \{EC\} = \{u\} = \{-N, \cdots, -2, -1, 0, 1, 2, \cdots, N\}$$

设定调整因子 α_0 为初值，α_s 为最大值，且满足 $0 \leqslant \alpha_0 \leqslant \alpha \leqslant \alpha_s \leqslant 1$，$N$ 为量化等级。

不难看出，上述控制规则的调整因子 α 在 α_0 至 α_s 间随着误差绝对值的大小成比例变化。因量化等级 N 的不同，α 可有 N 个取值。因此，该种解析描述控制规则自调整的模糊器具有较为满意的特性。

10.5.2　自适应模糊控制器

为了对非线性、时变等复杂对象进行有效控制，就需要进一步改进提高传统模糊控制器的结构，让它具备两种功能：

1. 控制功能

通过测量被控对象（过程）的输出值，利用反馈和给定值进行比较，发现误差，利用误差及其变化构造某种控制规则去不断地消除误差。这就是利用反馈完成了控制功能。

2. 学习功能

为了提高控制器自身的控制性能，需要对控制器在控制过程中的控制效果进行不断的评价，为此须对控制进行测量，如采用测量其控制误差、误差变化等，再给出评价控制器控制效果的评价指标。然后通过将控制器控制效果与评价指标进行比较，再利用反馈去自适应地调整控制器的结构或/和参数，从而根据被控动态过程的需要不断地提高控制器自身的控制性能，以获得对被控对象更好的控制效果，这样的功能称为学习功能。

为了使模糊控制器同时具备有控制功能和学习功能，必须在仅具备控制功能的基本模糊控制器的基础上，增加一个自适应环节，让它具备学习功能。图 10-7 给出了一个自适应模糊控制器的结构图，图中除去虚线框之外的部分是一个基本的模糊控制器，其中 $\underset{\sim}{E}$、$\underset{\sim}{C}$、$\underset{\sim}{U}$ 分别表示误差、误差变化及控制量的模糊变量；k_e、k_c 分别是误差、误差变化的量化因子，k_u 是控制量的比例因子。

图 10-7 中虚线框内的部分，就是在传统模糊控制器的基础上所增加的自适应环节。它包括了性能测量、控制量校正和控制规则修正三个单元，其作用分别为

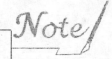

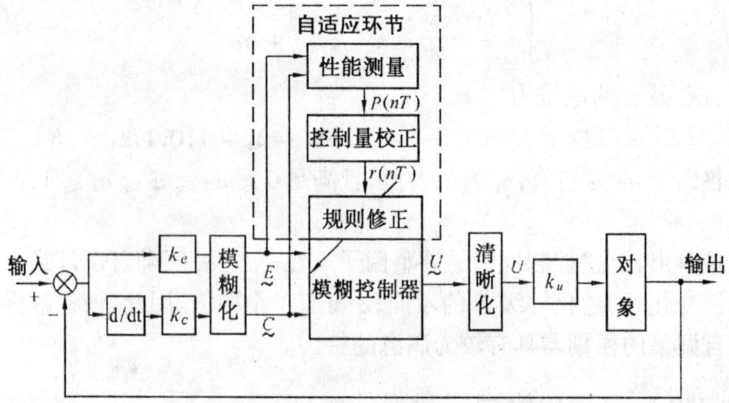

图 10-7　自适应模糊控制器的结构图

性能测量　用于测量实际输出特性与期望特性的误差,为修正控制规则提供输出响应的校正量 P;

控制量校正　用于将输出响应校正量 P 转换为对控制量的校正量 R;

控制规则修正　将对控制量的校正量转换为对控制规则的修正。

不难看出,自适应控制应具备的控制功能与学习功能都是利用"反馈" 完成的。实现学习功能的反馈,通常是利用软件(算法) 实现的,又称"软反馈"。

自适应控制一般有两种主要形式:模型参考自适应控制和自校正控制。因此,自适应模糊控制也有模型参考自适应模糊控制和自校正模糊控制两种形式。

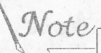

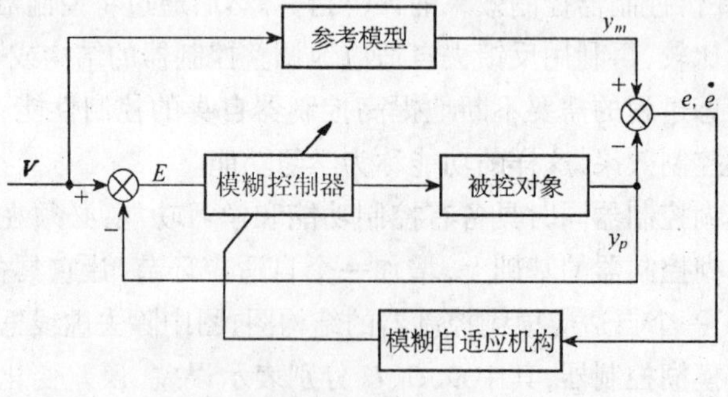

图 10-8　模型参考模糊自适应控制系统

模型参考模糊自适应控制系统的原理如图 10-8 所示。图中有一个参考模型,它描述被控对象的动态或表示一种理想的动态。这种控制方式是将被控过程输出与参考模型进行比较,并按偏差进行反馈控制。模糊自适应机构根据控

制系统输出的误差 e 及误差变化 $\dot{e}$ 所反映出的控制性能的指标，对模糊控制器的控制规则／参数／结构进行自适应的调整，以进一步提高系统的控制性能。

自校正控制系统的基本原理如图 10-9 所示。把该系统可以看做由两个回路所组成，其中内环 Ⅰ 构成负反馈控制回路，外环 Ⅱ 构成控制参数反馈校正回路。

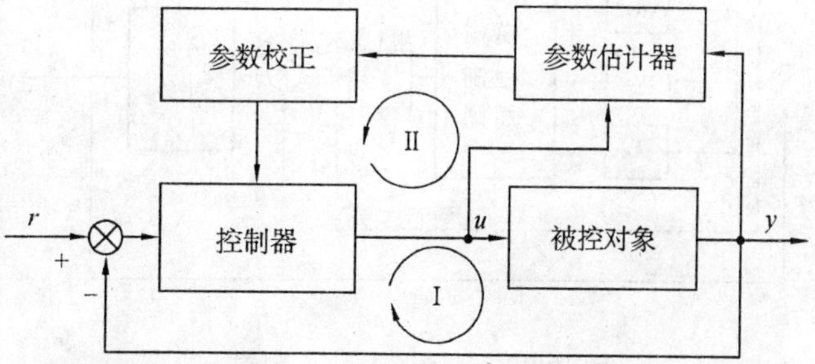

图 10-9　自校正控制系统框图

自校正控制器是由参数估计器、参数校正和控制器三个基本环节组成。参数估计器是利用递推最小二乘法在线估计被控对象的模型参数；参数校正环节是根据估计参数进行控制器参数计算；控制器根据校正后新的控制参数进行控制。自校正控制系统的运行过程，就是自校正控制器不断地进行采样、估计、校正和控制，直至系统达到并保持期望的控制性能指标。

一个三维自校正模糊控制系统的原理如图 10-10 所示，图中虚线框中的部分为一个三维模糊控制器，其中 e、Δe、$\Delta^2 e$ 分别为三维模糊控制器的输入变量，k_e、k_c、k_r 分别为它们的量化因子，k_u 为输出变量的比例因子。此外，还包括数据存储单元、性能（评价）、规则修正和参数校正四个环节。其中，数据存储单元用于存储评价控制系统性能的各种数据等。性能评价环节根据系统提供的信息对控制效果进行评价，其结果送入规则修正环节和参数校正环节，分别作为修改控制规则和校正参数的依据。总之，上述四个环节相当于图 10-9 所示自校正控制系统的外环，构成了对控制规则和控制参数的自校正回路。

通过上述自适应模糊控制原理的分析，我们不难看出，反馈在自动控制中的重要作用。在反馈控制系统中，利用了反馈发现了被控对象的实际输出与期望输出的误差，再利用误差及误差的变化构成某种控制规则（规律、算法），来消除误差，这就是利用反馈完成的控制作用；同样，利用反馈在自适应控制系

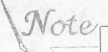

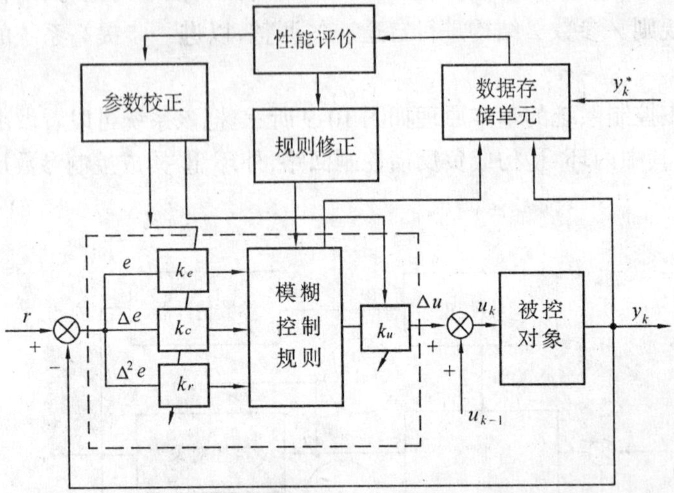

图 10-10　自校正模糊控制器

统中，将控制器作为被控对象，再通过测量控制器的实际控制效果，进行性能评价，进而对控制器自身的控制规则／参数／结构进行自适应调整(校正)，以改善和提高控制器的控制性能。这一自适应调整的过程，又是通过反馈完成的学习功能。因此，反馈被称为自动控制的精髓。

在自适应模糊控制器中，实现控制功能和学习功能与传统自适应控制不同的是均采用模糊逻辑。应用模糊逻辑一般包括三部分工作，即用模糊集合描述语言变量，建立语言变量之间的模糊关系，进而应用模糊推理。有关自适应模糊控制器的其他类型与设计等内容已超出本书范围，不再继续讨论，感兴趣的读者可参考有关书籍。

Note

第 11 章　模糊系统辨识

Zadeh 于 1962 年曾对“辨识”给出定义：系统辨识是在对输入和输出观测的基础上，在指定的一类系统中，确定一个与被识别的系统等价的系统。因为系统辨识和参数估计是建立被控系统数学模型的重要途径之一，而模型化方法是进行系统分析、设计、预测、控制、决策的前提和基础，所以，对系统辨识的研究不仅具有重要意义，而且有着广泛的工程应用价值。

必须指出，要对一个复杂的被控对象或过程建立精确的数学模型一般是很困难的，甚至是不可能的。用模糊集合理论，从系统输入和输出量测值来辨识系统的模糊模型，也是系统辨识的又一有效途径。

系统辨识有多种方法，如基于模糊关系模型的系统辨识和基于 T-S 模型的模糊系统辨识方法等。本节只介绍基于模糊关系模型的系统辨识方法，这种辨识方法是一种最基本的方法，是研究其他模糊系统辨识的基础。

11.1　基于模糊关系模型的系统辨识

11.1.1　模糊关系模型的概念

一个模糊关系模型可以表示为

$$M(A,Y,U,F)$$

其中　A—— 模糊算法；

Y—— 过程的有限离散输出空间；

U—— 过程的有限离散输入空间；

F—— 过程的有限离散输入输出空间中所定义的所有基本模糊子集的集合。

为了简单起见，只考虑单输入单输出系统。设系统的输入空间 U 和输出空间 Y 分别由 M 个点 $u_1,u_2,\cdots,u_M$ 和 N 个点 y_1,y_2,y_N 构成；$B_1,B_2,\cdots,B_m$ 和 $C_1,C_2,\cdots,C_n$ 分别是 U 和 Y 中的模糊集合。所谓的模糊模型是指描述系统特性的一组模糊条件语句，即

$$\text{if } u(t-k)=A \text{ or } B \text{ and } y(t-l)=C \text{ or } D \text{ then } y(t)=E \tag{11-1}$$

…… ……

其中 A 和 B 为 U 中的模糊集合，C、D 和 E 为 Y 中的模糊集合。称式(11-1) 中的每一条模糊条件语句为一条规则，而将式(11-1) 中一组描述系统特性的模糊条件语句称为模糊算法。

在式(11-1) 中，如果取 $k = l = 1$，则该式表达的意义是根据 $(t-1)$ 时刻的输入输出的量测值来预测 t 时刻的输出值。

式(11-1) 中的每一条规则，可以根据模糊集合运算规则写成如下形式

$$E = u(t-k)\circ[(A+B)\times E]\cdot y(t-1)\circ[(C+D)\times E] \tag{11-2}$$

根据每一条规则以及已知的 $u(t-k)$ 和 $y(t-l)$，可由式(7-2) 计算出相应的一个 E。若系统的特性由 p_1 条规则描述，则模糊变量 $y(t)$ 的值可以写为

$$y(t) = E_1 + E_2 + \cdots + E_{p1} \tag{11-3}$$

式(11-2) 及(11-3) 中的符号"∘"、"+"、"×"、"·" 分别表示模糊集合的"合成"、"并"、"直积" 及"交" 运算。

若式(11-2) 中的系统输入和系统输出的量测值分别为 $u(t-k) = u_i$ 和 $y(t-l) = y_j$，则它们的隶属函数值为

$$\begin{cases} \mu_{u(t-k)} = (0,\cdots,0,1,0,\cdots,0) \\ \qquad\qquad\qquad\quad \cdots i \cdots \\ \mu_{y(t-l)} = (0,\cdots,0,1,\cdots,0) \\ \qquad\qquad\qquad\quad \cdots j \cdots \end{cases} \tag{11-4}$$

利用式(11-4) 可将式(11-2) 加以简化，即

$$E = \min\{\max[\mu_A(i),\mu_B(i)];\max[\mu_C(j),\mu_D(j)];\mu_E\} \tag{11-5}$$

式中 $\mu(i)$、$\mu(j)$ 分别表示第 i 和第 j 个元素的隶属函数的值。

由式(11-3) 计算得到的 $y(t)$ 是一个模糊集合，从 $y(t)$ 中选择确切的预测值一般有两种方法：

(1) 选择 $y(t)$ 的隶属函数曲线下所围面积的平分点，称为面积中心法(记为 COA)；

(2) 选择 $y(t)$ 的隶属函数的最大值的平均值，称为最大值平分法(记为 MOM)。

11.1.2 模糊关系模型的品质指标

衡量模糊模型的品质指标有两条：

(1) 建立模糊模型是根据系统的输入输出的量测值来构成一组描述系统

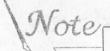

特性的规则，而规则条数的多少反映了模糊算法的复杂程度。因此，式(11-3)中的规则条数 p_1 作为衡量模糊模型复杂程度的一个品质指标。显然，规则条数越少，计算越简单；反之，条数越多，运算越复杂。

(2) 衡量模糊模型精确性的指标，可选取量测值 $y(t)$ 与输出预测 $\hat{y}$ 之差的均方值，即

$$p_2 = \frac{1}{L}\sum_{i=1}^{L}[y(t) - \hat{y}(t)]^2 \tag{11-6}$$

式中 L 为总的量测次数。

上述两条品质指标之间存在一定的矛盾，如选取规则条数多，精确性好，但运算复杂。

11.1.3　基于模糊关系模型的建模方法

建立模糊关系模型大体上可分为如下三方面的工作：

第一，对系统输入输出量测值进行量化处理，建立输入和输出空间 U 和 Y，选择 U 和 Y 中的模糊集合 B_i 和 C_i，而 B_i 与 C_i 的隶属函数值主要由系统输入和输出量测值变化的特性确定。

若 $U = Y = R$(实数域)，且 B_i 与 C_i 的隶属函数的形式均为

$$\mu_{(x)} = e^{-(\frac{x-a}{b})^2} \tag{11-7}$$

则称 B_i 和 C_i 为正态型模糊集合，式中参数 a 和 b 可用统计方法求得。

量化等级与模型精度的要求有关，因此量化等级应根据对模型的精确性要求适当选取。

第二，确定模糊关系模型的结构$[u(t-k), y(t-l), y(t)]$，即确定 k 和 l。

为了确定模糊模型的结构，首先必须将输入和输出数据进行模糊化处理，构成输入和输出量测值的模糊集合。

设输入的量测值 $u(t-k)$ 满足

$$\mu_{B_i}(u) = \max[\mu_{B_1}(u), \mu_{B_2}(u), \cdots \mu_{B_m}(u)] \tag{11-8}$$

则模糊变量 $u(t-k)$ 的值取为 B_i。

若输出量测值 $y(t-l)$ 或 $y(t)$ 满足

$$\mu_{C_i}(y) = \max[\mu_{C_1}(u), \mu_{C_2}(y), \cdots \mu_{C_n}(y)] \tag{11-9}$$

则模糊变量 $y(t-l)$ 或 $y(t)$ 的值为 C_i。于是输入、输出量测值

$$u(1), y(1); u(2), y(2); \cdots; u(i), y(i) \cdots$$

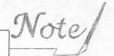

均变成模糊集合，即

$$B_{i1}, C_{i1}; B_{i2};\ C_{i2}; \cdots; B_{ii}, C_{ii}; \cdots$$

根据上述模糊集合通过相关试验来确定模型的结构。

第三，建立模糊关系模型。设模型的结构已确定为〔$u(t-k), y(t-l), y(t)$〕，把模糊变量 $u(t-k)$、$y(t-1)$ 和 $y(t)$ 的值均一一对应列成表 11-1 的形式。

表 11-1　模糊模型结构形式

$u(t-k)$	$y(t-l)$	$y(t)$
B_{k1}	C_{l1}	C_{j1}
B_{k2}	C_{l2}	C_{j2}
$\vdots$	$\vdots$	$\vdots$
B_{ki}	C_{li}	C_{ji}
$\vdots$	$\vdots$	$\vdots$

表 11-1 中的每一行实际上对应着一条规则，即

$$\left.\begin{array}{l} \text{if } u(t-k) = B_{k1} \quad \text{and } y(t-l) = C_{l1} \quad \text{then } y(t) = C_{j1} \\ \text{if } u(t-k) = B_{k2} \quad \text{and } y(t-l) = C_{l2} \quad \text{then } y(t) = C_{j2} \\ \qquad\vdots \qquad\qquad\qquad\qquad\qquad\qquad\qquad \vdots \\ \text{if } u(t-k) = B_{ki} \quad \text{and } y(t-l) = C_{li} \quad \text{then } y(t) = C_{ji} \end{array}\right\} \tag{11-10}$$

对于式(11-10) 描述的规则，一般要经过必要的化简处理，因为这些规则中可能有一些是重复的或是相互矛盾的。

(1) 对重复的规则，处理方法是保留一条，除去重复的其他条。例如下述规则

$$\begin{array}{l} \text{if } u(t-k) = B_2 \quad \text{and } y(t-l) = C_2 \quad \text{then } y(t) = C_3 \\ \qquad\vdots \qquad\qquad\qquad\qquad\qquad\qquad\qquad \vdots \\ \text{if } u(t-k) = B_2 \quad \text{and } y(t-l) = C_2 \quad \text{then } y(t) = C_3 \end{array}$$

实际上是两条完全相同的规则，可删掉一条。

(2) 对既不完全相同又不相矛盾的规则可以做适当的合并处理。例如下列规则

$$\begin{array}{l} \text{if } u(t-k) = B_3 \quad \text{and } y(t-l) = C_3 \quad \text{then } y(t) = C_5 \\ \text{if } u(t-k) = B_4 \quad \text{and } y(t-l) = C_4 \quad \text{then } y(t) = C_5 \\ \text{if } u(t-k) = B_9 \quad \text{and } y(t-l) = C_9 \quad \text{then } y(t) = C_5 \end{array}$$

可以合成如下形式

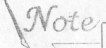

$$\text{if } u(t-k) = B_3 \text{ or } B_4 \text{ or } B_9 \text{ and } y(t-l) = C_3 \text{ or } C_4 \text{ or } C_9 \text{ then } y(t) = C_5$$

(3) 对于相互矛盾的规则要根据具体情况分别对待，例如下列规则

① if $u(t-k) = B_5$ and $y(t-l) = C_5$ then $y(t) = C_6$

② if $u(t-k) = B_5$ and $y(t-l) = C_5$ then $y(t) = C_7$

③ if $u(t-k) = B_5$ and $y(t-l) = C_5$ then $y(t) = C_8$

是三条相互矛盾的规则，不能简单地处理，要根据不同情况分别采取相应的处理方法。

如果规则 ① 的出现次数比 ② 和 ③ 出现的次数都多得多，则可以把规则 ② 和 ③ 忽略不计，只选取 ① 作为模型的一条规则。

如果上述三条规则出现的次数基本相同，忽略其中任何一条都会影响模糊的精度，这时可将三条规则合并为

$$\text{if } u(t-k) = B_5 \text{ and } y(t-l) = C_5 \text{ then } y(t) = C_6 \text{ or } C_7 \text{ or } C_8$$

输入空间 U 和输出空间 Y 中的模糊集合的总数分别为 m 和 n，可以把全部输入输出量测值转换成 p_1 条规则，所以一般有 $p_1 \leqslant m \times n$。经化简处理得到的 p_1 条规则即为系统的预测模糊模型。

根据输入输出量测值，可以由 p_1 条规则按式(11-5)和(11-3)计算出预测值 $y(t)$。这些计算属于逻辑运算，由计算机完成是十分方便的。

如果事先对输入空间 U 和输出空间 Y 的不同点 u_i 和 y_i，用计算机计算出由 $u(t-k)$ 和 $y(t-l)$ 的量测值来预测 $y(t)$ 的表格，则可以把预测值的计算过程转化为查表过程。

11.2　基于模糊关系模型的建模举例

这里对一个加热炉的 296 对典型的输入(煤气流量)和输出(二氧化碳浓度)数据，用上节介绍的方法建立其模糊模型。

11.2.1　建立输入输出空间

对输入输出量测值进行量化，并定义 U 和 Y 的模糊集合 B_i 和 C_i 分别如表 11-2 及 11-3 所示。

表 11-2 u 的量化等级和模糊集合 B_i 的定义

级别	范围	模糊集合的定义						
		B_1	B_2	B_3	B_4	B_5	B_6	B_7
1	$u \leqslant -3.0$	0.5	0	0	0	0	0	0
2	$-3.0 < u \leqslant 2.5$	1.0	0	0	0	0	0	0
3	$-2.5 < u \leqslant 2.0$	0.6	0.5	0	0	0	0	0
4	$-2.0 < u \leqslant 1.5$	0.2	0.8	0.3	0	0	0	0
5	$-1.5 < u \leqslant 1.0$	0	1.0	0.8	0	0	0	0
6	$-1.0 < u \leqslant -0.5$	0	0.8	1.0	0	0	0	0
7	$-0.5 < u \leqslant -0.2$	0	0.3	0.8	0.2	0	0	0
8	$-0.2 < u \leqslant -0.05$	0	0	0.3	0.8	0	0	0
9	$-0.05 < u \leqslant 0.05$	0	0	0	1.0	0	0	0
10	$0.05 < u \leqslant 0.2$	0	0	0	0.8	0.3	0	0
11	$0.2 < u \leqslant 0.5$	0	0	0	0.2	0.8	0.3	0
12	$0.5 < u \leqslant 1.0$	0	0	0	0	1.0	0.8	0
13	$1.0 < u \leqslant 1.5$	0	0	0	0	0.8	1.0	0
14	$1.5 < u \leqslant 2.0$	0	0	0	0	0.3	0.8	0.2
15	$2.0 < u \leqslant 2.5$	0	0	0	0	0	0.5	0.6
16	$2.5 < u \leqslant 3.0$	0	0	0	0	0	0	1.0
17	$3.0 < u$	0	0	0	0	0	0	0.5

表 11-3 γ 的量化等级和模糊集合 C_i 的定义

级别	范围	模糊集合的定义					
		C_1	C_2	C_3	C_4	C_5	C_6
1	$\gamma \leqslant 45.0$	0.5	0	0	0	0	0
2	$45.0 < \gamma \leqslant 46.0$	1.0	0	0	0	0	0
3	$46.0 < \gamma \leqslant 47.0$	1.0	0	0	0	0	0
4	$47.0 < \gamma \leqslant 48.0$	0.8	0	0	0	0	0
5	$48.0 < \gamma \leqslant 49.0$	0.3	0.5	0	0	0	0
6	$49.0 < \gamma \leqslant 50.0$	0	0.8	0	0	0	0
7	$50.0 < \gamma \leqslant 51.0$	0	1.0	0.3	0	0	0
8	$51.0 < \gamma \leqslant 52.0$	0	0.7	0.8	0	0	0
9	$52.0 < \gamma \leqslant 53.0$	0	0.3	1.0	0.5	0	0
10	$53.0 < \gamma \leqslant 54.0$	0	0	0.5	1.0	0.3	0
11	$54.0 < \gamma \leqslant 55.0$	0	0	0	0.8	0.7	0
12	$55.0 < \gamma \leqslant 56.0$	0	0	0	0.3	1.0	0
13	$56.0 < \gamma \leqslant 57.0$	0	0	0	0	0.8	0
14	$57.0 < \gamma \leqslant 58.0$	0	0	0	0	0.5	0.3
15	$58.0 < \gamma \leqslant 59.0$	0	0	0	0	0	0.8
16	$59.0 < \gamma \leqslant 60.0$	0	0	0	0	0	1.0
17	$60.0 < \gamma \leqslant 61.0$	0	0	0	0	0	1.0
18	$61.0 < \gamma$	0	0	0	0	0	0.5

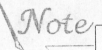

11.2.2　确定模型的结构

为确定模糊关系模型的结构，必须利用计算机统计 $y(t)$ 和 $u(t-1)$，$u(t-2)$，…，以及 $y(t)$ 与 $y(t-1)$，$y(t-2)$，… 的相互关联情况。其统计结果分别如表 11-4 和 11-5 所示。表格中的数字表示出现同一规则的次数。由表 11-4(4)、(5)、(6) 可以看出，对角线上数字很集中，而(1)、(2)、(3) 等表中的数字比较分散。这表明 $y(t)$ 与 $u(t-4)$、$u(t-5)$、$u(t-6)$ 的相关性强，而 $y(t)$ 与 $u(t-1)$、$u(t-2)$、$u(t-3)$ 的相关性弱；同样在表 11-5(1) 中对角线集中了大量的相同规则，这说明 $y(t)$ 与 $y(t-1)$ 关系密切。

表 11-4　(1)　$< u(t-1), y(t) >$

	C_1	C_2	C_3	C_4	C_5	C_6
B_1	0	0	0	3	4	4
B_2	0	2	7	11	18	10
B_3	0	6	13	11	26	8
B_4	1	8	5	16	17	4
B_5	2	20	20	22	10	2
B_6	10	14	13	3	0	0
B_7	1	3	1	0	0	0

表 11-4　(2)　$< u(t-2), y(t) >$

	C_1	C_2	C_3	C_4	C_5	C_6
B_1	0	0	0	1	4	6
B_2	0	0	4	13	19	12
B_3	0	5	11	12	30	6
B_4	0	7	7	17	17	2
B_5	1	21	26	22	4	2
B_6	10	18	11	0	1	0
B_7	3	2	0	0	0	0

表 11-4　(3)　$< u(t-3), y(t) >$

	C_1	C_2	C_3	C_4	C_5	C_6
B_1	0	0	0	0	3	8
B_2	0	0	1	9	24	14
B_3	0	1	9	18	32	4
B_4	0	4	10	21	13	1
B_5	0	23	34	15	3	1
B_6	10	24	5	1	0	0
B_7	4	1	0	0	0	0

表 11-4　(4)　$< u(t-4), y(t) >$

	C_1	C_2	C_3	C_4	C_5	C_6
B_1	0	0	0	0	1	10
B_2	0	0	0	4	30	14
B_3	0	0	4	22	35	3
B_4	0	1	11	29	6	1
B_5	0	24	41	8	3	0
B_6	9	28	3	0	0	0
B_7	5	0	0	0	0	0

表 11-4　(5)　$< u(t-5), y(t) >$

	C_1	C_2	C_3	C_4	C_5	C_6
B_1	0	0	0	0	0	11
B_2	0	0	0	1	35	12
B_3	0	0	1	25	33	5
B_4	0	0	13	30	4	0
B_5	0	25	42	6	3	0
B_6	10	27	3	0	0	0
B_7	4	1	0	0	0	0

表 11-4　(6)　$< u(t-6), y(t) >$

	C_1	C_2	C_3	C_4	C_5	C_6
B_1	0	0	0	0	0	11
B_2	0	0	0	2	37	9
B_3	0	0	1	26	29	8
B_4	0	1	20	20	6	0
B_5	1	25	33	13	3	0
B_6	9	26	5	0	0	0
B_7	4	1	0	0	0	0

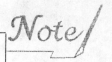

表 11-4　(7) $< u(t-7), y(t) >$

	C_1	C_2	C_3	C_4	C_5	C_6
B_1	0	0	0	0	2	9
B_2	0	0	0	6	34	8
B_3	0	0	7	22	26	9
B_4	0	4	18	17	7	1
B_5	3	27	23	14	6	1
B_6	8	20	10	2	0	0
B_7	3	2	0	0	0	0

表 11-4　(8) $< u(t-8), y(t) >$

	C_1	C_2	C_3	C_4	C_5	C_6
B_1	0	0	0	0	4	7
B_2	0	0	1	12	28	7
B_3	0	1	11	18	25	9
B_4	0	7	17	12	8	2
B_5	5	25	17	15	9	3
B_6	7	18	10	4	1	0
B_7	2	2	1	0	0	0

表 11-4　(9) $< u(t-9), y(t) >$

	C_1	C_2	C_3	C_4	C_5	C_6
B_1	0	0	0	0	6	5
B_2	0	0	4	15	24	5
B_3	0	2	13	16	22	10
B_4	1	9	14	9	11	2
B_5	6	24	13	14	11	6
B_6	5	16	11	7	1	0
B_7	2	3	1	0	0	0

表 11-5　(1) $< y(t-1), y(t) >$

	C_1	C_2	C_3	C_4	C_5	C_6
C_1	11	3	0	0	0	0
C_2	3	41	9	0	0	0
C_3	0	9	39	11	0	0
C_4	0	0	11	46	10	0
C_5	0	0	0	9	60	5
C_6	0	0	0	0	5	23

表 11-5　(2) $< y(t-2), y(t) >$

	C_1	C_2	C_3	C_4	C_5	C_6
C_1	8	6	0	0	0	0
C_2	6	31	13	3	0	0
C_3	0	16	25	15	3	0
C_4	0	0	20	31	14	2
C_5	0	0	1	16	48	8
C_6	0	0	0	0	10	18

表 11-5　(3) $< y(t-3), y(t) >$

	C_1	C_2	C_3	C_4	C_5	C_6
C_1	6	8	0	0	0	0
C_2	7	24	15	5	2	0
C_3	1	19	15	18	5	1
C_4	0	2	23	23	15	4
C_5	0	0	6	18	38	10
C_6	0	0	0	0	15	13

综上所述,通过相关试验分析表明,最佳的模型结构为

$$[u(t-4), u(t-5), u(t-6), y(t-1), y(t)] \tag{11-11}$$

这个模糊结构意味着用 $t-4$、$t-5$、$t-6$ 时刻的输入和 $t-1$ 时刻的输出预测 t 时刻的输出。

式(11-11)表示的模型结构同所要求的模型结构

$$[u(t-k), y(t-l), y(t)] \tag{11-12}$$

相比还显得复杂,为简单起见,可采用

$$[u(t-4), y(t-1), y(t)] \tag{11-13}$$

形式的结构来近似取代式(11-11)作为所求得的模型结构。比较式(11-12)与(11-13)不难得出 $k=4, l=1$。

11.2.3　确定模糊关系模型

根据所求得的模糊结构〔$u(t-4), y(t-1), y(t)$〕，对各规则进行化简处理，最后归结为 16 条形如式(11-1) 所表示的一组模糊条件语句，即

(1) if $u(t-4) = B_7$ and $y(t-1) = C_1$ or C_2 then $y(t) = C_1$

(2) if $u(t-4) = B_6$ and $y(t-1) = C_1$ then $y(t) = C_1$

(3) if $u(t-4) = B_6$ and $y(t-1) = C_2$ or C_3 then $y(t) = C_2$

⋮　　　　　　　　⋮

(15) if $u(t-4) = B_2$ and $y(t-1) = C_6$ then $y(t) = C_6$

(16) if $u(t-4) = B_1$ and $y(t-1) = C_5$ or C_6 then $y(t) = C_6$

上述控制规则可以用表 11-6 表示。

表 11-6　〔$u(t-4), y(t-1), y(t)$〕的控制规则

$y(t-1)$ / $y(t)$ / $u(t-4)$	C_1	C_2	C_3	C_4	C_5	C_6
B_1					C_6	C_6
B_2			C_4	C_5	C_5	C_6
B_3		C_3	C_4	C_4	C_5	C_5
B_4		C_3	C_3	C_4	C_4	C_5
B_5		C_2	C_3	C_3	C_4	C_5
B_6	C_1	C_2	C_2	C_3		
B_7	C_1	C_1				

11.3　自适应模糊预测模型

由上述建立模糊模型的过程不难看出，一个模型是根据某一段时间的输入输出信息来建立的，而实际系统由于各种因素所致，工作条件是不断变化的，因此用一个固定不变的表格来求预测值，就显得不够精确。于是可以用输出的量测值对表 11-6 进行不断的修正，再根据不断修正的预测表来求预测值，这样得到的模型称为自适应预测模型。

修正预测表的原理可用图 11-1 来说明，如果由预测表得到的预测值 $\hat{y}(t)$ 不等于输出量的测量值 $y(t)$，则根据二者之差

$$e(t) = y(t) - \hat{y}(t) \tag{11-14}$$

对预测表进行修正。例如，根据表 11-6 给出的控制规则，用式(11-3) 和(11-4) 计算并由 $u(t-4)$ 和 $y(t-1)$ 来预测 $y(t)$，可以得到如表 11-7 所示的预测表。通过已知 $u(t-4)$ 和 $y(t-1)$ 的量测值，可由表 11-7 查到预测值 $\hat{y}(t)$，

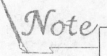

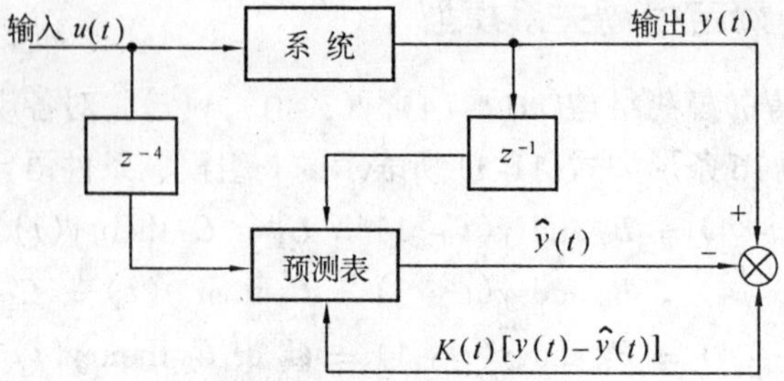

图 11-1 修正预测表的原理图

利用 COA 方法，对 296 对数据进行检验，得到总的均方差为 $P_2 = 0.899$。

表 11-7 根据表 11-6 的模糊模型计算的 $y(t)$ 预测表

$y(t-1)$ \ $\hat{y}(t)$ \ $u(t-4)$	1	2	3	4	5	6	7	8	9	10	11	12	13	14	15	16	17
1	10	10	10	10	10	10	10	10	10	10	4	4	4	4	4	4	4
2	10	10	10	10	10	10	10	10	10	10	4	4	4	4	4	4	4
3	10	10	10	10	10	10	10	10	10	10	4	4	4	4	4	4	4
4	10	10	10	10	10	10	10	10	10	10	4	4	4	4	4	4	4
5	10	10	10	9	9	9	9	9	9	9	6	6	6	6	5	4	4
6	10	10	10	9	9	9	9	9	9	9	8	8	8	7	5	4	4
7	10	10	11	10	9	9	9	9	9	9	8	8	8	7	5	4	4
8	10	10	11	10	10	10	10	9	9	9	8	8	8	7	5	4	4
9	10	10	12	11	11	11	11	10	10	9	9	8	8	7	7	4	4
10	16	16	13	13	12	12	11	10	10	10	9	9	9	9	8	10	10
11	16	16	15	13	12	12	12	11	10	10	10	10	10	9	9	10	10
12	16	16	15	13	12	12	12	11	10	10	10	10	10	10	9	10	10
13	16	16	15	13	12	12	12	11	11	11	11	11	11	11	10	10	10
14	16	16	14	14	14	14	13	11	11	11	11	11	11	11	10	10	10
15	16	16	16	16	15	15	13	12	12	12	12	12	12	12	10	10	10
16	16	16	16	16	15	14	13	12	12	12	12	12	12	12	10	10	10
17	16	16	16	16	15	14	13	12	12	12	12	12	12	12	10	10	10
18	16	16	16	15	14	14	14	12	12	12	12	12	12	12	10	10	10

采用对预测表进行修正的方法，利用 200 个输出量测值对表 11-7 进行修正，修正时 $K(t)$ 取 1，即当 $\hat{y}$ 不等于 $y(t)$ 时，用 $y(t)$ 取代 $\hat{y}(t)$。经修正后的预测表如表 11-8 所示。

表 11-8　对表 11-7 修正后的预测表

$u(t-4)$ / $y(t)$ / $y(t-1)$	1	2	3	4	5	6	7	8	9	10	11	12	13	14	15	16	17
1	10	10	10	10	10	10	10	10	10	10	4	4	4	4	4	4	4
2	10	10	10	10	10	10	10	10	10	10	4	4	4	4	3	2	4
3	10	10	10	10	10	10	10	10	10	10	4	4	4	3	4	4	4
4	10	10	10	10	10	10	10	10	10	10	4	4	5	5	4	2	4
5	10	10	10	9	9	9	9	9	9	9	6	6	5	5	5	4	4
6	10	10	10	9	9	9	9	9	9	7	7	6	6	5	5	4	4
7	10	10	11	10	9	9	8	9	8	8	9	7	7	6	5	4	4
8	10	10	11	10	10	10	9	9	9	8	8	7	7	7	5	4	4
9	10	10	12	11	11	10	10	10	10	9	9	8	8	7	7	4	4
10	16	16	13	13	11	12	11	10	10	9	10	9	9	9	8	10	10
11	16	16	15	13	12	13	11	10	10	10	12	10	9	9	9	10	10
12	16	16	15	13	13	12	12	11	12	11	10	11	10	10	9	10	10
13	16	16	15	14	13	14	13	12	12	12	11	11	11	11	10	10	10
14	16	16	15	15	14	15	13	13	11	14	14	11	11	12	10	10	10
15	16	16	16	15	15	15	15	12	15	12	14	12	12	12	10	10	10
16	16	17	17	16	16	14	13	12	12	12	12	12	12	12	10	10	10
17	16	17	17	16	15	14	13	12	12	12	12	12	12	12	10	10	10
18	16	16	16	15	14	14	14	12	12	12	12	12	12	12	10	10	10

利用修正后的表 11-8 预测，总的均方差为 $P_2 = 0.470$。从表 11-6 出发，用图 11-1 修正方法对表 11-6 进行反复修正，可进一步提高预测精度。表 11-9 给出了经反复修正后的均方差减小的结果。

用通常方法得到的精确数学模型的均方差 $P_2 = 0.481$，可见，自适应模糊预测模型的精度是令人满意的。

表 11-9　对表 11-7 反复修正后的均方差值 P_2

方　　法	第一次修正	第二次修正	第三次修正
COA	0.681	0.440	0.440
MOM	0.932	0.440	0.440

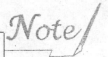

第12章 模糊系统逼近理论

模糊系统是模糊逻辑推理系统的简称。组成模糊系统的最小元素是模糊语言变量,由语言变量的联合构成的"若－则"形式的模糊条件语句称为规则,由若干条规则构成规则集,再加上模糊推理机制、模糊化和解模糊化方法,就组成了一个模糊系统。模糊系统具有两个重要特点:它是一个基于知识的系统,具有智能性;它是一个非线性系统,具有很强的非线性映射能力。已经证明,一个模糊系统是个万能逼近器,它能以任意精度逼近紧集上的任意连续函数。因此,模糊系统在复杂系统信息处理方面具有广泛的应用。

本章重点介绍了模糊系统的特征,可加性模糊系统,模糊系统的逼近特性,模糊逼近定理的几何观点以及万能逼近定理的代数证明。

12.1 系统及其三要素

为了深入研究模糊系统的本质特征,有必要对系统的基本概念及其要素做一深入讨论。

关于系统涵义有多种表述,其中现代系统论的开创者贝塔朗菲(L. V. Bertalanffy)把系统定义为相互作用的多元素的复合体。这个定义指出系统具有三个特点:一是多元性,系统是多样性的统一、差异性的统一;二是相关性或相干性,系统中不存在与其他元素无关的孤立的元素或组分,所有元素都相互作用;三是整体性,系统是由所有元素或组分构成的统一体。

著名科学家钱学森把系统定义为,由相互作用和相互依赖的若干组成部分结合成的具有特定功能的有机体。

总结上述定义,不难看出,组成一个系统需要三个要素:

(1) 系统由二个或二个以上的许多部分组成,这些部分又称元素(基元,又简称为元)、组分、部件、子系统。这一要素指出了系统的多元性。须指出,这里元素的规模可小可大,如可小到一个微观粒子、一个基因,可大到一个太阳系;元素的性质可硬可软,如计算机系统大规模集成电路芯片上的一个晶体管、一个电阻等都是硬件单元,而操作系统程序中的每一个指令代码都是软件单元。

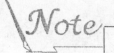

(2) 组成系统的部分与部分之间存在着直接或间接的相互联系、相互作

用、相互影响。这一要素指出了系统部分与部分之间的相关性/相干性。

(3) 组成系统的各个部分作为一个整体具有某种功能，这一要素指出了系统整体的统一性和功能性。

从组成系统元素的性质上分，系统可分为硬系统和软系统两大类。如一块机械式手表就是一个由许多精密机械零件，通过相互连接而构成的具有计时功能的硬系统；一个计算机的操作系统，就是一个典型的软系统。实际上，随着计算机的发展，许多自动化系统、管理系统等都离不开计算机。因此，作为一个系统往往里面既有硬系统(硬件系统)，又有软系统(软件系统)。

这里着重阐述软系统，因为模糊集合论对应于模糊逻辑，而模糊逻辑的运算规则构成 De – Morgan 代数系统，又称模糊软代数。实际上，除模糊芯片外，绝大部分模糊逻辑系统的应用都是靠计算机软件实现的。

12.2　模糊系统及其特征

关于模糊数学的研究，一方面是其理论研究，另一方面是其工程应用研究。本书涉及到的模糊决策、模糊聚类分析、模糊模式识别、模糊逻辑控制、模糊系统辨识等都属于模糊数学的工程应用内容。这类系统称为应用模糊系统，又称工程模糊系统、模糊工程系统。为简单起见，以下将这类系统，统称为模糊系统。

模糊系统按上述的系统三要素分析，它的元素是模糊语言变量，简称语言变量，通常语言变量名称集合为$\{NB, NM, NS, O, PS, PM, PB\}$；作为模糊系统元素的语言变量间的相互联系表现为由它们组成模糊判断句，再由两个模糊判断句联合构成模糊条件语句，每一个条件语句都刻画了语言变量间的简单关系；一个模糊系统是由若干条模糊条件语句构成的，描述系统整体特性的模糊关系，通过模糊推理实现一种模糊算法，从而实现模糊系统的整体功能。

模糊集合论的创始人 Zadeh 曾指出，模糊控制方法与通常分析系统所用的定量方法本质是不同的，它有三个主要特点：

(1) 用所谓语言变量代替或附合于数学变量；

(2) 用模糊条件语句来刻画变量间的简单关系；

(3) 用模糊算法来刻画复杂关系。

显然，Zaden 对模糊控制系统三个特点的论述，不仅和上述的模糊系统三要素的观点是吻合的，而且是对模糊控制系统本质特征的精辟论述。

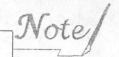

一个模糊系统，包括模糊控制系统在内，它是模拟人脑模糊思维形式和功能的。概念、判断及推理是大脑思维的三种形式：概念是对客观事物本质属性

加以反映的思维形式,是思维形式的第一要素;判断是概念与概念的联合;推理又是判断与判断的联合。

模糊集合论最基本内容也包括这三个方面,即模糊集合、模糊关系和模糊推理。这三者之间模糊集合是最基本单元,用它描述模糊概念。两个模糊集合之间通过直积运算将它们联合在一起,而它们直积的一个子集就描述了二者之间的模糊关系。模糊集合与模糊关系的合成运算构成了模糊推理。

将思维的三种形式、模糊数学的三个基本内容、系统的三要素以及模糊系统之间做一类比,如表 12-1 所示。

表 12-1 思维形式-模糊数学-系统三要素与模糊系统间的类比

三要素 / 种类	第一	第二	第三
思维形式	概念——对客观事物本质属性加以反映的思维形式	判断——概念与概念的联合	推理——判断与判断的联合
模糊数学	模糊集合$\underset{\sim}{\boldsymbol{A}}$——用以刻画模糊概念	模糊关系$\underset{\sim}{\boldsymbol{R}}$——建立两类事物(属性)间联系	模糊推理——根据输入模糊变量和模糊关系合成运算确定输出变量
系统三要素	多元性——一个系统是由多个元素构成,元素是构成系统的最基本单元	相关性/相干性——组成系统的各部分间相互关联、相互作用、相互制约	整体统一性——组成系统的各个部分形成一个统一整体,具有某种功能
模糊系统	语言变量——构成模糊系统的最基本单元,用模糊集合表示	模糊关系——语言变量间的联合构成多条模糊条件语句,刻画系统输入输出变量间的模糊关系	模糊推理——根据系统的输入和给定的模糊规则,计算出系统输出

12.3 可加性模糊系统

一个模糊系统是一个从输入映射到输出的规则集合,“若 X 为 A,则 Y 为 B”的形式规则定义了输入－输出空间 $X \times Y$ 上的一个模糊子集,或模糊补块。如果输入、输出空间 $X = Y = \{NB, NM, NS, ZE, PS, PM, PB\}$,模糊规则“若 X 为正小,则 Y 为负小”,可视为模糊集合 PS 与 NS 的笛卡儿积 $PS \times NS$。如果

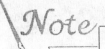

X、Y 论域中模糊集的隶属函数分别选用梯形与三角形，则 $PS \times NS$ 在 $X \times Y$ 空间上形成一个模糊补块，如图 12-1 中带阴影线部分所示，它也是一个模糊子集，图中其他虚线框分别对应不同的规则。

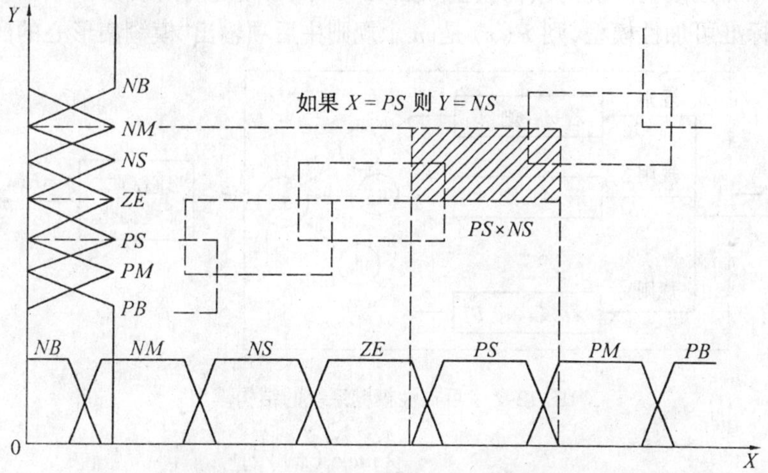

图 12-1　模糊规则"若 X 为正小，则 Y 为负小" 形成的模糊补块

一个模糊系统 F 把输入 x 映射到输出 $F(x)$ 需要经过三个步骤：

第一步，将输入 x 与所有规则的前项(条件)匹配。一般设计成每一个输入 x 最多激活四条规则，输入 x 隶属于这两条规则中条件部分模糊集 $\underset{\sim}{A}$ 的程度来激活或启动模糊规则。每一个被激活规则中前项模糊集合 $\underset{\sim}{A}$，将根据隶属度大小决定输出结论模糊集合 $\underset{\sim}{B}$ 降低的高度。

第二步，因为所有规则是逻辑或的关系，所以对每一条规则输出结论的模糊集 $\underset{\sim}{B}$ 按取大原则进行叠加，生成最终输出的模糊集合 $\underset{\sim}{B}'$。

第三步，对最终输出模糊集 $\underset{\sim}{B}'$ 进行非模糊化处理。非模糊化方法有多种，如常用的取模糊集 $\underset{\sim}{B}'$ 隶属函数曲线与坐标轴所围图形的质心或重心，或按隶属度最大原则，选取输出模糊集的最大值作为 $F(x)$。

上述的可对被输入激活或起动的规则部分模糊集求和的模糊系统，称为可加性模糊系统。下面研究可加性模糊系统的模型。

设一个可加性模糊系统 F 具有 m 条模糊规则："若 $X = \underset{\sim}{A}_j$，则 $Y = \underset{\sim}{B}_j$"。当系统输入为一个实数 x 时，则所有 m 条规则中只有少数被激活，被激活规则中输出(结论)模糊集合按比例或加权转化为一个新的模糊集 $\underset{\sim}{A}_j'$。可加性模糊系统输出 B 为被激活规则结论的模糊集合之和，即

$$B = \sum_{j=1}^{m} w_j B_j' = \sum_{j=1}^{m} w_j a_j(x) B_j \tag{12-1}$$

其中 $a_j(x)$ 为输入值 x 对于前项模糊集合的隶属度，而 ω_j 为对第 j 条规则的加权，其大小反映对该条规则的可信度。实际上，一般对每条规则同等对待，可不考虑规则权重。

可加性模糊系统的结构模型如图 12-2 所示。假设模糊系统 $F:R^n \to R^p$ 是一个标准可加性模型，则 $F(x)$ 是 m 个规则中后项输出“模糊集形心的凸和”：

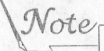

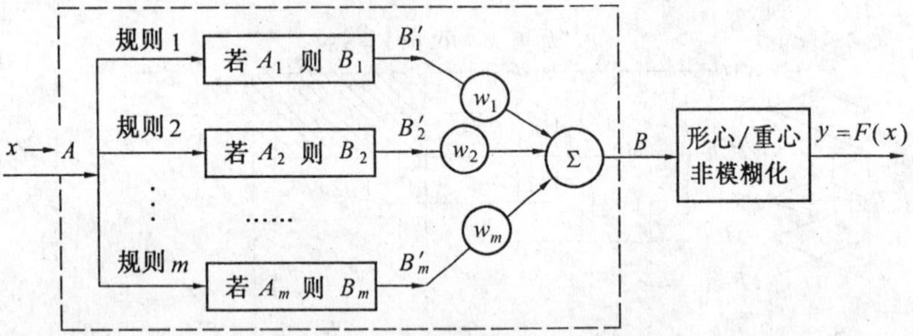

图 12-2　可加性模糊系统的结构模型

$$F(x) = \frac{\sum_{j=1}^{m} w_j a_j(x) V_j c_j}{\sum_{j=1}^{m} w_j a_j(x) V_j} \tag{12-2}$$

其中 V_j 代表有限正容积(或面积)，c_j 是规则中输出模糊集合 B_j 的形心。

如果规则中输出部分模糊集合的模式或“顶点”p_j 与输出部分模糊集合的形心 c_j 相同，或者所有输出模糊集合 B_j 都有相同的面积或容积 V_j，并且具有相同的规则权重 $w_j = p_j = c_j, V_1 = V_2 = \cdots = V_m > 0$，则用式(12-2)求形心计算就退化为求重心计算，即

$$F(x) = \frac{\sum_{j=1}^{m} a_j(x) p_j}{\sum_{j=1}^{m} a_j(x)} \tag{12-3}$$

利用式(12-2)计算形心的模糊系统又称为 SAM 模型，而利用式(12-3)计算重心的系统称为 COG 模型。许多模糊系统和模糊芯片都广泛使用 COG 模型，即重心式非模糊化模型。

12.4　模糊系统的逼近特性

一个模糊系统是由若干条“若 - 则”规则构成的从输入到输出的非线性映射。这些规则在输入输出空间 $X \times Y$ 中具有简单的几何特征，它们在 $X \times Y$

空间上定义了许多模糊补块，如图 12-3 中的椭圆形补块。若“X 为模糊集 A_1，则 Y 为模糊集 B_1”，这条规则对应输入输出空间 $X \times Y$ 中 A_1 与 B_1 的笛卡儿乘积 $A_1 \times B_1$。

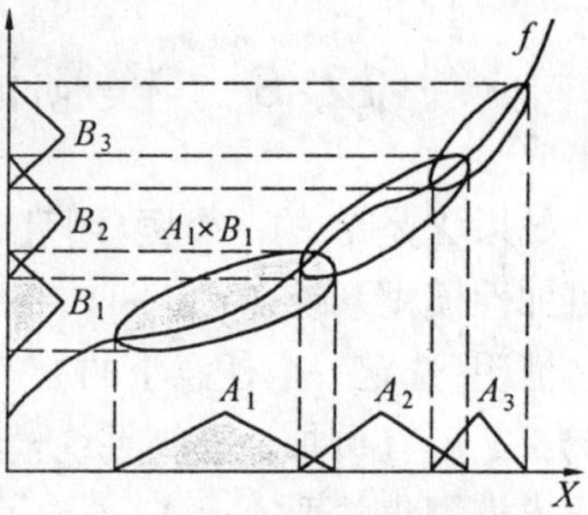

图 12-3　$X \times Y$ 空间上的模糊覆盖

若规则越模糊，则模糊补块就越大；反之，若规则越精确，则模糊补块越小。在完全精确的情况下，模糊补块 $A \times B$ 就退化为一个点。因此，可以用模糊规则构成的模糊补块的重叠来覆盖函数 $f: X \to Y$，从而达到用模糊系统 $F: X \to Y$ 去逼近函数 $f: X \to Y$ 的目的。

在前面研究的可加性模糊系统中，应用可加性组合得

$$B(x) = \sum_{j=1}^{m} a_j(x) B_j \tag{12-4}$$

应用形心值 c_j 作为单值集 $\{c_j\}$ 取代了输出结论中的集合 B_j 可得

$$B(x) = \sum_{j=1}^{m} a_i(x) c_j \tag{12-5}$$

“若 $X = A_j$，则 $Y = c_j (j = 1,2,\cdots,m)$”，则组合集合 B 具有一个可加形式的推广集函数 b_j 为

$$b(x) = \sum_{j=1}^{m} c_j a_j(x) \tag{12-6}$$

如果将集函数限定为一个将输入空间 X 中的所有点映射为 m 个输出值 $c_1, c_2, \cdots, c_m$ 的映射。并设 m 个规则的条件部分集合 $A_j \subset X$ 是非模糊的，包含简单函数值的反映射

$$A_j = \{x \in X: b(x) = c_j\} = b^{-1}(c_j) \tag{12-7}$$

则条件部分集函数变为

$$a_j(x) = \begin{cases} 1 & b(x) = c_j \\ 0 & b(x) \neq c_j \end{cases} \tag{12-8}$$

上述的集函数 b 是一个合适的简单函数，分析研究表明，它的各种形式越来越靠近任意可测函数 f，即对所有 $\varepsilon > 0$，都存在一个简单函数 $F_\varepsilon = b_\varepsilon$，在 X 上以 ε 误差限靠近 f，f 的有界性保证了逼近的一致性。

如果将可测性用连续性取代，一致收敛对模糊集合也是成立的。

12.5 模糊逼近定理的几何观点

如果 X 是 R^n 的一个紧(闭且有界)子集向量映射 $f: X \to Y$ 是连续的,则一个可加性模糊系统 $F: X \to Y$,一致地逼近 $f: X \to Y$。

证明:选定一个任意小的 $\varepsilon > 0$,须证明对于所有 $x \in X$,都有 $|F(x) - f(x)| < \varepsilon$。在可加性模糊系统模型中 X 是 R^n 中的紧子集,且 $F(x)$ 最终结果是输出模糊集的形心。

因为在紧域 X 上 f 是连续的,所以 f 是一致连续的。对于 X 中的所有 x 与 z,存在一个固定距离 δ,若 $|x - z| < \delta$,则 $|f(x) - f(z)| < \frac{\varepsilon}{4}$。我们构造 n 个立方体 $M_1, M_2, \cdots, M_n$,使它们在 n 个坐标上一个接一个有序地重叠,且使每个立方体的顶角都位于与其相邻的立方体中点 c_j。选择在 $f(c_j)$ 处中心化的结论部分模糊集 B_j,故 $f(c_j)$ 即为 B_j 的形心。

选择 $u \in X_u$ 至多位于 2^n 个重叠的开放立方体中。在相同的立方体集合中选择 w。设 $u \in M_j$,且 $w \in M_k$,对任意 $v \in M_j \cap M_k$,有 $|u - v| < \delta$ 且 $|v - w| < \delta$。一致连续性保证了 $|f(u) - f(w)| \leqslant |f(u) - f(v)| + |f(v) - f(w)| < \varepsilon/2$。对立方体中心 c_j 与 c_k,都有 $|f(c_j) - f(c_k)| < \frac{\varepsilon}{2}$。

同样,选取 $x \in X$ 至多位于具有形心 c_j 的 2^n 个立方体中,所以有 $|f(c_j) - f(x)| < \varepsilon/2$,根据 $F(x)$ 形心计算公式(12-2),沿着空间 R^p 的第 k 个坐标,可加性形心的第 k 个分量在输出结论部分集合 B_j 形心的第 k 个分量上,或位于它们之间。这样就使得若对于所有的 $f(c_j)$ 均有 $|f(c_j) - f(x)| < \varepsilon/2$ 成立,则 $|F(x) - f(c_j)| < \varepsilon/2$。于是有 $|F(x) - f(x)| \leqslant |F(x) - f(c_j)| + |f(c_j) - f(x)| < \varepsilon/2 + \varepsilon/2 = \varepsilon$。

上述对于模糊逼近定理的证明是科斯科(B.kosko)[6] 从几何角度给出的。关于模糊万能逼近定理的代数证明最早是由王立新(Li – Xin Wang)[5] 给出的,下面简要介绍一下代数证明方法。

12.6 模糊万能逼近定理

为了表述万能逼近定理代数证明方法的完整性,下面再一次给出这个定理。

万能逼近定理 假定输入论域 U 是 R^n 上的一个紧集,则对于任意定义

在 U 上的实连续函数 $g(x)$ 和任意的 $\varepsilon > 0$，一定存在一个模糊系统形式为

$$f(x)=\frac{\sum_{i=1}^{m}\bar{y}^{l}\left[\prod_{i=1}^{n}a_{i}^{l}\exp\left(-\left(\frac{x_{i}-x_{i}^{l}}{\sigma_{i}^{l}}\right)^{2}\right)\right]}{\sum_{i=1}^{m}\left[\prod_{i=1}^{n}a_{i}^{l}\exp\left(-\left(\frac{x_{i}-x_{i}^{l}}{\sigma_{i}^{l}}\right)^{2}\right)\right]} \tag{12-9}$$

使下式成立

$$\sup_{x\in U}|f(x)-g(x)|<\varepsilon \tag{12-10}$$

即具有求积推理机、单值模糊器、中心平均解模糊器和高斯隶属函数的模糊系统是万能逼近器。

在证明本定理前，有必要对式(12-9)定义的模糊系统作以简要说明。该系统具有以下特征：

(1) 模糊系统是由 IF-THEN 规则组成的，第 l 条规则的形式为

$$R_{u}^{l}：若\ x_1\ 为\ A_1^l\ 且\ x_2\ 为\ A_2^l\ 且\ \cdots\ 且\ x_n\ 为\ A_n^l，则\ y\ 为\ B^l \tag{12-11}$$

其中，A_i^l 和 B^l 分别是 $U_i\subset R$ 和 $V\subset R$ 上的模糊集合，输入 $x=(x_1,x_2,\cdots,x_n)^{\mathrm{T}}\in U$，输出语言变量 $y\in V$，$l=1,2,\cdots,M$，M 为规则数目。

在上述规则集中，对任意 $x\in U$ 都至少存在一条规则使其对规则 IF 部分的隶属度不为零，称这样的规则是完备的。

(2) 采用乘积推理机制，即给定 U 上的一个输入模糊集合 A'，输出 V 上的模糊集合 B' 按下式给出

$$\mu_{B'}(y)=\max_{l=1}^{m}\left[\sup_{x\in U}\left(\mu_{A'}(x)\prod_{i=1}^{n}\mu_{A_i^l}(x)\mu_{B'}(y)\right)\right] \tag{12-12}$$

(3) 采用单值模糊器，所谓单值模糊器是一种模糊化方法，即将一个实值点 $x^*\in U$ 映射成 U 上的一个模糊单值 A'，A' 在 x^* 点上的隶属度为 1，在其他点上均为 0，即

$$\mu_{A'}(x)=\begin{cases}1 & x=x^*\\ 0 & x\ 为其他\end{cases} \tag{12-13}$$

采用单值模糊器可以使模糊推理计算过程大为简化。

(4) 应用中心平均法解模糊，取代 3.3.6 节中式(3-36)的重心法解模糊，主要考虑重心法解模糊计算复杂，而中心平均法是其很好的近似形式，具有计算简单，直观合理等优点。

设 $\bar{y}^l$ 为第 l 个模糊集的中心，w_l 为其高度，中心平均解模糊计算 y^* 为

$$y^*=\frac{\sum_{l=1}^{M}\bar{y}^{l}w_{l}}{\sum_{l=1}^{M}w_{l}} \tag{12-14}$$

图 12-4 给出 $M = 2$ 的情况，应用式(12-14)可得

$$y^* = \frac{\bar{y}^1 w_1 + \bar{y}^2 w_2}{w_1 + w_2}$$

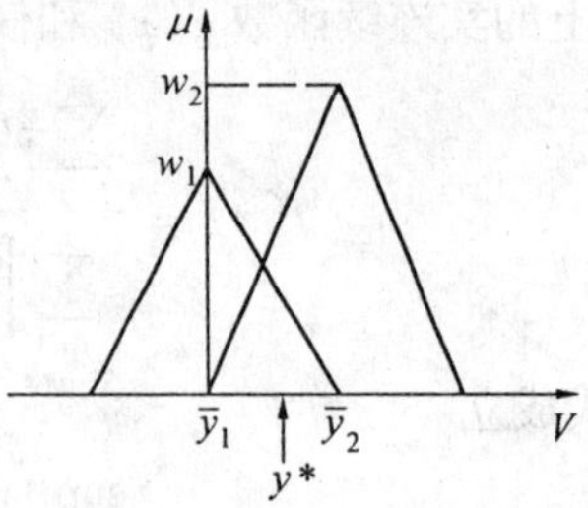

图 12-4　中心平均法解模糊图示

(5) 选用高斯隶属函数。一个模糊系统采用上述模糊规则形式(12-11)、乘积推理形式(12-12)、单值解模糊方法式(12-13)，及中心平均解模糊方式(12-14)，它可以表示为

$$f(x) = \frac{\sum_{l=1}^{M} \bar{y}^l \left[\prod_{i=1}^{n} \mu_{A_i^l}(x) \right]}{\sum_{l=1}^{M} \left[\prod_{i=1}^{n} \mu_{A_i^l}(x) \right]} \tag{12-15}$$

其中，$x \in U \subset R^n$ 为模糊系统的输入，$f(x) \in V \subset R$ 是模糊系统的输出。

将式(12-13)代入式(12-12)可得

$$\mu_{B'}(y) = \max_{l=1}^{M} \left[\prod_{i=1}^{n} \mu_{A_i^l}(x_i^*) \mu_{B^l}(y) \right] \tag{12-16}$$

对于给定输入 x_i^*，式(12-16)中第 l 个模糊集(即隶属函数为 $\mu_{A_i^l}(x_i^*)\mu_{B^l}(y)$ 的模糊集)的中心是 B' 的中心，故式(12-13)和式(12-16)中的 $\bar{y}^l$ 是相同的。式(12-16)中第 l 个模糊集的高度(即为式(12-14)中的 w_l)为

$$\prod_{i=1}^{n} \mu_{A_i^l}(x_i^*) \mu_{B'}(\bar{y}^l) = \prod_{i=1}^{n} \mu_{A_i^l}(x_i^*) \tag{12-17}$$

式中 B' 是标准模糊集，即 $\mu_{B'}(\bar{y}^l) = 1$。

将式(12-16)代入式(12-14)可得

$$y^* = \frac{\sum_{l=1}^{M} \bar{y}^l \left[\prod_{i=1}^{n} \mu_{A_i^l}(x_i^*) \right]}{\sum_{l=1}^{M} \left[\prod_{i=1}^{n} \mu_{A_i^l}(x_i^*) \right]} \tag{12-18}$$

将式(12-18)中 y^* 记为 $f(x)$，x_i^* 记为 x_i，则式(12-18)即为式(12-15)。

当选择 $\mu_{A_i^l}$ 及 $\mu_{B'}$ 为高斯隶属函数时，即

$$\mu_{A_i^l}(x_i) = a_i^l \exp\left[-\left(\frac{x_i - \bar{x}_i^l}{\sigma_i^l} \right)^2 \right] \tag{12-19}$$

$$\mu_{B'}(y) = \exp\left[-(y - \bar{y}^l)^2 \right] \tag{12-20}$$

式中 $\bar{x}_i^l$、$\bar{y}^l \in R$ 均为实值参数，$a_i^l \in (0,1]$，$\sigma_i^l \in (0,\infty)$。于是式(12-15)的模糊系统就变为式(12-9)的形式。至此为止，为证明万能逼近定理的准备工作已经完成，下面给出该定理的证明。

证明　令 Y 表示所有形如式(12-9)的模糊系统的集合。欲证明该定理成立，根据 Stone – Weierstrass 定理只需证明三点：(1) Y 是代数；(2) Y 分离了 U 上的点；(3) Y 使得 U 中的点不为零。

(1) 令 f_1、$f_2 \in Y$，于是根据式(12-9)可将 f_1、f_2 分别表示为

$$f_1(x) = \frac{\sum_{l=1}^{M1} \bar{y}1^l \left[\prod_{i=1}^{n} a1_i^l \exp\left(-\left(\frac{x_i - \bar{x}1_i^l}{\sigma 1_i^l} \right)^2 \right) \right]}{\sum_{l=1}^{M1} \left[\prod_{i=1}^{n} a1_i^l \exp\left(-\left(\frac{x_i - \bar{x}1_i^l}{\sigma 1_i^l} \right)^2 \right) \right]} \tag{12-21}$$

$$f_2(x) = \frac{\sum_{l=1}^{M2} \bar{y}2^l \left[\prod_{i=1}^{n} a2_i^l \exp\left(-\left(\frac{x_i - \bar{x}2_i^l}{\sigma 2_i^l} \right)^2 \right) \right]}{\sum_{l=1}^{M2} \left[\prod_{i=1}^{n} a2_i^l \exp\left(-\left(\frac{x_i - \bar{x}2_i^l}{\sigma 2_i^l} \right)^2 \right) \right]} \tag{12-22}$$

可得

$$f_1(x) + f_2(x) = \frac{\sum_{l=1}^{M1} \sum_{l=1}^{M2} (\bar{y}1^{l1} + \bar{y}2^{l2}) \left[\prod_{i=1}^{n} (a1_i^{l1} + a2_i^{l2}) \exp\left(-\left(\frac{x_i - \bar{x}1_i^{l1}}{\sigma 1_i^{l1}} \right)^2 - \left(\frac{x_i - \bar{x}2_i^{l2}}{\sigma 2_i^{l2}} \right)^2 \right) \right]}{\sum_{l=1}^{M1} \sum_{l=1}^{M2} \left[\prod_{i=1}^{n} a1_i^{l1} a1_i^{l2} \exp\left(-\left(\frac{x_i - \bar{x}1_i^{l1}}{\sigma 1_i^{l1}} \right)^2 - \left(\frac{x_i - \bar{x}2_i^{l2}}{\sigma 2_i^{l2}} \right)^2 \right) \right]} \tag{12-23}$$

可将式(12-23)中 $a1_i^{l1} a2_i^{l2} \exp\left(-\left(\frac{x_i - \bar{x}1_i^{l1}}{\sigma 1_i^{l1}} \right)^2 - \left(\frac{x_i - \bar{x}2_i^{l2}}{\sigma 2_i^{l2}} \right)^2 \right)$ 用式(12-19)的形式表示，而 $\bar{y}1 + \bar{y}2$ 又可以看做形如式(12-20)的模糊集中心，所以 $f_1(x) + f_2(x)$ 可以表示成式(12-9)的形式，即 $f_1 + f_2 \in Y$。

同理可得

$$f_1(x) \cdot f_2(x) = \frac{\sum_{l=1}^{M1} \sum_{l=1}^{M2} (\bar{y}1^{l1} + \bar{y}2^{l2}) \left[\prod_{i=1}^{n} a1_i^{l1} \cdot a2_i^{l2} \exp\left(-\left(\frac{x_i - \bar{x}1_i^{l1}}{\sigma 1_i^{l1}} \right)^2 - \left(\frac{x_i - \bar{x}2_i^{l2}}{\sigma 2_i^{l2}} \right)^2 \right) \right]}{\sum_{l=1}^{M1} \sum_{l=1}^{M2} \left[\prod_{i=1}^{n} a1_i^{l1} \cdot a1_i^{l2} \exp\left(-\left(\frac{x_i - \bar{x}1_i^{l1}}{\sigma 1_i^{l1}} \right)^2 - \left(\frac{x_i - \bar{x}2_i^{l2}}{\sigma 2_i^{l2}} \right)^2 \right) \right]} \tag{12-24}$$

上式也可以表示成式(12-9)的形式，所以 $f_1 \cdot f_2 \in Y$。

对任意 $c \in R$，有

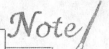

$$cf_1(x) = \frac{\sum_{l=1}^{M1} c\bar{y}1^l\left[\prod_{i=1}^{n} a1_i^l \exp\left(-\left(\frac{x_i - \bar{x}1_i^l}{\sigma 1_i^l}\right)^2\right)\right]}{\sum_{l=1}^{M1}\left[\prod_{i=1}^{n} a1_i^l \exp\left(-\left(\frac{x_i - \bar{x}1_i^l}{\sigma 1_i^l}\right)^2\right)\right]} \tag{12-25}$$

上式也可以表示成式(12-9)的形式,所以 $cf_1 \in Y$。

由上面证明可知 $f_1 + f_2 \in Y, f_1 \cdot f_2 \in Y$,且 $cf_1 \in Y$,故 Y 是代数。

(2) 构造一个模糊系统 $f(x)$ 来证明 Y 分离了 U 上的点。令 x°、$z^\circ \in U$ 的任意两点且 $x^\circ \neq z^\circ$,对式(12-9)所表示的 $f(x)$ 的参数选为:$M = 2, \bar{y}^1 = 0, \bar{y}^2 = 1, a_i^l = 1, \sigma_i^l = 1, \bar{x}_i^1 = x_i^0, \bar{x}_i^2 = z_i^0 (i = 1,2,\cdots,n; l = 1,2)$。

在这样参数下,式(12-9)表示的模糊系统变为

$$f(x) = \frac{\exp(-\| x - z^\circ \|_2^2)}{\exp(-\| x - x^\circ \|_2^2) + \exp(-\| x - z^\circ \|_2^2)} \tag{12-26}$$

将 $x = x^\circ$ 与 z° 分别代入上式可得

$$f(x^\circ) = \frac{\exp(-\| x^\circ - z^\circ \|_2^2)}{1 + \exp(-\| x^\circ - z^\circ \|_2^2)} \tag{12-27}$$

$$f(z^\circ) = \frac{1}{1 + \exp(-\| x^\circ - z^\circ \|_2^2)} \tag{12-28}$$

根据式(12-27)及(12-28),因为 $x^\circ \neq z^\circ$,可得 $\exp(-\| x^\circ - z^\circ \|_2^2) \neq 1$,所以 $f(x^\circ) \neq f(z^\circ)$,即 Y 分离了 U 上的点。

(3) 最后证明 Y 使得 U 中的点不为零。由式(12-9)表示的系统,对任意 $x \in U, \bar{y}^l > 0$,显然有 $f(x) > 0$,故 Y 使得 U 中的点不为零。

上述证明过程是基于 Stone – Werestrass 定理展开的,下面给出这个重要定理。

Stone – Werestrass 定理 设 Z 为紧集 U 上的一个连续实函数集合,如果(1) Z 是代数且具有封闭性。若 f 和 g 是 Z 中的任意两个函数,则对任意两个实数 a 和 b,fg 和 $af + bg$ 还是 Z 上的函数,即集合 Z 对加法、乘法和标量乘法都是封闭的;(2) Z 是具有分离性,即对 U 上的任意两点 x、$y \in U, x \neq y$,存在 $f \in Z$,使 $f(x) \neq f(y)$ 成立,就是说 Z 分离了 U 上的点;(3) Z 具有致密性。Z 使得 U 中的点不为零,即对于任意 $x \in U$,存在 $f \in Z$ 使 $f(x) \neq 0$,则对 U 上的任意连续实函数 $g(x)$ 和任意 $\varepsilon > 0$,都存在 $f \in z$ 使 $\sup_{x \in U} | f(x) - g(x) | < \varepsilon$ 成立。

万能逼近定理是完全符合 Stone – Werestrass 定理的三个条件,所以可以得出结论,模糊系统可以以任意精度逼近任意连续函数。业已经证明,这个结论也可以扩展到离散函数。

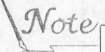

思考题与习题

第1章　模糊集合及其运算

1.1　Zadeh 创立的模糊集合论与 Cantor 创立的经典集合论有何区别?又有什么联系?

1.2　Cantor 创立集合论的目的是什么?

1.3　“当一个系统复杂性增大时,我们使它精确化的能力将减小,在达到一定阈值之上时,复杂性和精确性将相互排斥”。请举例说明上述的**不兼容原理**,并说明这一原理的哲学本质是什么?

1.4　经典集合的并、交、补运算与直积运算有什么联系,又有什么本质的区别?为什么要定义集合的直积运算?

1.5　你认为 Zadeh 定义的模糊集合包含几个要素?试根据这些要素定义一个模糊集合表示[体温正常]这一模糊概念。

1.6　给定一个模糊集合 $\underset{\sim}{A} = 0.2/u_1 + 0.6/u_2 + 1/u_3 + 0.4/u_4 + 0.2/u_5$,试确定模糊集合 $\underset{\sim}{A}$ 的论域 U;并指出 $\mu_{\underset{\sim}{A}}(4)$ 及 $\mu_{\underset{\sim}{A}^c}(u_5)$ 的值。

1.7　设论域 $U = \{x_1, x_2, x_3, x_4, x_5\}$ 上有两个模糊子集,分别为

$$\underset{\sim}{A} = 0.2/x_1 + 0.6/x_2 + 0.8/x_3 + 0.5/x_4 + 0.1/x_5$$

$$\underset{\sim}{B} = 0.5/x_2 + 1/x_3 + 0.8/x_4$$

试计算:(1) $\underset{\sim}{A} \cup \underset{\sim}{B}, \underset{\sim}{A} \cap \underset{\sim}{B}, \underset{\sim}{B}^c$

(2) $\underset{\sim}{A} \cdot \underset{\sim}{B}, \underset{\sim}{A} + \underset{\sim}{B}$

(3) $\underset{\sim}{A}_{0.6}$

1.8　设 $\underset{\sim}{A}$ 为论域 U 上的一个模糊子集,A_λ 是 $\underset{\sim}{A}$ 的 λ 截集,$\lambda \in [0,1]$。根据分解定理有

$$\underset{\sim}{A} = \bigcup_{\lambda \in [0,1]} \lambda A_\lambda$$

成立,其中 λA_λ 表示 X 上的一个模糊子集,称 λ 与 A_λ 的“乘积”的隶属函数规定为

$$\mu_{\lambda A_\lambda}(x) = \begin{cases} \lambda & x \in A_\lambda \\ 0 & x \overline{\in} A_\lambda \end{cases}$$

试画图分别表示出 $\mu_{\underset{\sim}{A}}(x), \mu_{A_\lambda}(x)$ 及 $\mu_{\lambda A_\lambda}(x)$。

1.9. 已知两个模糊集合 $\underset{\sim}{A}$ 与 $\underset{\sim}{B}$ 如图题 1.1 所示，试画出下列模糊集合的隶属函数曲线

(1) $\underset{\sim}{A} \cup \underset{\sim}{B}$

(2) $\underset{\sim}{A} \cap \underset{\sim}{B}$

(3) $\underset{\sim}{A}^c \cap \underset{\sim}{B}$

(4) $\underset{\sim}{A} \cap \underset{\sim}{B}^c$

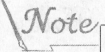

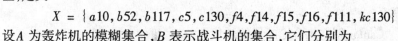

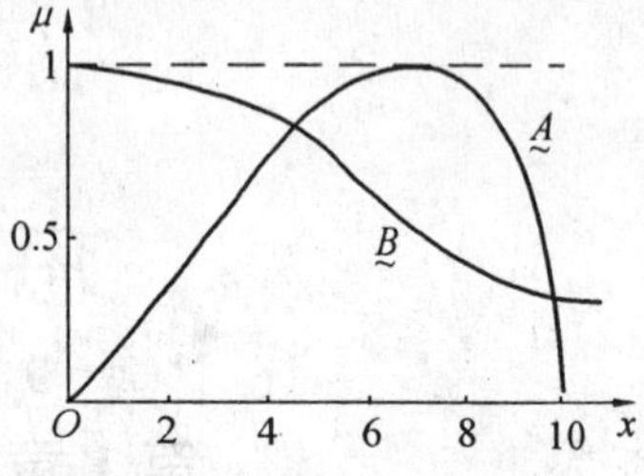

图题 1.1　$\underset{\sim}{A}$ 与 $\underset{\sim}{B}$ 隶属函数曲线

1.10　设论域 X 为所要研究军用飞机机型，定义

$$X = \{a10, b52, b117, c5, c130, f4, f14, f15, f16, f111, kc130\}$$

设 $\underset{\sim}{A}$ 为轰炸机的模糊集合，$\underset{\sim}{B}$ 表示战斗机的集合，它们分别为

$$\underset{\sim}{A} = 0.2/f16 + 0.4/f4 + 0.5/a10 + 0.5/f14 + 0.6/f15 + 0.8/f11 + 1.0/b11 + 1.0/b52$$

$$\underset{\sim}{B} = 0.1/b117 + 0.3/f111 + 0.5/f4 + 0.8/f15 + 0.9/f14 + 1.0/f16$$

试求 $\underset{\sim}{A}$、$\underset{\sim}{B}$ 的下列组合运算

(1) $\underset{\sim}{A} \cup \underset{\sim}{B}$　　(2) $\underset{\sim}{A} \cap \underset{\sim}{B}$　　(3) $\underset{\sim}{A}^c$　　(4) $\underset{\sim}{B}^c$

(5) $\overline{\underset{\sim}{A} \cup \underset{\sim}{B}}$　　(6) $\overline{\underset{\sim}{A} \cap \underset{\sim}{B}}$　　(7) $\overline{\underset{\sim}{A}^c \cup \underset{\sim}{A}}$

第 2 章　模糊矩阵与模糊关系

2.1　说明模糊集合的直积与模糊关系之间的联系。

2.2　设论域 X、Y 均为有限模糊集合，它们分别为

$$X = \{x_1, x_2, \cdots, x_n\}$$

$$Y = \{y_1, y_2, \cdots, y_m\}$$

模糊矩阵 $\boldsymbol{R}$ 表示从 X 到 Y 的一个模糊关系，试说明模糊矩阵 $\boldsymbol{R}$ 的元素 r_{ij} 的含义是什么？

2.3　设有两个模糊矩阵 $\boldsymbol{A}$、$\boldsymbol{B}$ 分别为

$$\boldsymbol{A} = \begin{bmatrix} 0.8 & 0.6 \\ 0.5 & 1 \end{bmatrix};\quad \boldsymbol{B} = \begin{bmatrix} 0.2 & 0.4 \\ 0.9 & 0.6 \end{bmatrix}$$

试计算：(1)$\boldsymbol{A} \cup \boldsymbol{B}$；　(2)$\boldsymbol{A} \cap \boldsymbol{B}$；　(3)$\boldsymbol{A} \cup \boldsymbol{B}^c$；　(4)$\boldsymbol{A} \circ \boldsymbol{B}$

2.4　一个模糊等价关系需要满足什么条件？试判断下列模糊矩阵 $\boldsymbol{R}$ 描述的模糊关系是否表示模糊等价关系，为什么？

$$\boldsymbol{R} = \begin{bmatrix} 1 & 0.6 & 0.8 & 0.3 \\ 0.6 & 1 & 0.3 & 0.6 \\ 0.8 & 0.3 & 1 & 0.8 \\ 0.3 & 0.8 & 0.6 & 1 \end{bmatrix}$$

2.5　设有模糊集合 X、Y、Z 分别为

$$X = \{x_1, x_2, x_3, x_4\}$$
$$Y = \{y_1, y_2, y_3\}$$
$$Z = \{z_1, z_2\}$$

并设 $\boldsymbol{Q} \in X \times Y, \underset{\sim}{\boldsymbol{R}} \in Y \times Z, \boldsymbol{S} \in X \times Z$，且 $\boldsymbol{Q}$、$\boldsymbol{R}$ 分别为

$$\boldsymbol{Q} = \begin{bmatrix} 0.8 & 0.5 & 0.2 \\ 1 & 0.8 & 0.3 \\ 0.2 & 0.1 & 0.9 \\ 0.3 & 0 & 0.7 \end{bmatrix}; \quad \boldsymbol{R} = \begin{bmatrix} 0.9 & 0.8 \\ 0.5 & 1 \\ 0.2 & 0 \end{bmatrix}$$

(1) 指出 $\boldsymbol{Q} \in X \times Y$ 表示什么意见，它还可以如何表达。

(2) 写出 $\boldsymbol{Q}$ 中第二行第二列元素 0.8 的表达式。

(3) 计算 $\boldsymbol{Q} \circ \boldsymbol{R}$，并根据计算结果给出 $\mu_{\underset{\sim}{S}}(x_3, z_2)$ 的值。

2.6　已知两个模糊向量分别为

$$\boldsymbol{a} = (0.6, 0.8, 0.4, 0.2)$$
$$\boldsymbol{b} = (0.3, 0.9, 1, 0.5)$$

计算：(1) $\boldsymbol{a}$ 与 $\boldsymbol{b}$ 的笛卡儿乘积。

(2) $\boldsymbol{a}$ 与 $\boldsymbol{b}$ 的内积，并根据计算结果判断它们的相关性。

第 3 章　模糊逻辑与模糊推理

3.1　解释下列概念：(1) 模糊命题；(2) 模糊逻辑；(3) 模糊代数；(4) 模糊逻辑函数；(5) 模糊逻辑变量；(6) 模糊语言变量。

3.2　判断下列两个代数系统哪一个属于布尔代数，哪一个属于 De－Morgon 代数：

(1) $([0,1], \vee, \wedge, C)$

(2) $(\{0,1\}, \vee, \wedge, C)$

并指出它们的区别是什么？

3.3　设 x_1、x_2、x_3 均为模糊逻辑变量，试求模糊逻辑函数

$$f(x_1, x_2, x_3) = [(x_1 \wedge x_3) \vee x_2] \wedge [(x_1 \wedge x_2) \vee x_3] \vee x_2$$

的析取范式和合取范式。

3.4　设模糊逻辑函数

$$f(x, y, z) = \bar{x}y \vee x\bar{y}\bar{z} \vee \bar{x}z$$

当把区间 $[0,1]$ 分为 $n = 2$ 两个等级时，试确定 $f(x, y, z)$ 处于第一级时，模糊变量 x、y、z 的取值范围。

3.5　设[温度高]、[温度低]这两个模糊变量的论域均为

$$U = \{1,2,3,4,5\}$$

并定义模糊集合$\underset{\sim}{A}$、$\underset{\sim}{B}$ 分别表示这两个模糊变量,它们分别为

$$\underset{\sim}{A} \triangleq [\text{温度高}] = 0.2/1 + 0.4/2 + 0.6/3 + 0.8/4 + 1/5$$

$$\underset{\sim}{B} \triangleq [\text{温度低}] = 1/1 + 0.8/2 + 0.6/3 + 0.4/4 + 0.2/1$$

试用$\underset{\sim}{A}$、$\underset{\sim}{B}$ 两个模糊子集分别给出下列模糊语言变量的表达式:

(1)[温度很高];(2)[温度很低];(3)[温度不很高];(4)[温度适宜]

3.6　设有一蒸馏过程,其目的是分离输入混合物的各种成分,但输入量温度与输出量蒸馏分离的关系难以精确刻画,为此根据人们的操作经验建立它们之间的模糊关系。

定义输入、输出论域 X、Y 分别为

温度论域(F) $X = \{160,165,170,175,180,185,190,195\}$

蒸馏分离物论域(%) $Y = \{77,80,83,86,89,92,95,98\}$

在论域 X 和 Y 上分别定义两个模糊集合为

$$\underset{\sim}{A} \triangleq [\text{输入流体温度高}] = 0/175 + 0.7/180 + 1/185 + 0.4/190$$

$$\underset{\sim}{B} \triangleq [\text{混合物分离效果好}] = 0/89 + 0.5/92 + 0.8/95 + 1/98$$

对命题"如果温度高,则分离效果好" 记为$\underset{\sim}{A} \to \underset{\sim}{B}$。

试求$\underset{\sim}{R} = (\underset{\sim}{A} \times \underset{\sim}{B}) \cup (\underset{\sim}{A}^c \times Y)$

3.7　设有两个前提条件和一个结论的模糊规则分别为

规则 1:IF x_1 is $\underset{\sim}{A}_1$ and x_2 is $\underset{\sim}{B}_1$ THEN $y = \underset{\sim}{C}_1$

规则 2:IF x_1 is $\underset{\sim}{A}_2$ and x_2 is $\underset{\sim}{B}_2$ THEN $y = \underset{\sim}{C}_2$

模糊集合$\underset{\sim}{A}_1$、$\underset{\sim}{A}_2$、$\underset{\sim}{B}_1$、$\underset{\sim}{B}_2$ 的隶属函数如图题 3.1 所示,当给定输入分别为两个精确值 x_{10}、x_{20} 时,根据 Mamdani 最小 - 最大 - 重心法应用图解方法求出两个规则输出$\underset{\sim}{C}_1$与$\underset{\sim}{C}_2$ 的隶属函数曲线,并画出由这两条模糊规则确定的模糊系统输出$\underset{\sim}{C}$ 的隶属函数曲线。

3.8　某电热烘干炉依靠人工调节电压控制炉温的操作经验规则是"若炉温低,则外加电压高,否则电压不很高",如果炉温不很低,试应用模糊推理判定电压应如何调节?

设 x 表示炉温,y 表示电压,给定它们的论域 $X = Y = \{1,2,3\}$,并定义

$$\underset{\sim}{A} \triangleq [\text{低}] = 1/1 + 0.5/2 + 0.2/3$$

$$\underset{\sim}{B} \triangleq [\text{高}] = 0.2/1 + 0.5/2 + 1/3$$

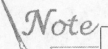

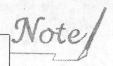

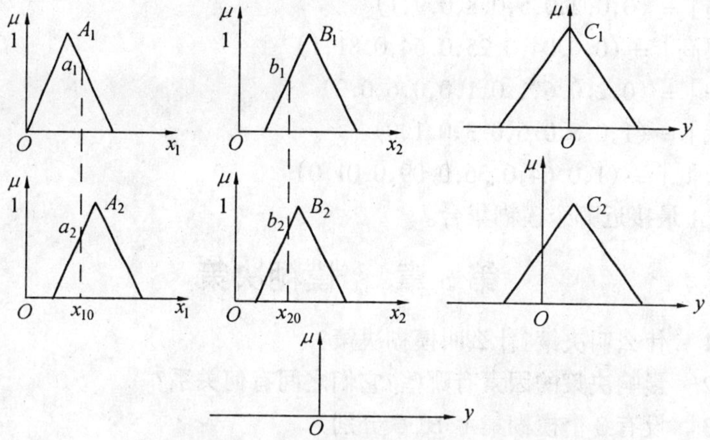

图题3.1 $\underset{\sim}{A}$、$\underset{\sim}{B}$ 及 $\underset{\sim}{C}$ 的隶属函数曲线

第4章 模糊性与相似性度量

4.1 一个模糊集合的模糊性表示在什么方面?如何度量它的模糊性?

4.2 要比较两个模糊子集的相似性需要什么条件?采用什么方法进行比较?

4.3 海明距离是如何定义的?它在度量两个模糊集合之间的相似性方面有何优点?又有何缺点?

4.4 设论域 $U = \{x_1, x_2, x_3, x_4\}$ 上的两个模糊子集分别为

$$\underset{\sim}{A} = 0.6/x_1 + 0.8/x_2 + 0.5/x_3 + 0.2/x_4$$

$$\underset{\sim}{B} = 0.2/x_1 + 0.4/x_2 + 0.7/x_3 + 0.5/x_4$$

计算:(1) $\underset{\sim}{A}$、$\underset{\sim}{B}$ 之间的海明距离 $d(\underset{\sim}{A},\underset{\sim}{B})$;

(2) 若给定加权向量 $w = (1,2,0.5,0.5)$ 时,求 $d_w(\underset{\sim}{A},\underset{\sim}{B})$;

(3) 海明贴近度 $N_H(\underset{\sim}{A},\underset{\sim}{B})$;

(4) 欧氏距离 $e(\underset{\sim}{A},\underset{\sim}{B})$。

4.5 已知模糊集合 $A = (0.2,0.9,0.7,0.5,0.1)$,$B = (0.3,0.1,0.6,0.3,0.1)$,计算下列各值:

(1) 子集度 $S(A,B)$ 及 $S(B,A)$;

(2) 互子集度测度 $E(A,B)$;

(3) 差异度 Difference(A,B)。

4.6 证明模糊计数的模方程 $c(A) + c(B) = c(A \cup B) + c(A \cap B)$

4.7 $A = (0.4,0.7,0.9,0.5,0.2,0.2)$,并给出下述模糊集合:

[高] = (0,0.2,0.5,0.8,0.9,1)

[很高] = (0,0.04,0.25,0.64,0.81,1)

[中] = (0.2,0.6,1.0,1.0,0.6,0.2)

[低] = (1,0.8,0.6,0.3,0.1,0)

[很低] = (1,0.64,0.36,0.09,0.01,0)

试确定 A 最接近哪个模糊集合。

第 5 章　模糊决策

5.1　什么叫决策?什么叫模糊决策?

5.2　影响决策的因素有哪些?它们之间有何关系?

5.3　设有 3 个模糊集 $\underset{\sim}{A}$、$\underset{\sim}{B}$、$\underset{\sim}{C}$ 分别为

$$\underset{\sim}{A} = 0.8/4 + 0.9/6$$

$$\underset{\sim}{B} = 1/2 + 0.6/4 + 0.4/8$$

$$\underset{\sim}{C} = 1/3 + 0.8/7$$

试对上述三个模糊子集按真值大小进行模糊排序。

5.4　在本书 5.3.2 节例 2 中,如果某建筑工程师防护墙设计方案仍然是 a_1、a_2、a_3 不变,但对防护墙根据目标进行评估,用模糊集表示变为

$$\underset{\sim}{O}_1 = 1/a_1 + 0.4/a_2 + 0.2/a_3$$

$$\underset{\sim}{O}_2 = 0.5/a_1 + 0.6/a_2 + 0.8/a_3$$

$$\underset{\sim}{O}_3 = 0.4/a_1 + 1/a_2 + 0.2/a_3$$

$$\underset{\sim}{O}_4 = 0.3/a_1 + 0.5/a_2 + 1/a_3$$

按上述给定条件,利用多目标模糊决策计算方法决定工程师选择防护墙的最后方案。

5.5　什么叫做多级模糊决策?它与多目标模糊决策有何不同?

第 6 章　模糊综合评价

6.1　什么叫综合评价?什么叫模糊综合评价?

6.2　在多指标综合评价中,采用算术平均与加权平均方法进行评价有什么不同?

6.3　在模糊综合评价中,将最后评价结果归一化处理有什么好处?

6.4　什么叫多级模糊综合评价?进行多级模糊综合评价的基本思想方法是什么?

6.5　模糊综合评价的逆问题是什么?

6.6 解模糊关系方程的比较择近法的基本思想是什么?

第7章 模糊聚类分析

7.1 什么叫聚类分析?什么叫模糊聚类分析?

7.2 模糊聚类分析的最基本的方法是什么?

7.3 给定五个样本 x_1、x_2、x_3、x_4、x_5,它们均只有一项指标,且分别为 2,3.5,5,6,4,试用系统聚类法将它们分类,并画出聚类过程分类图。

7.4 什么叫做聚类中心?既然聚类中心是指某类假想的样本,那么它有何作用?

7.5 在应用基于模糊等价关系的聚类分析方法中,所建立的模糊关系一般均满足自反性、对称性,而不满足传递性,为什么?

7.6 假设评价一个城市的环境状况有四个指标:空气质量、水质质量、交通状况、绿化程度,有五个城市依据上述指标排序情况为

城市 1:(5 2 2 3)

城市 2:(4 3 2 5)

城市 3:(5 1 3 4)

城市 4:(2 3 1 5)

城市 5:(1 5 4 2)

试根据上述指标状况,将这五个城市加以分类。

7.7 基于模糊等价关系和基于模糊相似关系的聚类方法有何相同与不同之处?

7.8 模糊聚类的最大树方法与编网法在聚类思想上有何相似之处?

第8章 模糊模式识别

8.1 模式识别系统由几个部分组成?每一部分在模式识别中的作用是什么?

8.2 统计模式识别方法与人脑进行模式识别的思维方式有何不同?

8.3 模糊模式识别方法与人脑形象思维和模糊逻辑思维方式有何相似之处?

8.4 模糊模式识别方法主要应用模糊数学中的哪些知识? 这些知识主要解决模式识别中的哪些问题?

8.5 在单个样本的识别问题中,假设有 n 个典型模式用模糊集合 $\underset{\sim}{A}_1$,$\underset{\sim}{A}_2$,…,$\underset{\sim}{A}_m$ 表示,假定有一个新的样本可用清晰的单元素 x_0 表示,试写出该新样

本最接近的相似模式的表达式。

8.6　在多特征模糊模式识别中贴近度概念是如何应用的?

8.7　试比较模糊模式识别与模糊聚类分析的区别与联系。

8.8　要识别来自某卫星的原始数据,五种数据分组各有惟一的数据分到组头识别部分,如果定义一个模糊模式如下:

卫星性能测量:　$\underset{\sim}{A}_1 = 0.2/x_1 + 0.2/x_2 + 0.6/x_3$

地面定位系统:　$\underset{\sim}{A}_2 = 0.3/x_1 + 0.4/x_2 + 0.7/x_3$

IR 传感器:　$\underset{\sim}{A}_3 = 0.4/x_1 + 0.6/x_2 + 0.8/x_3$

可见光摄像机:　$\underset{\sim}{A}_4 = 0.5/x_1 + 0.8/x_2 + 0.9/x_3$

星匹配器:　$\underset{\sim}{A}_5 = 0.6/x_1 + 0.1/x_2 + 1.0/x_3$

识别装置将寻找其中的3个取值:(1)信号类型;(2)终端号;(3)数据识别位。对这三个特征的权值分取为0.3,0.3和0.4。现接收到一个清晰样本值给定的数据为

$$\underset{\sim}{B} = 1.0/x_1 + 1.0/x_2 + 1.0/x_3$$

试确定现在收到的是上述五种不同分组中的哪一组。

第9章　模糊故障诊断

9.1　模糊故障诊断的基本思想是什么?

9.2　模糊故障诊断与模糊模式识别、模糊聚类分析、模糊综合评价之间有何区别与联系?

9.3　在模糊故障诊断中,确定隶属函数和构建模糊诊断矩阵的作用是什么?它们二者有什么关系?

9.4　在本书9.5.1节的例4中,若柴油机的征兆仍出现3个,令征兆向量$X = (x_1, x_2, x_3, x_4, x_5, x_6) = (0,1,1,1,0,0)$,由表9-2给出的模糊诊断矩阵为

$$\boldsymbol{R} = \begin{bmatrix} 0.6 & 0.4 & 0 & 0.98 & 0 \\ 0.8 & 0.98 & 0.3 & 0 & 0 \\ 0.95 & 0.98 & 0.8 & 0.3 & 0.98 \\ 0 & 0 & 0.98 & 0 & 0 \\ 0 & 0 & 0.9 & 0 & 0 \\ 0.3 & 0.6 & 0.9 & 0.98 & 0.95 \end{bmatrix}$$

试基于最大隶属原则,对该柴油机故障原因进行诊断。

9.5　采用模糊聚类诊断时画出动态聚类图对于分析故障有什么好处?

第10章　模糊逻辑控制

10.1　试说明一个基本的模糊控制器由几部分组成?其中哪几个部分是基于模糊逻辑的?

10.2　模糊控制器中的模糊语言变量、模糊关系和模糊推理三者之间是如何联系的?

10.3　一条模糊控制规则为

$$\text{if } E = PM \text{ or } PB \text{ and } EC = PM \text{ or } PB \text{ then } u = NB$$

写出这条规则所对应的模糊关系 R。

10.4　一个查询表方式模糊控制器的模糊变量 u 的赋值表如本书表10-6所示。

(1) 说明模糊控制变量 u 的论域。

(2) 写出模糊语言变量 PS 的模糊集合的 Zadch 表达式。

(3) 写出 PS 的向量形式。

10.5　用计算机求解数学问题往往归结为一种递推迭代运算,而反馈控制过程和问题求解有何相似之处?

10.6　模糊控制器输入的精确量为什么还要把它变为模糊量?为什么模糊控制输出的模糊变量还要经过清晰化(非模糊化、解模糊) 处理变为精确量?

第11章　模糊系统辨识

11.1　什么是模糊系统辨识?

11.2　基于模糊关系模型的系统辨识包括几部分工作?

11.3　说明模糊关系模型的结构[$u(t-k),y(t-l),y(t)$)] 表达的意义。

11.4　什么叫做被辨识系统的模糊语言模型?

11.5　在自适应模糊预测系统中(参见本书11.3节图11-1) 反馈起什么作用?

第12章　模糊系统逼近理论

12.1　从系统的三要素观点分析模糊系统的结构特征。

12.2　可加性模糊系统的“可加性” 的含义是什么?该系统具有什么样的结构模型?

12.3 中心平均法解模糊方法与重心法有何区别?

12.4 几何观点证明模糊逼近定理的主要依据是什么?

12.5 代数观点证明模糊万能逼近定理的主要依据是什么理论?

12.6 Stone – Werestrass 定理的基本思想是什么?

12.7 用模糊系统作为万能逼近器,需要该模糊系统满足什么样的条件?

12.8 在用代数方法证明模糊万能逼近定理的过程中,为什么要选择高斯型隶属函数?如果选用其他形式的隶属函数是否也成立?

12.9 模糊系统的逼近特性与传统数学方法的多项式逼近有什么区别?

12.10 模糊系统具有的万能逼近特性有什么重要作用?

参 考 文 献

1 Zodeh L. A Fuzzy Sets. Information and Control, 1965(8): 338 ~ 353

2 Kosko B. Neural Networks and Fuzzy Systems: A Dynamical Systems Approach to Machine Intelligence. Englewood Cliffs, NJ, Prentice Hall, Inc. 1991

3 L X Wang, Mendel J M. Fuzzy basis functions, universal approximation and orthogonal least squares learning. IEEE Trans. on Neural Networks, 1992, 3(5): 807 ~ 814

4 Kosko B. Fuzzy Systems as Universal Approximators. IEEE Trans on Computers, 1994(11): 1329 ~ 1333

5 王立新著.模糊系统与模糊控制教程.王迎军译.北京:清华大学出版社,2003

6 科斯科著.模糊工程.黄崇福译.西安:西安交通大学出版社,1999

7 罗斯著.模糊逻辑及其工程应用.钱国惠等译.北京:电子工业出版社,2001

8 楼世博,孙章,陈化成.模糊数学.北京:科学出版社,1983

9 汪培庄.模糊集合论及其应用.上海:上海科学技术出版社,1983

10 贺仲雄.模糊数学及其应用.天津:天津科学技术出版社,1983

11 陈贻源.模糊数学.武汉:华中工学院出版社,1984

12 葛苏林.模糊子集·模糊关系·模糊映射.北京:北京师范大学出版社,1985

13 闵珊华,贺仲雄.懂一点模糊数学.北京:中国青年出版社,1985

14 吴望名,陈永义等.应用模糊集方法.北京:北京师范大学出版社,1985

15 [日]水本雅晴.模糊数学及其应用.刘凤璞等编译.北京:科学出版社,1986

16 王铭文,金长泽,王子孝.模糊数学讲义.长春:东北师范大学出版社,1988

17 付雁鹏,高嘉瑞.模糊数学在水质评价中的应用.武汉:华中工学院出版社,1988

18 曹鸿兴,陈国范.模糊集方法及其在气象中的应用.北京:气象出版社,1988

19 王彩华,宋连天.模糊论方法学.北京:中国建筑工业出版社,1988

20 李士勇等.模糊控制和智能控制理论与应用.哈尔滨:哈尔滨工业大学

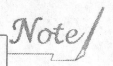

出版社,1990

21 李士勇等．模糊综合评价在科研成果评定中的应用．见:中国系统工程学会模糊数学与模糊系统委员会编.中国系统工程学会模糊数学与模糊系统委员会第五届年会论文选集．成都:西南交通大学出版社,1990

22 贺仲雄,赵大勇,李建文,肖伟中．模糊数学及其派生决策方法．北京:中国铁道出版社,1992

23 张涵稜,何正嘉．模糊诊断原理及应用．西安:西安交通大学出版社,1992

24 吴今培．模糊诊断理论及其应用．北京:科学出版社,1995

25 李士勇．模糊控制·神经控制和智能控制论．哈尔滨:哈尔滨工业大学出版社,1996

26 徐扬等．模糊模式识别及其应用．成都:西南交通大学出版社,1999

27 张筱磊,李士勇．实时修正函数模糊控制器组合优化设计.哈尔滨工业大学学报,2003,35(1):8~12

28 Zadeh L. Qutline of a new approach to the anylysis of complex systems and decision processes. IEEE Trans. Syst. Man Cybern.,1973(3):28~44

29 Mamdani E H. Advances in linguistic synthesis of fuzzy controllers. Int. J. Man Mach. Stud.,1976(1):669~678

30 Rescher N. Many－valued logic. New York: Mc Graw－Hill,1969

31 Vadiee N. Fuzzy rule based expert systems－I. chap 4. In: M Jamshidi, N Vadiee and T. Ross eds. Fuzzy logic and control: software and hardware applications. N. J: Prentice Hall, Englewood cliffs,1993

32 Maydole R. Many－valued logic as a basis for set theory. J. Philos, Logic,1975 (4):269~291

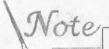